建筑消防设施

主　编：李冬梅
副主编：王鸿江　尚琪霞

气象出版社
China Meteorological Press

内 容 简 介

本书介绍了火灾自动报警系统、自动喷水灭火系统、建筑防烟与排烟系统等重要建筑消防设施的设备组成和工作原理，对各系统操作运行、维护管理工作内容和工作要点进行了详细地阐述，并总结分析了可能影响各系统正常运行的常见问题及原因，提出了相应的处置措施。

本书内容系统，知识全面，图文并茂，既适合作为高等教育自学考试消防工程专业的备考教材，又适合作为注册消防工程师、建构筑物消防员考试的参考资料，也适合作为建筑消防设施维护保养技术人员的参考书籍。

图书在版编目（CIP）数据

建筑消防设施 / 李冬梅主编. -- 北京 ：气象出版社，2022.9
ISBN 978-7-5029-7823-5

Ⅰ. ①建… Ⅱ. ①李… Ⅲ. ①建筑物－消防设备－高等教育－自学考试－教材 Ⅳ. ①TU892

中国版本图书馆CIP数据核字(2022)第186322号

建筑消防设施
JIANZHU XIAOFANG SHESHI

出版发行：气象出版社
地　　址：北京市海淀区中关村南大街 46 号　　**邮政编码**：100081
电　　话：010-68407112(总编室)　010-68408042(发行部)
网　　址：http://www.qxcbs.com　　**E-mail**：qxcbs@cma.gov.cn
责任编辑：万　峰　　**终　　审**：吴晓鹏
责任校对：张硕杰　　**责任技编**：赵相宁
封面设计：艺点设计
印　　刷：三河市君旺印务有限公司
开　　本：787 mm×1092 mm　1/16　　**印　　张**：12.5
字　　数：352 千字
版　　次：2022 年 9 月第 1 版　　**印　　次**：2022 年 9 月第 1 次印刷
定　　价：60.00 元

编委会

主　编：李冬梅

副主编：王鸿江　尚琪霞

编　委：次仁罗布　高黎锋　李　明　刘幸娜

刘智恒　秦　君　孙莹莹　王　振

徐　阳　杨　鹏　曾令山　赵雅鹏

前　言

建筑消防设施是防范建筑火灾不可缺少的重要工具，也是保障城市发展和经济建设的重要的基础性设施。近年来，随着新工艺、新材料、新设计在建筑中的应用，建筑火灾的预防和扑救工作对建筑消防设施也提出更高的要求。由于广大人民群众不了解建筑消防设施的作用和重要性，缺乏保护意识，破坏建筑消防设施的现象时有发生；部分建筑安全管理的从业人员不掌握建筑消防设施的工作原理和运行要求，维护保养不当，造成建筑消防设施故障运行，甚至长期处于瘫痪状态的情况也不少见，这些都为建筑火灾的预防和扑救埋下了极大的安全隐患。因此，普及建筑消防设施基本常识和维护管理方法，对防范建筑火灾、减少人员伤亡和财产损失有着非常重要的意义。

《建筑消防设施》是以习近平新时代中国特色社会主义思想为指导，全面贯彻党的教育方针，落实立德树人的根本任务，紧密结合经济社会发展需求，满足专业要求的科普指南和专业教材，是消防工程专业教材建设的重要组成部分。本书针对消防工程专业的特点和行业背景，在内容设计上突出针对性和实用性，着力向广大群众和从业人员科普相关消防知识，提升学习者的专业水平。

编者编写《建筑消防设施》一书，结合消防工程专业本科人才培养需求，注册消防工程师、建构筑物消防员等消防职业技能等级鉴定中对建筑消防设施实操能力的要求，将复杂系统直观化，将抽象原理通信化，图文并茂地向读者展示各类建筑消防设施的组成、工作原理、操作方法和检查维护要点。本书是一本贴近大众、贴近生活、集专业和科普于一身的书籍。书中的每一张图片、每一段文字都凝聚了编者的艰辛，汇聚了编者的集体智慧。字里行间流露着编者关注安全，关爱生命的价值追求。

全书由李冬梅担任主编，王鸿江、尚琪霞担任副主编。参加撰稿人员分工如下：李冬梅（1.1，1.2，1.5）；次仁罗布（1.3）；徐阳（2.1）；高黎锋（2.2，2.3）；孙莹莹（3.1，1.4）；杨鹏（3.2、3.3）；赵雅鹏（4.1～4.3，8.4）；刘幸娜（5.1，8.2，8.3）；王振（5.2，5.3）；李明（4.4，5.4）；尚琪霞（6.1，6.2）；曾令山（7.1～7.3）；刘智恒（6.3，

7.4)；秦君(8.1,8.5)；王鸿江(附录)。

本书可作为建筑消防设施设计、施工、管理、维护、检测的常备工具书，也可以用作消防专业建筑消防设施理论和实操课程的专用教材和职业技能等级鉴定类课程的参考用书。扫码观看配套网课。

由于编写时间紧，书中难免存在疏漏和各种不足，敬请读者批评指正！

消防设施维护管理

编者

2022年9月

目　录

第 1 章　火灾自动报警系统

1.1　火灾自动报警系统的构成及工作原理

火灾自动报警系统是探测火灾早期特征，发出火灾报警信号，启动自动消防设施，辅助人员疏散，阻止火灾蔓延、进行火灾扑救的消防系统，主要由火灾探测报警系统、消防联动控制系统、可燃气体探测报警系统和电气火灾监控系统构成。如图 1.1 所示。

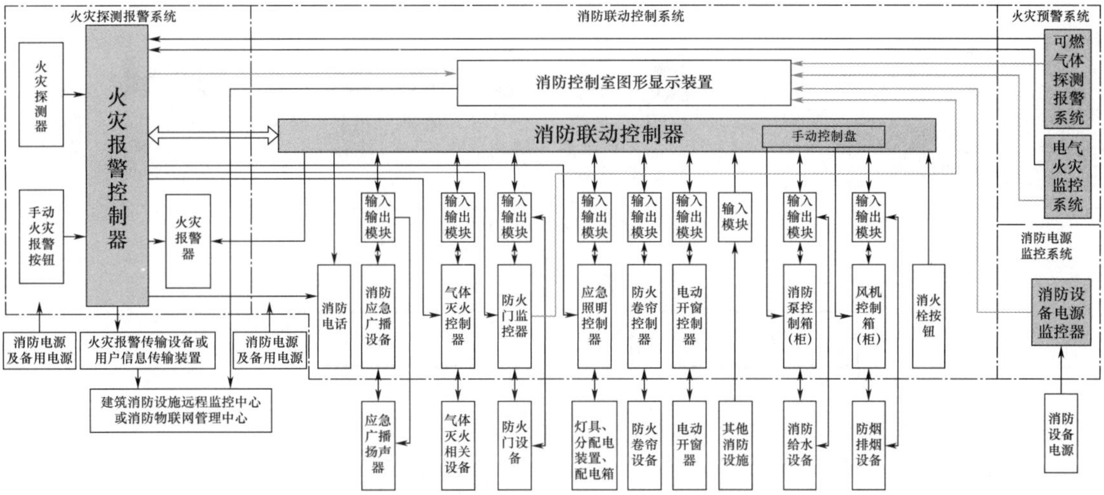

图 1.1　火灾自动报警系统构成框图

1.1.1　火灾探测报警系统和消防联动控制系统

火灾探测报警系统和消防联动控制系统即传统意义上的火灾自动报警系统。图 1.2 为火灾探测报警系统和消防联动控制系统的组成示意图。

火灾探测报警系统由火灾报警控制器、火灾探测器、手动火灾报警按钮、火灾显示盘、消防控制室图形显示装置、火灾声光警报器等设备组成。火灾探测报警系统能够在火灾初期，将燃烧产生的烟雾、热量和光辐射等物理量，通过感温、感烟和感光等火灾探测器变成电信号，传输给火灾报警控制器，并同时显示出火灾发生的部位，记录火灾发生的时间，驱动火灾声光警报器通报火情。其工作原理如图 1.3 所示。

消防联动控制系统由消防联动控制器、消防联动模块、消防控制设备等组成。消防联动控制器在接收到火灾报警控制器的火警确认信息后，应在 3 s 内按设定的控制逻辑准确地发出联动控制信号给消防应急广播系统、消防应急照明和疏散指示系统、防烟与排烟系统、防火门及防火卷帘、各类自动灭火系统及消防电梯等，完成消防联动控制功能；并能接收和显示各消防系统或设备的动态信息。其工作原理图如图 1.4 所示。

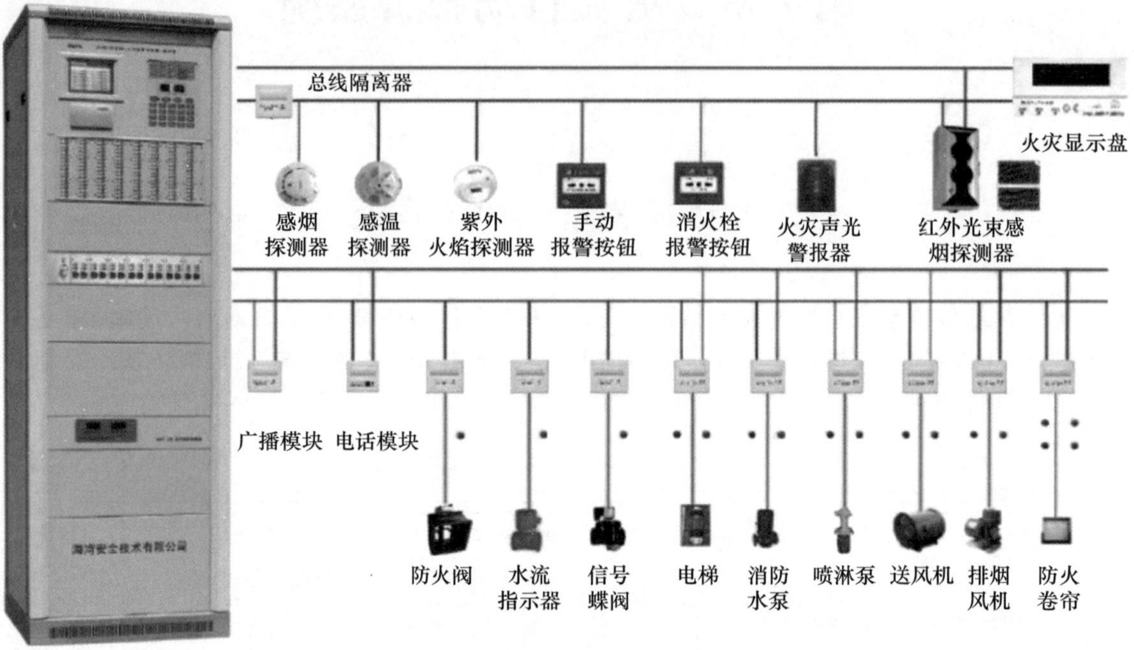

图 1.2　探测报警与消防联动控制

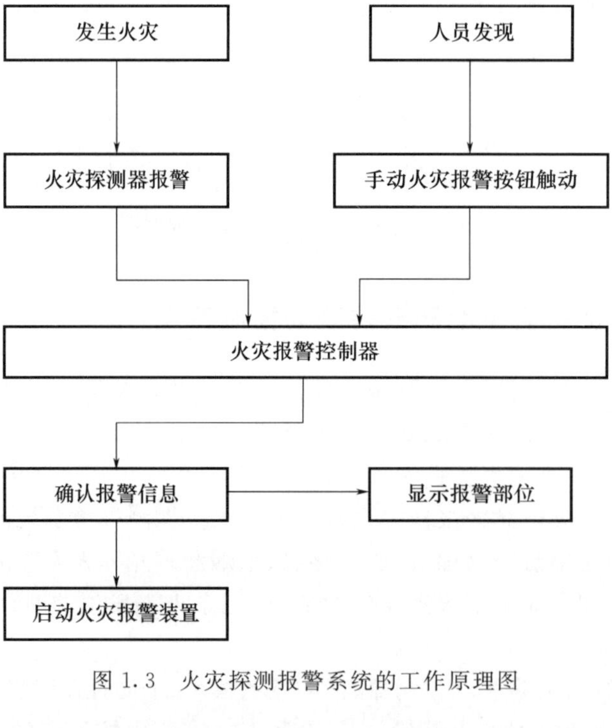

图 1.3　火灾探测报警系统的工作原理图

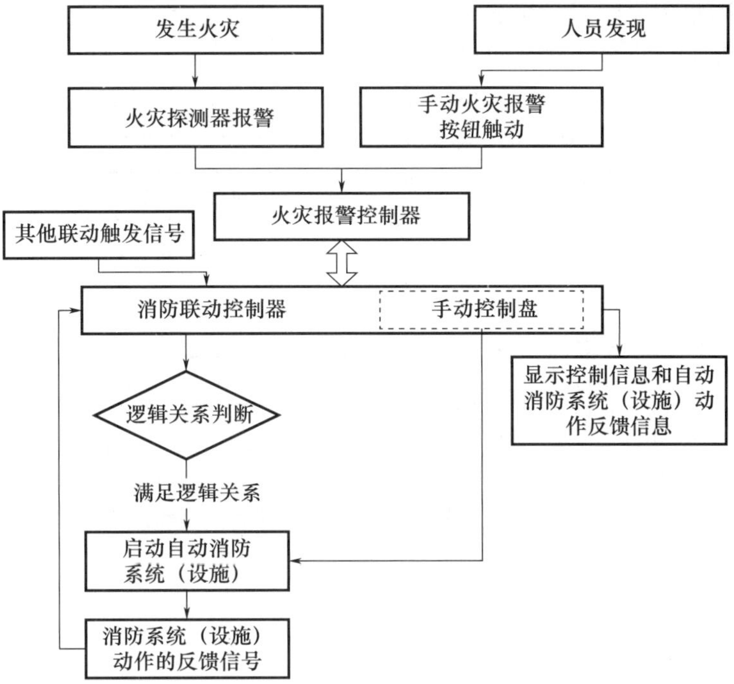

图 1.4　消防联动控制系统的工作原理图

1.1.2　可燃气体探测报警系统

可燃气体探测报警系统由可燃气体报警控制器、可燃气体探测器和声光警报器及联动控制设备等组成，如图 1.5 所示。

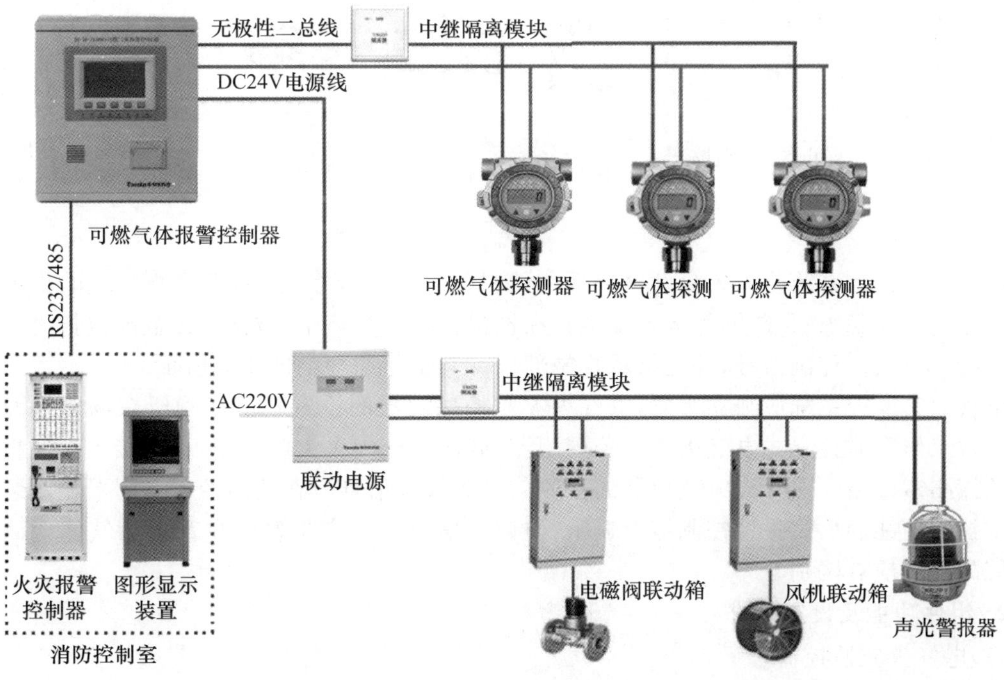

图 1.5　可燃气体探测报警系统组成示意图

可燃气体探测报警系统是火灾自动报警系统的一个预警系统，用于检测被防护区域内可燃气体的泄漏，系统可在可燃气体的浓度低于爆炸下限的条件下提前报警，从而预防可燃气体泄漏引发的火灾和爆炸。其工作原理如图 1.6 所示。

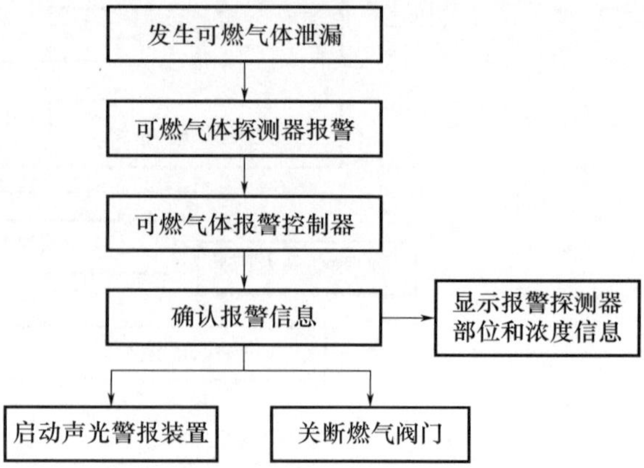

图 1.6　可燃气体探测报警系工作流程图

可燃气体探测报警系统是一个独立的系统。可燃气体探测器的电源由系统独立供给，不能将可燃气体探测器接入火灾报警控制器的探测回路。当可燃气体的报警信号需接入火灾自动报警系统时，应由可燃气体报警控制器接入。可燃气体报警控制器接收到的可燃气体探测器的运行状态信息，应该传输至消防控制室的图形显示装置或集中火灾报警控制器，其显示应与火灾报警信息有区别。

1.1.3　电气火灾监控系统

1. 系统组成及工作原理

电气火灾监控系统由电气火灾监控设备(电气火灾监控器)和电气火灾监控探测器组成。如图 1.7 所示。

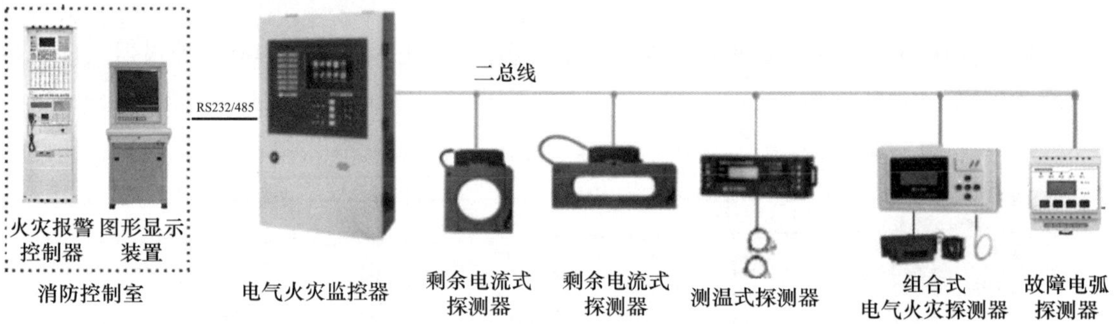

图 1.7　电气火灾监控系统组成示意图

电气火灾监控系统是火灾自动报警系统其中的一个预警系统，用于监测建筑的供配电系统中的电气故障隐患，预防电气火灾发生。在被保护电气线路中，被探测参数超过报警设定值时，系统发出报警、控制信号，并能指示报警部位。其工作原理如图 1.8 所示。

电气火灾监控系统应独立组成，电气火灾监控探测器的设置不应影响所在场所供配电系统的正常工作。非独立式电气火灾监控探测器，应接入电气火灾监控器，不应接入火灾报警控制器的探测器回路。电气火灾监控器的报警信号和故障信息应在消防控制室图形显示装置或起集中控制功能的火灾报警控制器上显示，但该类信息与火灾报警信息及可燃气体探测器报警系统的显示应有区别。

2. 组件功能及设置要求

(1)电气火灾监控器

电气火灾监控器是用来接收电气火灾监控探测器的报警信号，发出声、光报警信号和控制信号，指示报警部位，记录、保存并传送报警信息的装置。

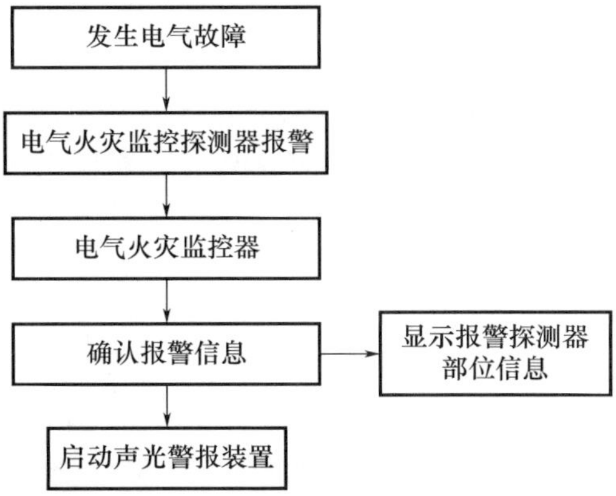

图 1.8　电气火灾监控系统工作原理图

(2)电气火灾监控探测器

电气火灾监控探测器是用来探测被保护线路中的剩余电流、温度、故障电弧等电气火灾危险参数变化的探测器，主要有剩余电流式电气火灾探测器，测温式电气火灾探测器和故障电弧探测器等。

①剩余电流式电气火灾监控探测器。剩余电流式电气火灾监控探测器是监测被保护线路中的剩余电流值变化的探测器，用于检测配电系统中的接地故障。剩余电流式电气火灾探测器应以设置在低压配电系统首端为基本原则，宜设置在第一级配电柜(箱)的出线端。在供电线路泄漏电流大于 500 mA 时，宜在其下一级配电柜(箱)设置。不应在 IT 系统(IT 系统是一种低压配电系统的接地保护型式，IT 系统的电源中性点不接地或经高阻抗接地，设备的外露导电部分直接接地)的配电线路和消防配电线路设置。选择剩余电流式电气火灾探测器时，应顾及供电系统自然漏流的影响，并应选择参数合适的探测器。探测器报警值宜为 300～500 mA。当系统发生漏电故障时，剩余电流式电气火灾探测器只能报警，但与断路器的分励脱扣器配合使用，可以实现漏电脱扣控制。剩余电流式电气火灾监控探测器与断路器分励脱扣器配合使用的安装示意图如图 1.9 所示。

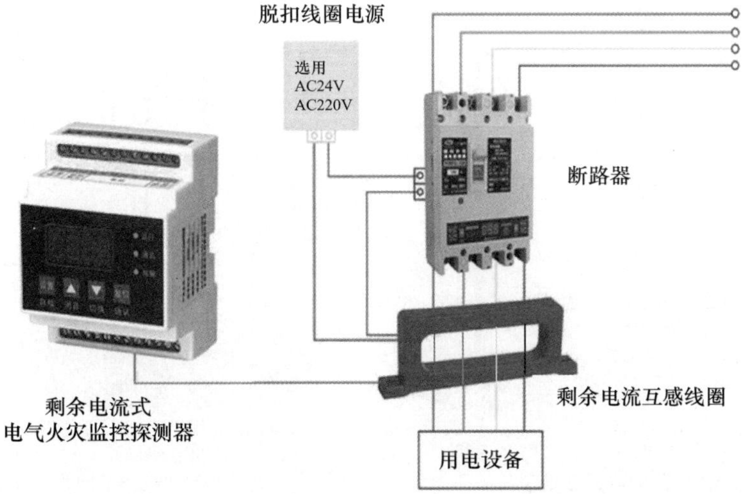

图 1.9　剩余电流式电气火灾探测器安装示意图

②测温式电气火灾监控探测器。测温式电气火灾监控探测器设置在电缆接头、端子、重点发热部件等部位，用于探测系统中由于过载或接触不良等引起的故障高温。保护对象为1000 V及以下的配电线路，测温式电气火灾探测器应采用接触式布置如图1.10所示。保护超过1000 V的电源电路，测温式电气火灾监控传感器宜选择光栅光纤温度测量类型或红外测温式电气火灾监测传感器，光栅光纤测温式电气火灾监测传感器应直接设置在保护物体表面。若采用线型感温火灾探测器，为便于统一管理，宜将其报警信号接入电气火灾监控器。

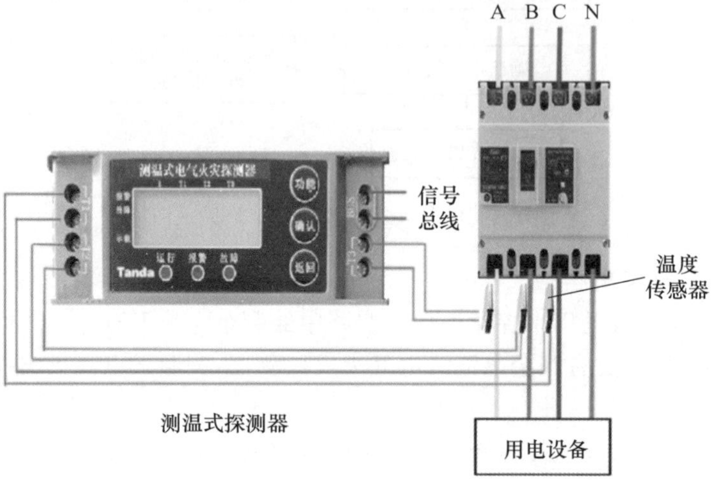

图1.10 测温式电气火灾探测器安装示意图

③故障电弧探测器。故障电弧探测器用于探测电气线路或设备中因绝缘老化破损、电气连接松动、空气潮湿、电压电流急剧升高等原因引起空气击穿导致的电弧放电故障。故障电弧传感器应该安装在相线上，故障电弧传感器为闭口式，因此应断电时安装。故障电弧探测器，其保护线路的长度不宜大于100 m。目前市场上的产品有单回路故障电弧探测器和多回路故障电弧探测器，其安装如图1.11所示。

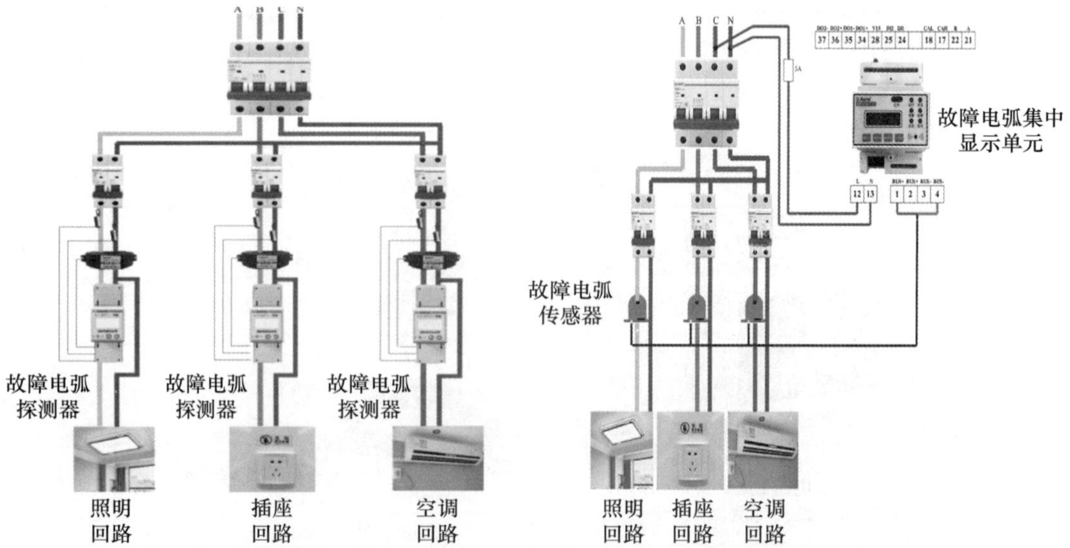

(a) 单回路故障电弧探测器 (b) 多回路故障电弧探测器

图1.11 故障电弧探测器安装示意图

1.2　火灾自动报警系统的设计要求

如不做特别说明，后文中火灾自动报警系统即为火灾探测报警系统及消防联动控制系统。

1.2.1　系统的设计形式

火灾自动报警系统的基本设计形式有：区域报警系统、集中报警系统和控制中心报警系统。系统的设计形式应与保护对象及消防安全目标的设立直接相关。

1. 区域报警系统

区域报警系统由火灾探测器、手动火灾报警按钮、火灾声光警报器及火灾报警控制器等组成，系统中可包括消防控制室图形显示装置和指示楼层的区域显示器。如图 1.12 所示。

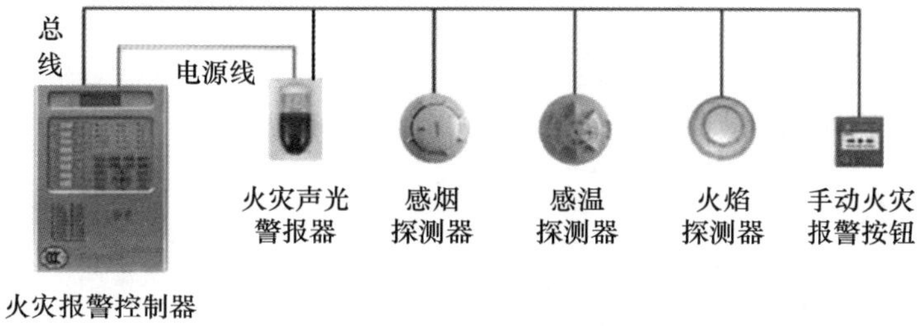

图 1.12　区域报警系统

区域报警系统比较简单，适用于仅需要报警，不需要联动自动消防设备的小型建筑对象如民用建筑的塔楼公寓、写字楼等。区域报警系统也可作为集中报警系统和控制中心报警系统中最基本的组成设备。

区域报警系统的火灾报警控制器应设置在有人员值班的场所；系统设置消防控制室图形显示装置时，该装置应具有传输《火灾自动报警系统设计规范 GB 50116—2013》所规定的有关信息的功能；系统未设置消防控制室图形显示装置时，应设置火警传输设备。

2. 集中报警系统

集中报警系统由火灾探测器、手动火灾报警按钮、火灾声光警报器、消防应急广播、消防专用电话、消防控制室图形显示装置、火灾报警控制器、消防联动控制器等组成。如图 1.13 所示。

集中报警系统适用于不仅需要报警，同时需要联动自动消防设备，且只需设置一台具有集中控制功能的火灾报警控制器和消防联动控制器的保护对象，如高层宾馆、写字楼等。

集中报警系统中的火灾报警控制器、消防联动控制器和消防控制室图形显示装置、消防应急广播的控制装置、消防专用电话总机等起到集中控制作用的消防设备，均应设置在消防控制室内；系统设置的消防控制室图形显示装置应具有传输《火灾自动报警系统设计规范 GB 50116—2013》所规定的有关信息的功能。

3. 控制中心报警系统

控制中心报警系统由火灾探测器、手动火灾报警按钮、火灾声光警报器、消防应急广播、消防专用电话、消防控制室图形显示装置、火灾报警控制器、消防联动控制器等组成，且包含 2 个及 2 个以上集中报警系统或 2 个及 2 个以上消防控制室。如图 1.14 所示。

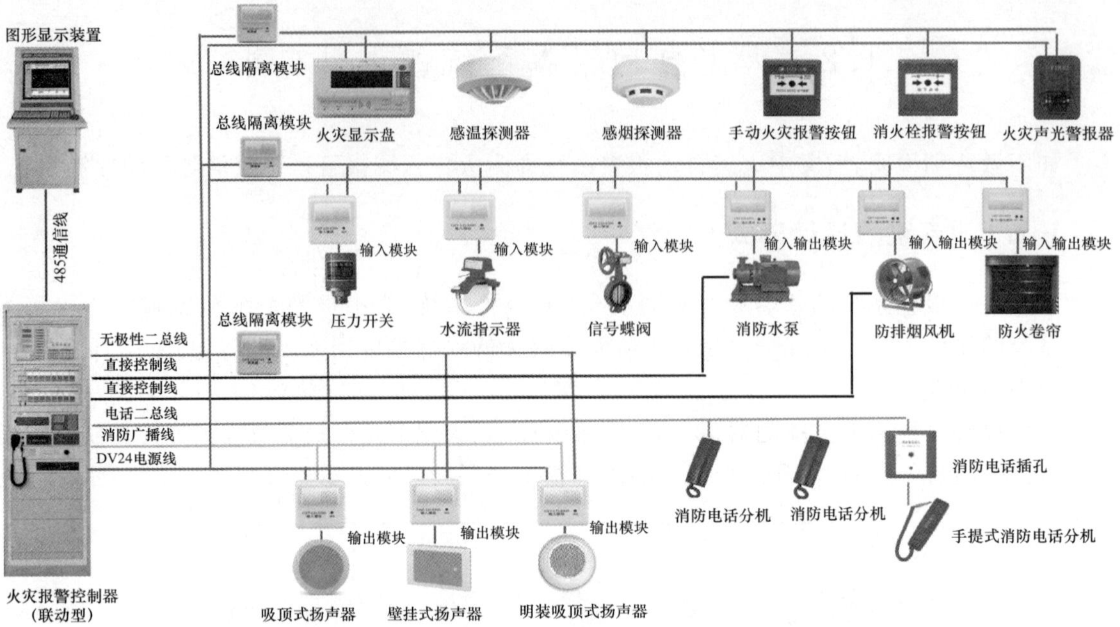

图 1.13　集中报警系统

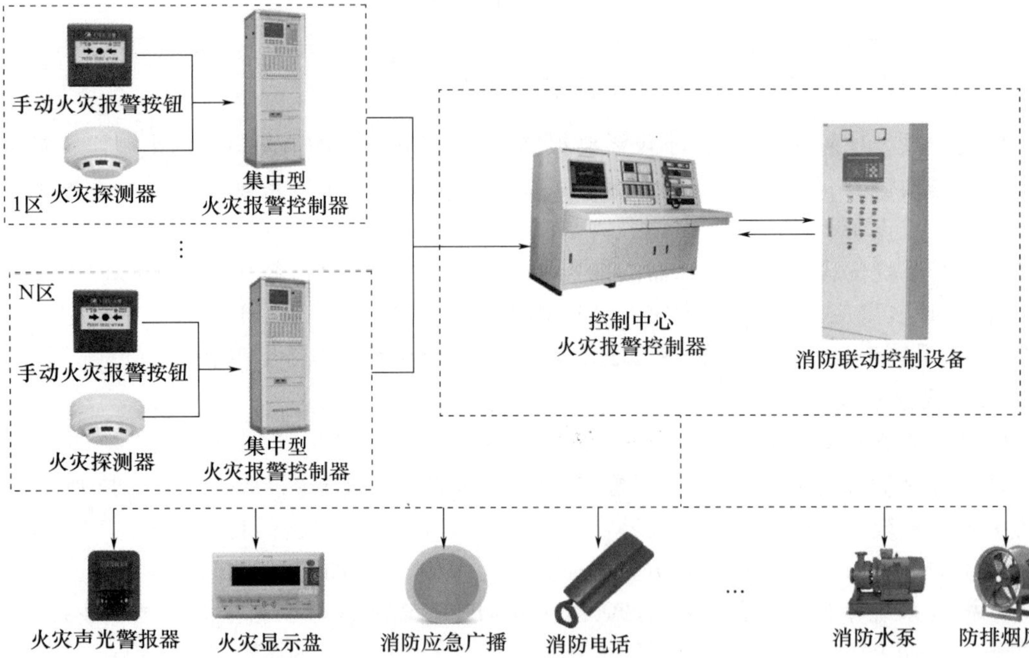

图 1.14　控制中心报警系统

设置 2 个及 2 个以上消防控制室的保护对象，或已设置 2 个及 2 个以上集中报警系统的保护对象，应采用控制中心报警系统。控制中心报警系统适用于大型建筑、大型综合商场、宾馆、公寓综合楼等探测区域多的保护对象，是超高层建筑及大型商业综合体建筑中自动消防系统的主要类型。控制中心报警系统有 2 个及 2 个以上消防控制室时，应确定其中一个为主消防控制室。主消防控制室应能显示所有火灾报警信号和联动控制状态信号，并应能控制重要的消防设备。各分消防控制室内的消防设备之间可以互相传输并显示状态信息，但不应互相控制。系统设置的消防控制室图形显示装置应具有传输《火灾自动报警系统设计规范 GB 50116—2013》所规定的有关信息的功能。

1.2.2 报警区域和探测区域的划分

1. 报警区域的划分

报警区域是为了迅速确定报警及火灾发生部位，协调发生火灾的防火分区及相邻防火分区的消防设备的联动控制而划分的范围。

报警区域应根据防火分区或楼层划分。可将一个防火分区或一个楼层划分为一个报警区域，也可将发生火灾时需要同时联动消防设备的相邻几个防火分区或楼层划分为一个报警区域。电缆隧道的一个报警区域宜由一个封闭长度区间组成，一个报警区域不应超过相连的 3 个封闭长度区间。道路隧道的报警区域应根据排烟系统或灭火系统的联动需要确定，且不宜超过 150 m。甲、乙、丙类液体储罐区的报警区域应由一个储罐区组成，每个 50000 m^3 及以上的外浮顶储罐应单独划分为一个报警区域。

2. 探测区域的划分

探测区域是为了迅速而准确地探测出被保护区内发生火灾的部位，而将报警区域划分成的火灾探测单元。

探测区域应按独立房(套)间划分。一个探测区域的面积不宜超过 500 m^2。从主要入口能看清其内部，且面积不超过 1000 m^2 的房间，也可划为一个探测区域。红外光束感烟火灾探测器和缆式线型感温火灾探测器的探测区域的长度，不宜超过 100 m。空气管差温火灾探测器的探测区域长度宜为 20～100 m。

下列场所应单独划分探测区域：①敞开或封闭楼梯间、防烟楼梯间；②防烟楼梯间前室、消防电梯前室、消防电梯与防烟楼梯间合用的前室、走道、坡道；③电气管道井、通信管道井、电缆隧道；④建筑物闷顶、夹层。

1.3 火灾自动报警系统的组件及设置要求

1.3.1 火灾报警控制器和消防联动控制器

1. 火灾报警控制器和消防联动控制器的功能

火灾报警控制器是火灾自动报警系统的核心组成部分，担负着为火灾探测器提供稳定的工作电源；监视探测器及系统自身的工作状态；接受、转换、处置火灾探测器输出的报警信号；进行声光报警；指示报警的具体部位及时间；执行相应辅助控制等任务。

消防联动控制器是消防联动控制系统的核心设备，在火灾报警控制器接收到火灾报警并经逻辑确认火灾(或人工确认火灾)后，联动控制器应在 3 s 内按设定的控制逻辑准确发出联动控制信号给相应的消防设备，控制消防设备按预定要求动作。同时，为了保证消防管理人员及时了解现场受控设备的动作情况，受控消防设备的动作反馈信号应反馈给消防联动控制器。

火灾报警控制器和消防联动控制器构成火灾自动报警系统的主机。目前，常见的火灾报警控制器产品多为火灾报警和联动控制一体机，即联动型火灾报警控制器，有壁挂式、柜式和琴台式，如图1.15所示。

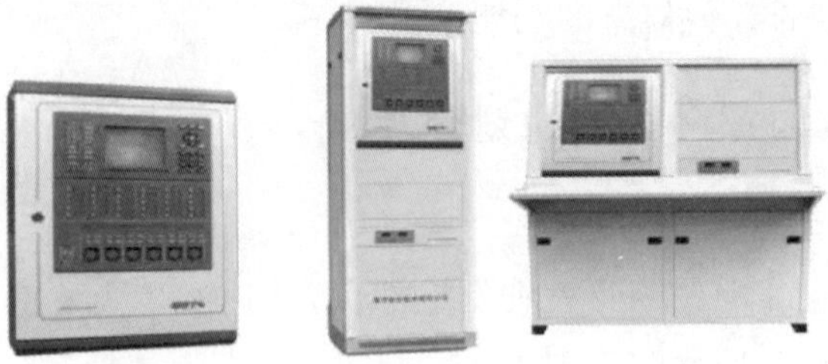

(a) 壁挂式　　(b) 柜式　　(c) 琴台式

图1.15　联动型火灾报警控制器

以某公司琴台式火灾自动报警主机为例，其报警主机界面如图1.16所示。

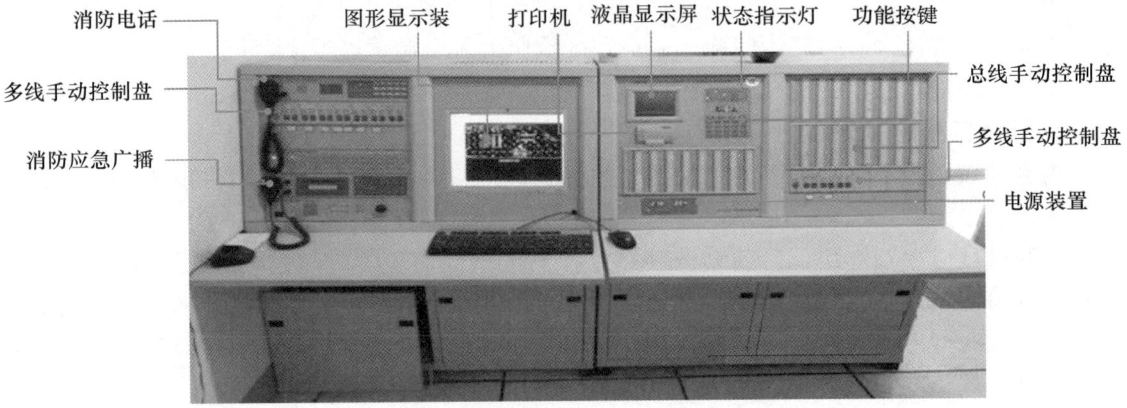

图1.16　琴台式火灾自动报警系统主机

火灾报警控制器和消防联动控制器(联动型火灾报警控制器)应具有以下功能。

(1)火灾报警功能

①火灾报警控制器应能直接或间接地接收来自火灾探测器、手动火灾报警按钮及其他火灾报警触发器件的火灾报警信号，发出火灾报警声光信号，指示火灾发生部位，记录火灾报警时间，并予以保持，直至手动复位。

②火灾报警控制器发出火灾报警信号的触发条件是控制器接收同一探测器(区)2个或2个以上火灾报警信号，可以是2个火灾探测器的报警信号，或1个火灾探测器的报警信号和1个手动火灾报警按钮的报警信号。

控制器接收到第1个火灾报警信号时，应发出火灾报警声信号，并指示报警部位，但不能进入火灾报警状态；接收到第2个火灾报警信号后，控制器在60 s内应发出火灾报警声光信号，并进入火灾报警状态。

③当报警控制器处于火灾报警状态时，火警总指示灯应点亮。当有多个火警信息时，应能显示最早火灾报警部位，后续火灾报警部位应按报警时间顺序连续显示。

④火灾报警声信号应能手动消除，当再有火灾报警信号输入时，应能再次启动。除复位操作外，对控制器的任何操作均不应影响控制器接收和发出火灾报警信号。

(2)联动控制功能

①消防联动控制器(联动型火灾报警控制器)应能接收来自相关火灾报警控制器的火灾报

警信号，显示报警区域，发出火灾报警声光信号，报警声信号应能手动消除，报警光信号应保持至消防联动控制器复位。

②消防联动控制器（联动型火灾报警控制器）在接收到火灾报警信号后，应在 3 s 内发出启动信号，并有启动光指示，指示启动设备名称和部位，记录启动时间和启动设备总数。光指示应保持至消防联动控制器复位。

③消防联动控制器（联动型火灾报警控制器）应能显示所有受控设备的工作状态。消防联动控制器应在受控设备动作后 10 s 内收到反馈信号，并应有反馈光指示，指示设备名称和部位，显示相应设备状态，光指示应保持至受控设备恢复。消防联动控制器在发出启动信号后 10 s 内未收到要求的反馈信号，应使启动光信号闪亮，并显示相应的受控设备，保持到消防联动控制器收到反馈信号。

④消防联动控制器（联动型火灾报警控制器）应能接收连接的消火栓报警按钮、水流指示器、报警阀、气体灭火系统启动按钮等触发器件发出的报警（动作）信号，显示其所在的部位，发出报警（动作）声、光信号。声信号应能手动消除，光信号应保持至消防联动控制器复位。

⑤消防联动控制器（联动型火灾报警控制器）应能以手动和自动 2 种方式完成控制功能，并指示状态，控制状态应不受复位操作的影响。消防联动控制器设置总线制手动控制盘，应能对每个受控设备实现手动控制；消防联动控制器设置多线制手动控制盘，应能够对消防水泵、防排烟风机、消防电梯等重要设施实现直接手动控制，该控制过程不受消防联动控制器手动或自动状态影响。

⑥消防联动控制器（联动型火灾报警控制器）对管网气体灭火系统的控制和显示还应满足下述要求：接收并显示气体灭火控制器的手动和自动工作状态；接收并显示设置在保护区域的手动/自动转换装置的手动和自动工作状态；接收并显示保护区域内的启动控制信号、延时和喷洒各阶段的状态信息；能向气体灭火控制器发出联动控制信号。

（3）故障报警功能

①控制器设专用故障总指示灯（器），无论控制器处于何种状态，只要有故障信号存在，该故障总指示灯（器）应点亮。

②当发生下列故障时，控制器应在 100 s 内发出与火灾报警信号有明显区别的故障声信号、故障光信号。故障声信号应能手动消除，再有故障信号输入时，应能再启动；故障光信号应保持至故障排除。

a）消防联动控制器与火灾报警控制器之间的连接线断路、短路和影响功能的接地。

b）火灾报警控制器与火灾探测器、手动火灾报警按钮及完成传输火灾报警信号功能部件间连接线的断路、短路（短路时发出火灾报警信号除外）和影响火灾报警功能的接地，探头与底座间连接断路。

c）控制器与火灾显示盘间连接线的断路、短路和影响功能的接地。

d）火灾报警控制器与其控制的火灾声和/或光警报器、火灾报警传输设备和消防联动设备间连接线的断路、短路和影响功能的接地。

e）消防联动控制器与触发器件之间的连接线断路、短路和影响功能的接地（短路时发出报警信号除外）。

f）消防联动控制器与独立使用的直接手动控制单元之间的连接线断路、短路和影响功能的接地。

g）总线式消防联动控制器与输出/输入模块间连接线断路、短路和影响功能的接地。

h)给备用电源充电的充电器与备用电源间连接线的断路、短路。

i)备用电源与其负载间连接线的断路、短路。

j)主电源欠压。

③控制器应能显示所有故障信息。控制器的故障信号在故障排除后，可以自动或手动复位。复位后，控制器应在100 s内重新显示尚存在的故障。

(4)屏蔽功能

①火灾报警控制器和消防联动控制器(联动型火灾报警控制器)应有专用屏蔽总指示灯(器)，无论控制器处于何种状态，只要有屏蔽存在，该屏蔽总指示灯(器)应点亮。

②屏蔽状态应不受控制器复位等操作的影响。火灾声和/或光警报器、火灾报警传输设备的屏蔽信息不能受火灾报警信号影响。

(5)监管功能

①控制器设专用监管报警状态总指示灯(器)，无论控制器处于何种状态，只要有监管信号输入，控制器应在100 s内发出与火灾报警信号有明显区别的监管报警声、光信号。

②监管报警状态总指示灯(器)应点亮。声信号仅能手动消除，当有新的监管信号输入时应能再启动；光信号应保持至手动复位。如监管信号仍存在，复位后监管报警状态应保持或在20 s内重新建立。控制器应能显示所有监管信息。

(6)自检功能

①火灾报警控制器和消防联动控制器应能手动检查其面板所有指示灯(器)、显示器的功能，在执行自检功能期间，受其控制的外接设备和输出接点均不应动作。

②火灾控制器自检时间超过1 min或其不能自动停止自检功能时，控制器的自检功能应不影响非自检部位、探测区和控制器本身的火灾报警功能。

③消防联动控制器在执行自检功能期间，其受控设备均不应动作。自检时间超过1 min或不能自动停止自检功能时，消防联动控制器的自检功能应不影响非自检部位的正常工作。

(7)信息显示与查询功能

控制器信息可在不同分区同时显示按火灾报警、监管报警及启动、反馈信息，并可以进行查询。启动(反馈)信息显示与报警信息显示优先于故障、屏蔽等其他信息的显示，未显示的故障、屏蔽等信息应手动可查。

(8)电源功能

控制器的电源部分具有主电源和备用电源转换装置。当主电源断电时，能自动转换到备用电源。主电源恢复时，能自动转换到主电源。有主、备电源工作状态指示。主电源和备用电源容量应保证火灾报警控制器和消防联动控制器在不同规定条件下连续正常工作相应的时间。

2. 火灾报警控制器和消防联动控制器的设置要求

(1)控制器设置位置

除区域报警系统中的报警控制器可以设置在有人员值班的房间和场所外，火灾报警控制器和消防联动控制器均应设置在消防控制室内。高度超过100 m的建筑中，除消防控制室内设置的控制器外，每台控制器直接控制的火灾探测器、手动报警按钮和模块等设备不应跨越避难层。

(2)控制器的设计容量

考虑系统工作的稳定、可靠性以及建筑使用期间可能存在变化和修改的可能，控制器应在设计过程中对其设计容量进行限制。

任一台火灾报警控制器所连接的火灾探测器、手动火灾报警按钮和模块等设备总数和地址总数，均不应超过 3200 点，其中每一总线回路连接设备的总数不宜超过 200 点，且应留有不少于额定容量 10％的余量；

任一台消防联动控制器地址总数或火灾报警控制器（联动型）所控制的各类模块总数不应超过 1600 点，每一联动总线回路连接设备的总数不宜超过 100 点，且应留有不少于额定容量 10％的余量。

1.3.2　火灾探测器

火灾探测器是将火灾的特征物理量如温度、烟雾、气体和辐射光强等转换成电信号，并动作向火灾报警控制器发送报警信号的装置。根据探测火灾参数不同，火灾探测器可分为感温探测器、感烟探测器、火焰探测器、可燃气体探测器和复合火灾探测器。根据探测器的保护范围不同，可以分为点型火灾探测器和线型火灾探测器。

不同类型的火灾探测器适用于不同场所的火灾，在火灾自动报警系统设计中应根据火灾探测器的探测原理以及被保护场所的初期火灾形成和发展的特点进行火灾探测器选择，同时还应考虑火灾探测器的最大允许安装高度以及在环境中可能造成火灾探测器误报和漏报的干扰因素，如烟雾、气流速度等。

1. 点型火灾探测器

点型火灾探测器是响应一个小型传感器附近火灾参数的探测器。常见点型火灾探测器有：点型感烟探测器、点型感温探测器、点型火焰探测器和点型可燃气体探测器、复合型探测器，如图 1.17 所示。

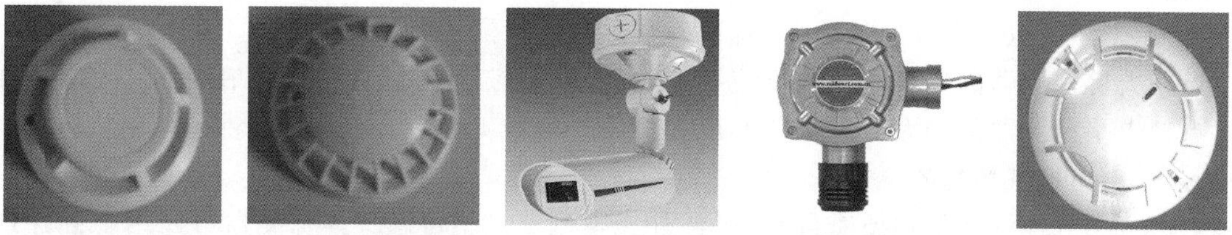

(a) 点型感烟探测器　(b) 点型感温探测器　(c) 点型火焰探测器　(d) 点型可燃气体探测器　(e) 复合型火灾探测器

图 1.17　点型火灾探测器

点型火灾探测器在保护区域内应均匀布置，应保证探测区域内任何一点均在火灾探测器的保护范围内。点型火灾探测器至墙壁、梁边的水平距离，不应小于 0.5 m；探测器周围 0.5 m 内，不应有遮挡物；探测器至空调送风口边的水平距离不应小于 1.5 m，并宜接近回风口安装。探测器设置还应考虑梁、隔断等对其探测的影响，必要时，被分隔的区域应单独设置探测器。点型火灾探测器应根据探测区域初期火灾的特点进行合理选型。

（1）点型感烟探测器

根据探测原理不同，点型感烟探测器主要有离子感烟探测器、光电感烟探测器。点型感烟探测器适用于火灾初期有阴燃阶段，产生大量的烟和少量的热，很少或没有火焰辐射的场所，如饭店、旅馆、教学楼、电子计算机机房、通讯机房、办公楼的厅堂、卧室、书库、档案库等场所。点型感烟探测不适用于有大量水汽滞留、可能产生腐蚀性气体、气流速度大于 5 m/s、相对湿度经常大于 95％、在正常情况下有粉尘、烟雾滞留的场所，如锅炉房、烘干车间、公共厨房、柴油发电机房、公共吸烟室等。点型离子感烟探测器不适用于产生醇类、醚类、酮类等有机物的场所，如白酒酿造车间等。点型光电感烟探测器不能用于高海拔地区。

点型感烟探测器在宽度小于 3 m 的内走道顶棚上设置时，宜居中布置，安装间距不应超过 15 m，探测器到端墙距离不应大于 7.5 m。点型感烟探测器的最大允许安装高度为 12 m。

(2)点型感温探测器

点型感温探测器根据监测温度参数的不同，分为定温式、差温式、差定温式等，点型感温探测器可以作为感烟探测器的补充，用于感烟探测器不适用的场所，如公共吸烟室、锅炉房等。感温火灾探测器还用于确认火灾并联动自动灭火系统，因为火灾发生后，当探测空间温度的感温火灾探测器动作表明火灾已经发展到应该启动自动灭火设施的程度。如气体灭火系统中，常采用感烟探测器与感温探测器的组合，点型感烟探测器报警后，驱动防护区内声光警报器，警示现场人员撤离。感温探测器报警后，系统发出启动控制，进行灭火。点型感温探测器不适用于可能产生阴燃火灾或发生火灾不及时报警将造成重大损失的场所。温度在0 ℃以下的场所，不宜选择定温探测器。温度变化较大的场所，不宜选择具有差温特性的探测器。

点型感温探测器在宽度小于 3 m 的内走道顶棚上设置时，宜居中布置，安装间距不应超过 10 m，探测器到端墙的距离不应大于 5 m。A1、A2 类点型感温探测器最大允许安装高度为 8 m，B 类点型感温探测器最大允许安装高度为 6 m，C、D、E、F、G 类点型感温探测器最大允许安装高度为 4 m。

(3)点型火焰探测器

目前使用的点型火焰探测器主要有 2 种：紫外火焰探测器和红外火焰探测器。火灾时有强烈的火焰辐射、可能发生液体燃烧等无阴燃阶段的火灾，需要对火焰做出快速反应的场所可以选择点型火焰探测器，如石油、炸药等化工制造的生产、存放场所等。探测区域内正常情况下有高温物体的场所，不宜选择单波段红外火焰探测器。正常情况下有明火作业、探测器易受 X 射线、弧光和闪电等影响的场所，不宜选择紫外火焰探测器。

点型火焰探测器的探测视角内不应存在遮挡物，应避免光源直接照射在探测器的探测窗口。点型火焰探测器的最大允许安装高度为 20 m。

(4)点型可燃气体探测器

点型可燃气体探测器主要有催化型、红外光学型。点型可燃气体探测器可以用于：使用可燃气体的场所；燃气站和燃气表房以及存储液化石油气罐的场所；其他散发可燃气体和可燃蒸汽的场所。如使用燃气的商业厨房或燃料气储备间、汽车库、压气机站、过滤车间、溶剂库、炼油厂等存在可燃气体的场所。

可燃气体探测器应设置在阀门、管道接口、出气口或易泄漏处附近，尽可能靠近，但不要影响其他设备操作；检测比空气重的可燃气体时，如液化石油气，探测器的安装高度宜距地坪(或楼地板)0.3～0.6 m；检测比空气轻的可燃气体，如甲烷和煤气，探测器的安装高度宜在释放源上方 2.0 m 内。检测比空气略重的可燃气体，探测器的安装高度宜在释放源下方 0.5～1.0 m；检测比空气略轻的可燃气体或有毒气体时，如一氧化碳和氰化氢，探测器的安装高度宜高出释放源 0.5～1.0 m，探测器距释放源的水平距离不超过 1 m 为宜。可燃气体探测器同时尽量避免高温、高湿环境。

(5)复合型火灾探测器

若火灾探测器采用 2 种或 2 种以上探测技术的探测器为复合型探测器，相对于单一探测方法的探测器，复合火灾探测器对火灾的响应更全面，能有效防止误报。

2. 线型火灾探测器

线型火灾探测器是响应某一连续线路周围火灾参数的探测器。常见的线型火灾探测器有红外光束感烟探测器、缆式线型定温探测器、线型光纤感温探测器。

(1)红外光束感烟探测器

红外光束感烟探测器由发射器和接收器组成，采用红外线感光方式工作。发射器与接收器成对安装，发射器发射出一定强度的红外光束，接收器对发射器发出的红外光束进行采集放大，并通过内置单片机对采集的信号进行分析判断。探测器处于正常监视状态时，红外光强度稳定在一定范围内，当烟雾进入探测区内时，由于光束被遮挡，使接收器收到的红外光的强度降低。当烟雾达到一定浓度使红外光的强度低于设定的阈值时，探测器报火警。

常见的红外光束感烟探测器有对射式和反射式两种，其工作原理如图 1.18 所示。

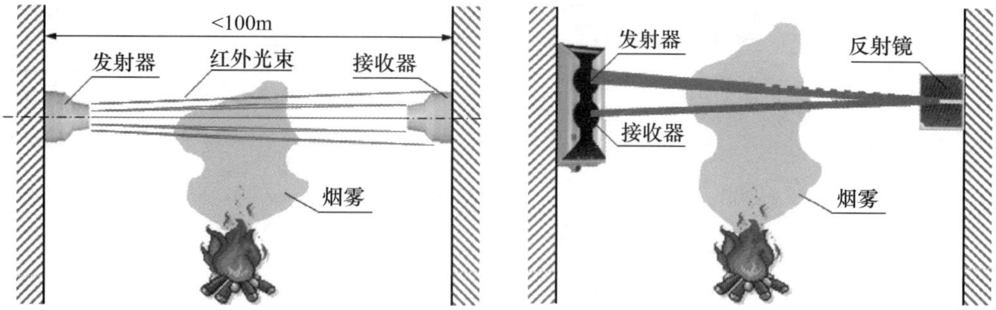

(a) 对射式红外光束感烟探测器工作原理　　(b) 反射式红外光束感烟探测器工作原理

图 1.18　红外光束感烟探测器工作原理

红外光束感烟探测器适用于以下场所或部位：①无遮挡大空间的库房、博物馆、展览馆、档案馆、飞机库等；②古建筑、文物保护的厅堂馆所等；③发电厂、大型变配电站等；④隧道工程。

红外光束感烟探测器的光束轴线至顶棚的垂直距离宜为 0.3～1.0 m，距地高度不宜超过 20 m；相邻两组探测器的水平距离不应大于 14 m，探测器至侧墙水平距离不应大于 7 m，且不应小于 0.5 m，探测器的发射器和接收器之间的距离不宜超过 100 m；探测器的设置应保证其接收端避开日光和人工光源的直接照射。装设红外光束感烟探测器的场所，需采取防止叉车等机械日常操作遮挡红外光束，引起误报的措施。

(2)缆式线型定温探测器

缆式线型感温火灾探测器即感温电缆，感温电缆一般由微机处理器、终端盒和感温电缆组成，根据不同的报警温度感温电缆可以分为 68 ℃、85 ℃、105 ℃、138 ℃、180 ℃(可以根据不同的颜色来区分)等等，根据使用方式不同还可以分为可恢复式和不可恢复式。

可恢复式定温火灾探测器即可以重复使用的感温电缆，其探测器原理是当感温电缆所保护场所的现场温度发生变化时，监测回路的电阻值会发生明显的变化，当微机控制器检测到前端感温电缆探测回路的电阻值变化达到预定的报警值时，就会产生一个报警信号发送给其后端的火灾报警控制屏，从而触发火灾报警信号。由于可恢复式缆式线型定温探测器是非破坏性探测，报警温度可调，其可靠性和实用性都得到极大提高。

不可恢复缆式线型定温探测器是由两根弹性钢丝上包热敏绝缘材料绞合而成。当某一部位温度上升时，热敏绝缘材料阻抗变低，钢丝间发生短路，发出火灾信号。缆式线型定温探测器适合的场所或部位有：①电缆隧道、电缆竖井、电缆夹层、电缆桥架等；②配电装置、开关设备、变压器等；③各种皮带输送装置；④控制室、计算机室的闷顶内、地板下及重要设施隐蔽处等；⑤其他环境恶劣不适合点型探测器安装的危险场所。

探测器在保护电缆、堆垛等类似保护对象时，应采用接触式布置；在各种皮带输送装置上设置时，宜设置在装置的过热点附近。设置在顶棚下方的线型感温火灾探测器，至顶棚的距离宜为0.1 m。探测器的保护半径应符合点型感温火灾探测器的保护半径要求；探测器至墙壁的距离宜为1～1.5 m。图1.19为感温电缆结构、缆式定温探测器及其在电缆桥架上的安装示意图。

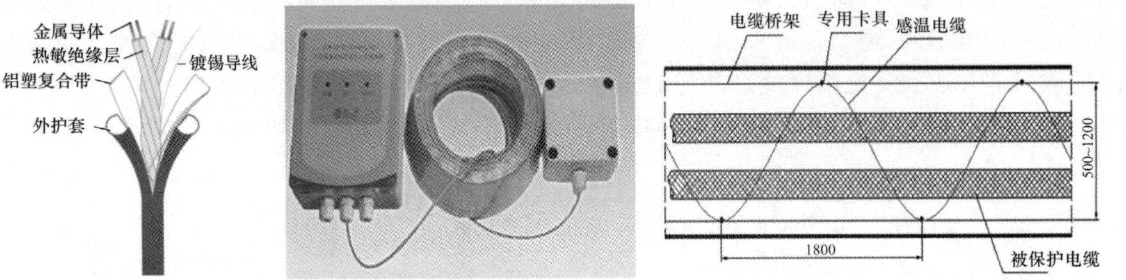

(a) 感温电缆结构　(b) 缆式定温探测器　(c) 缆式定温探测器在电缆桥架上的安装示意图

图1.19　缆式定温探测器

(3)线型光纤感温火灾探测器

线型光纤感温火灾探测器是利用光纤的温度特性，通过实时处置铺设于监测现场的光缆搜集的温度信号，与设定的报警值进行比较后，实现火灾报警。线型光纤感温探测器稳定性和可靠性高，在空间分辨率、温度分辨率、测量距离方面有很强的优越性，同时不受电磁干扰，不受任何环境的影响，本征安全，广泛应用于电缆、隧道、油罐、气罐等长距离的火灾探测，尤其适合于有强电磁干扰、腐蚀、高温和易燃、易爆等防爆要求的工业场所。目前有分布式光纤感温探测器和光栅光纤感温探测器。图1.20为光栅光纤感温探测器在原油储罐上的应用。

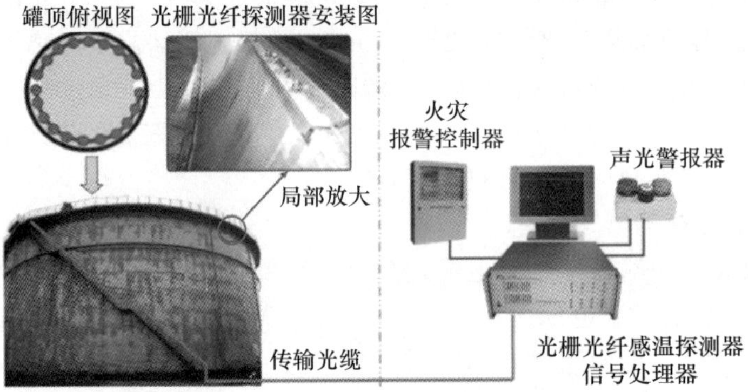

图1.20　光栅光纤感温探测器的应用

3. 其他火灾探测器及探测系统

(1)图像型火灾探测器

目前图像型火灾探测器主要有光截面探测器和双波段火灾探测器。

①光截面探测器

光截面探测器采用红外发光阵列作为线性光束发射器，CCD器件(电荷耦合元件)作为光电接收器，单套探测器可以由一个接收器和多个发射器组成，每个接收器对应多个发射器，形成光截面。图1.21为光截面探测器发生器、接收器及其两层安装示意图。

探测系统利用火灾烟雾吸收减光现象，根据烟雾减光在CCD上形成的光斑影像视频信号，并结合模式识别、持续趋势和预测适应等算法，对火灾进行识别，从而实现火灾探测报警。

光截面探测器具有可以实现被保护空间实施任意曲面式覆盖，能分辨发射光源和其他干扰光源，保护面积大、响应时间短的优点；同时还具有防爆、防潮、防腐蚀功能。光截面探测器可用于在发生火灾时产生烟雾的大空间以及环境恶劣场所，如烟草单位的烟叶仓库、成品仓库，纺织企业的棉麻仓库、原料仓库等。

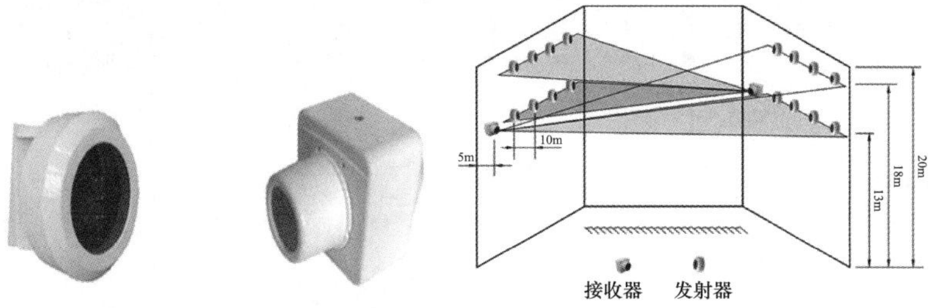

(a) 发射器　(b) 接收器　(c) 光截面探测器两层设置的示意图

图 1.21　光截面探测器及其安装示意图

②双波段火灾探测器

双波段火灾探测器采用双波段图像火焰探测技术，图像型火灾探测器属于智能型火灾探测设备，由近红外和彩色摄像机组成。探测器可将采集到的近红外视频图像信号和彩色视频图像信号传送给信息处理主机，使火灾探测和图像监控得到有机的结合。双波段火灾探测器对火焰可见光部分进行分析判断，报警及时、定位准确、误报率低，适用于商场、仓库、地铁、隧道、体育场馆、炼油厂等大型空旷场所。图 1.22 为双波段火灾探测器及系统组成示意图。

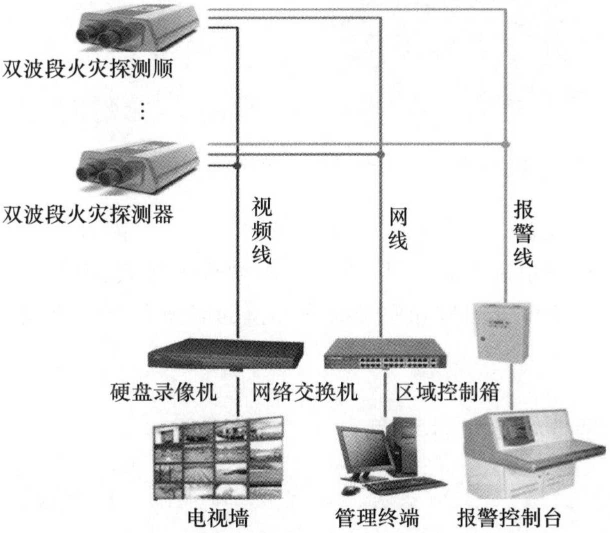

图 1.22　双波段火灾探测系统组成示意图

(2)主动吸气式感烟探测系统

主动吸气式感烟探测系统由吸气泵通过采样管道对探测区域内的空气进行采样，并送到检测室由激光进行分析，得出空气中的烟雾粒子的浓度。如果超过预定浓度，主机进行报警。一般报警分 4 个阶段：警告、行动、火警 1、火警 2。主动吸气式感烟探测系统的灵敏度是传统探测器的几百倍甚至上千倍，可用于火灾的早期监测。主动吸气式感烟探测系统适用于高大空间场所的火灾探测，以及电信机房等需要超早期报警的场所。图 1.23 为主动吸气式感烟探测系统及其安装示意图。

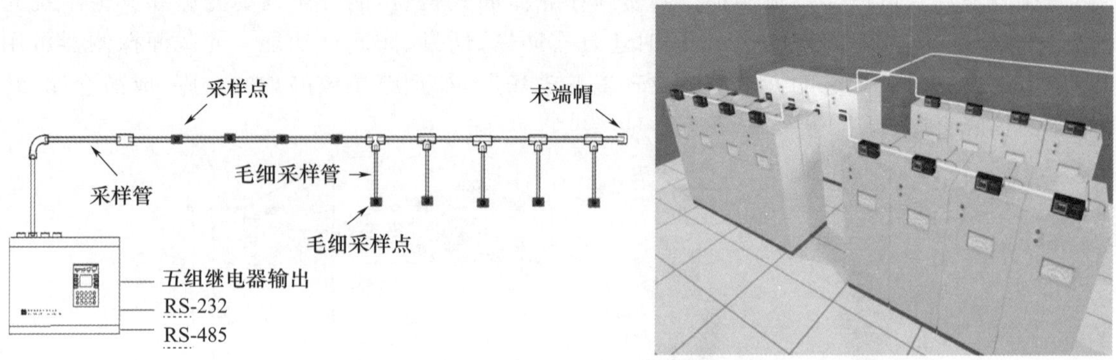

图 1.23　主动吸气式感烟探测系统及其安装示意图

1.3.3　手动火灾报警按钮

手动火灾报警按钮是手动方式产生火灾报警信号，并启动火灾自动报警系统的器件，如图 1.24 所示。

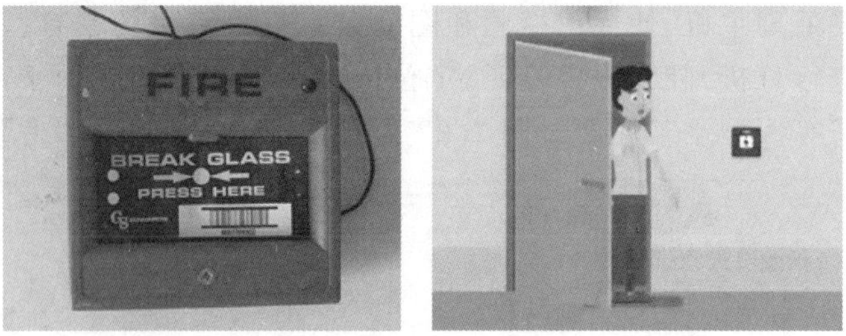

图 1.24　手动报警按钮及安装位置示意图

每个防火分区应至少设置一个手动火灾报警按钮。从一个防火分区内的任何位置到最邻近的手动火灾报警按钮的步行距离不应大于 30 m。手动火灾报警按钮设置在公共活动场所的安全出口附近、电梯前室、走廊里等明显和便于操作部位的墙面上，底边距地高度宜为 1.3～1.5 m，且应有明显的标志。

1.3.4　区域显示器(火灾显示盘)

在火灾报警装置中，区域显示器(火灾显示盘)是只能显示报警或故障等信息而不能控制其他联动消防设备的报警装置，图 1.25 为火灾显示盘及其安装实景。

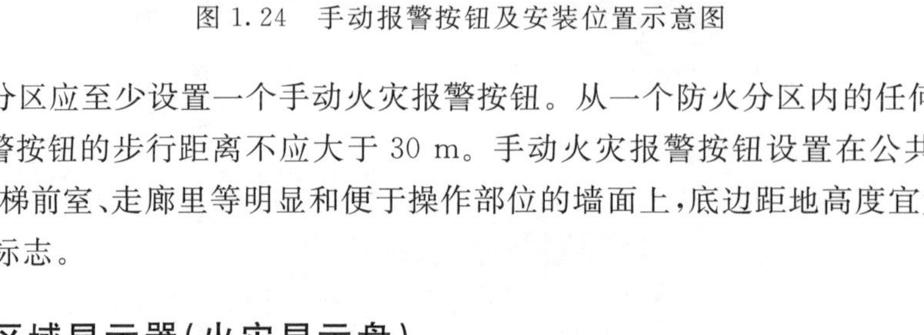

图 1.25　火灾显示盘及其安装现场图

每个报警区域宜设置一台区域显示器(火灾显示盘);当一个报警区域包括多个楼层时,宜在每个楼层设置一台仅显示本楼层的区域显示器(火灾显示盘)。区域显示器(火灾显示盘)一般安装在楼层或独立防火区内的电梯前室、公共走道、应急通道、楼梯间等距地 1.3～1.5 m 墙壁上,用于显示本楼层或防火分区内的火警情况。

1.3.5　火灾声光警报器

火灾声光警报器用于在火灾时用声音报警和闪光报警的装置。火灾声光警报器颜色主要为红色,且有明显标志。

火灾声光警报器应设置在每个楼层的楼梯口、消防电梯前室、建筑内部拐角等处的明显部位。当设置在墙上时,其底边距地面高度应大于 2.2 m,如图 1.26 所示。火灾光警报器不宜与安全出口指示标志灯具设置在同一面墙上。若需安装在同一面墙上时,应保证与安全出口及疏散指示标志之间的水平距离大于 1 m。火灾声光警报器声压级不应小于 60 dB;在环境噪声大于 60 dB 的场所,其声压级应高于背景噪声 15 dB。图 1.26 为火灾声光警报器及墙上安装现场图。

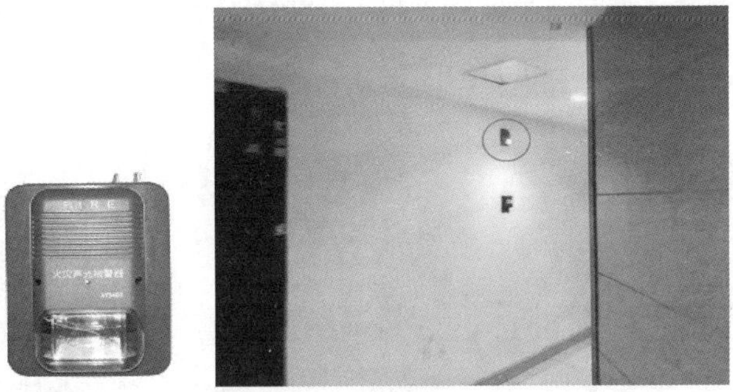

图 1.26　火灾声光警报器及墙上安装现场图

1.3.6　消防控制设备

消防控制设备是指接收到现场手动控制信号或消防联动控制信号后,能手动或自动完成受控消防设备的启动、停止控制,并显示其状态的设备。主要包括自动灭火系统的控制装置,室内消火栓系统的控制装置,防烟排烟系统及空调通风系统的控制装置,常开防火门、防火卷帘的控制装置,电梯回降控制装置,以及火灾应急广播、火灾警报装置,消防通信设备、火灾应急照明与疏散指示标志的控制装置等。

消防控制设备一般设置在消防控制中心,以便于实行集中统一控制(如应急照明控制器),也有消防控制设备设置在被控消防设备所在现场(如消防水泵控制柜、防护卷帘控制器),但其动作信号则必须返回消防控制室,实行集中与分散相结合的控制方式。如图 1.27 所示。

1.3.7　消防联动模块

消防联动模块是用于消防联动控制器与其所连接的受控设备之间信号传输、转换的一种辅助器件。按信号的输入输出方式分,主要有输入模块、输出模块、单输入/输出模块和双输入/输出模块;按照功能分,还有总线隔离模块、切换模块、中继模块、扬声器监视模块等,如图 1.28 所示。

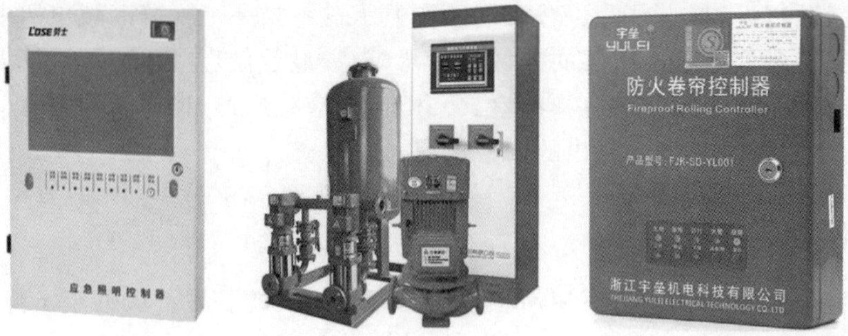

(a) 应急照明控制器　　(b) 水泵控制柜　　(c) 防火卷帘控制器

图 1.27　常见消防控制设备

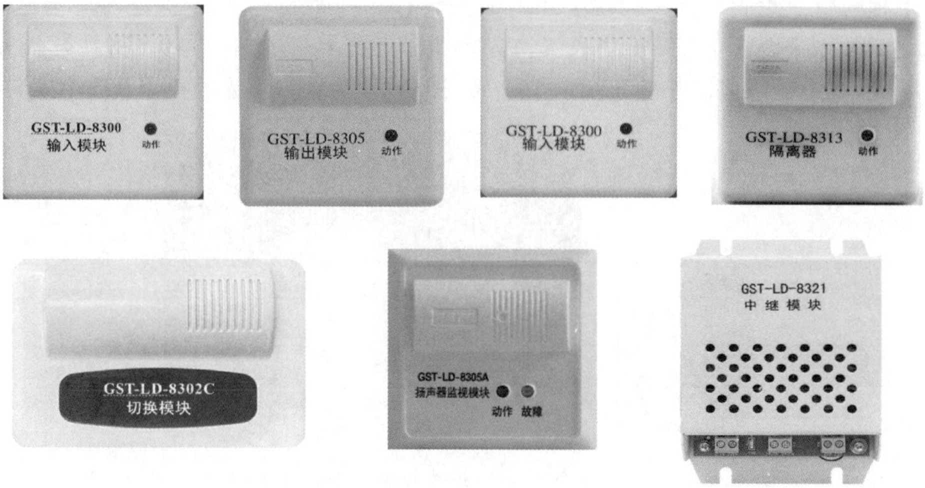

图 1.28　常用消防联动模块

1. 输入模块

输入模块又称为监视模块，用于把消防联动控制器所连接的消防设备、器件的工作状态信号输入相应的消防联动控制器。只需要消防联动控制器进行监视而不需要控制的设备或组件连接的模块为输入模块，如自动喷水灭火系统的水流指示器、供水管路上的信号闸阀、报警阀组上的压力开关等连接的模块均为输入模块。

2. 输出模块

输出模块又称为控制模块，用于把消防联动控制器的控制信号传输给其连接的消防设备、器件。现在一般都被联动控制模块所取代，分为单输入单输出模块和双输入双输出模块。

3. 单输入/输出模块

同时具有输入和输出模块的消防联动模块为输入/输出模块。输入输出模块用于实现消防系统设备联动。被控设备需要接收消防联动控制器的控制信号，动作后也要求向联动控制器发送状态反馈信号，因此应采用输入/输出模块，各种一次动作并有动作信号反馈的被控设备如建筑防烟与排烟系统中的排烟口、送风口连接的模块均为单输入/输出模块。

4. 双输入/输出模块

双输入/输出模块可以理解成 2 个单输入/输出模块合在一起来使用的模块，是用于各种

2 次动作并有动作信号反馈的被控设备，如需要完成二步降的防火卷帘连接的模块即双输入/输出模块，用于防火卷帘门的位置控制，能控其从上位到中位，再从中位到下位，同时反馈防火卷帘门的两次动作位置。

5. 总线隔离模块

总线隔离模块又称总线隔离器，其作用是当总线发生故障时，将发生故障的总线部分与整个系统隔离开来，以保证系统的其他部分能够正常工作，同时便于确定发生故障的总线部位。当故障部分的总线修复后，总线隔离模块可自行恢复工作，将被隔离出去的部分重新纳入系统。

总线隔离模块通常安装于总线的每一分支回路的前端，一个隔离模块最多保护 32 个点位。总线隔离模块在报警总线中的设置如图 1.29 所示。总线穿越防火分区时，应在穿越处设置总线短路隔离器。

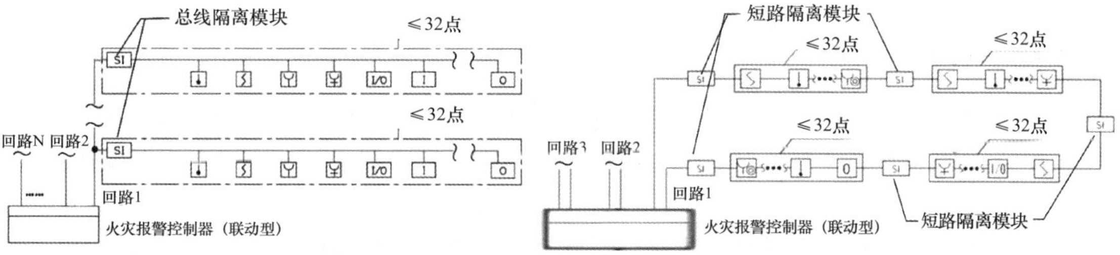

(a) 树状结构总线中隔离模块的设置　　(b) 环状结构总线中隔离模块的设置

图 1.29　总线隔离模块在报警总线中的设置

总线短路隔离器可设置于模块箱内或沿路就近挂墙安装，底边距地 2.2 m；当安装于吊顶内时，底边宜距吊顶 0.2 m，附近应有检修吊顶，并做明显标识。

6. 切换模块

切换模块是专门用来与输入/输出模块配合使用，实现对现场大电流（直流）启动设备的控制及交流 220 V 设备的转换控制，以防由于使用输入/输出模块直接控制设备造成将交流电源引入控制系统总线的危险。切换模块为非编码模块，不可直接与控制器总线连接，只能由输入/输出模块控制。

7. 中继模块

中继模块是由信号整形、滤波稳压和信号放大过流保护电路等部分组成，用于对消防联动控制系统内部各种电信号进行远距离传输和放大驱动。当联动总线负载过重或线路过长时，一般在适当位置设置总线中继模块，将弱信号放大到标准状态，增加总线的负载能力，提高消防联动控制系统的可靠性。

8. 扬声器监视模块

扬声器监视模块用于总线制消防广播系统中正常广播和消防广播间的切换。模块在切换到消防广播后自回答，并将切换信息传回火灾报警控制器，以表明切换成功。

消防联动模块一般隐蔽安装在需要监视或控制的消防设施附近，每个报警区域内的模块宜相对集中设置在本报警区域内的金属模块箱中，如图 1.30 所示。未集中设置的模块附近应有尺寸不小于 10 cm×10 cm 的标识。联动控制模块严禁设置在配电柜（箱）内，一个报警区域内的模块不应控制其他报警区域的设备。

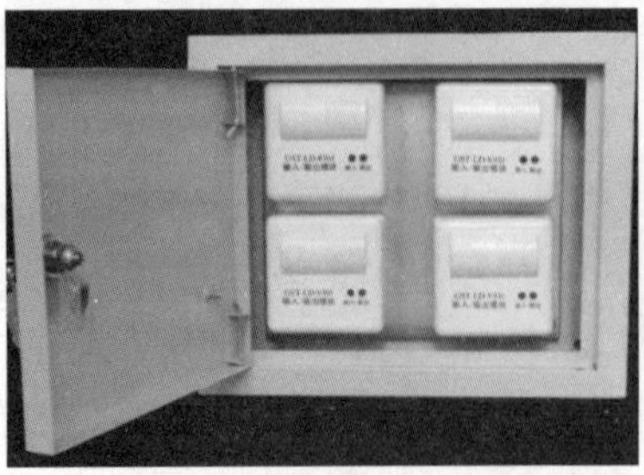

(a) 消防联动模块集中设置在模块箱内

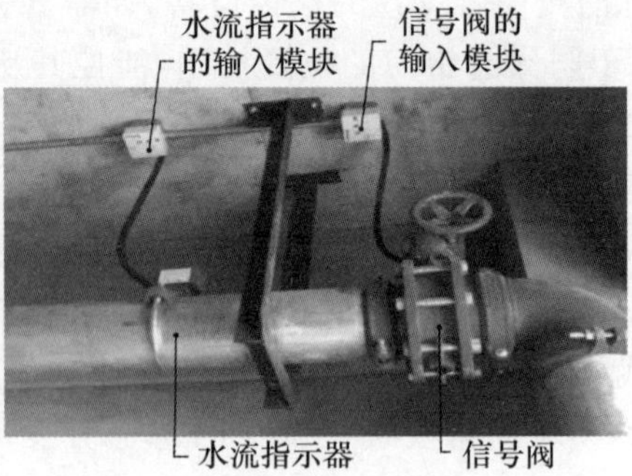

(b) 消防联动模块设置在被监控设施附近

图 1.30 消防联动模块及其安装实景图

1.3.8 图形显示装置

火灾自动报警系统的彩色图形显示装置由计算机、打印机等设备组成。它能把所有与消防系统有关的建筑物平面图形及报警区域和报警点存入计算机内。当发生火灾时，显示屏上能自动用声光显示发生火灾的部位，同时用不同的声音来反应各种探测器、报警按钮、消火栓、水喷淋等各种灭火系统和送风口、排烟口的具体位置，用文字和图形来进一步说明发生火灾的部位、时间及报警类型，为消防值班人员更直观、更方便地提供火情和消防信息。图 1.31 为消防控制室图形显示装置及显示界面。

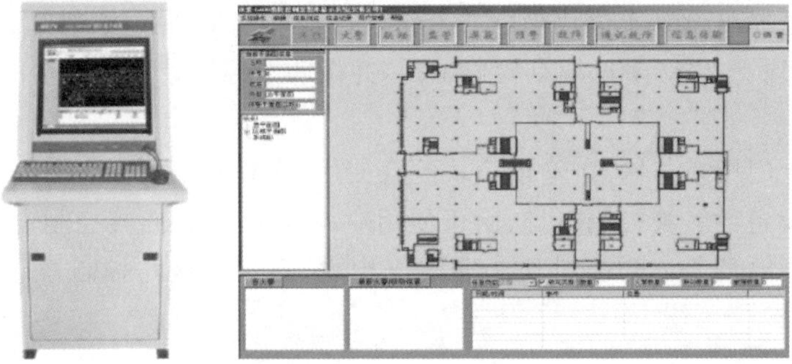

图 1.31 消防控制室图形显示装置及显示界面

消防控制室图形显示装置应设置在消防控制室内，并应符合火灾报警控制器的安装设置要求。消防控制室图形显示装置与火灾报警控制器、消防联动控制器、电气火灾监控器、可燃气体报警控制器等消防设备之间，应采用专用线路连接。消防控制室图形显示装置只能对各控制器的信息进行显示、传输，不能进行控制。

1.3.9 消防专用电话系统

消防专用电话网络应为独立的消防通信系统。消防控制室应设置消防专用电话总机。在火灾中需要和消防控制室联系的消防水泵房、发电机房等场所应设置消防电话分机，固定安装在明显且便于使用的部位，并应有区别于普通电话的标识。消防专用电话系统的设置要求详见 8.2 节相关内容。

1.3.10　消防应急广播系统

消防应急广播系统是火灾疏散和灭火指挥的重要设备。消防应急广播系统主要由消防应急广播主机、功放机、分配盘、输出模块、音频线路及扬声器等组成。火灾发生时，应急广播信号通过音源设备发出，被功率放大器放大后，由模块切换到建筑内的扬声器实现应急广播。在商业建筑中，多采用消防应急广播和背景音乐合用的系统。消防应急广播系统设置要求详见8.3相关内容。

1.3.11　电源

火灾自动报警系统电源为火灾报警控制器供电，也可以为探测器和手动火灾报警按钮供电。火灾自动报警系统设有主电源和直流备用电源。系统主电源应当采用交流220 V消防电源，根据消防用电设备的供电要求，一般由2个或2个以上电源回路进行供电，在消防控制室进行自动切换。备用电源可采用火灾报警控制器和消防联动控制器自带的蓄电池电源或消防设备应急电源。当备用电源采用消防设备应急电源时，火灾报警控制器和消防联动控制器应采用单独的供电回路，并应保证在系统处于最大负载状态下不影响火灾报警控制器和消防联动控制器的正常工作。火灾自动报警系统中的显示器、消防通信设备等的电源，宜由UPS装置(不停电电源)供电。

火灾自动报警系统主电源的保护开关不应采用漏电保护开关；主电源引入线应直接与消防电源连接，严禁使用电源插头。

1.3.12　火灾报警传输设备(用户信息传输装置)

火灾报警传输设备(用户信息传输装置)是城市消防远程监控系统的前端设备，设置在联网用户端，是联网用户与城市消防远程监控中心之间的信息传输设备。用户信息传输装置对联网用户的建筑消防设施运行状态进行实时监测，并能通过报警传输网络，与监控中心进行信息传输。

火灾报警传输设备或用户信息传输装置，应设置在消防控制室内；未设置消防控制室时，应设置在火灾报警控制器附近的明显部位。火灾报警传输设备或用户信息传输装置与火灾报警控制器、消防联动控制器等设备之间应采用专用线路连接。火灾报警传输设备或用户信息传输装置的手动报警装置，应设置在便于操作的明显部位。

1.4　火灾自动报警系统的运行与维护

1.4.1　系统的运行条件

火灾自动报警系统应由经过专门培训，并经消防监督机构组织考试合格的操作维护人员进行操作，无关人员不得随意触动。

火灾自动报警系统启动后，应保持连续正常运行，不得随意中断。正常工作状态下，消防联动控制设备应处于自动控制状态，严禁将自动灭火系统和联动控制的防火卷帘等防火分隔措施设置在手动控制状态。其他联动控制设备需要设置在手动状态时，应有火灾时能迅速将手动控制转换为自动控制的可靠措施。

1.4.2 系统的操作与控制

当发生火警时，火灾报警处置流程如下：

（1）当消防控制室值班人员接到火灾自动报警系统发出的火灾报警信号后，应按下“消音”键，确认火灾信号部位，并通过无线对讲机或单位内部电话立即通知巡查人员或报警区域的楼层值班人员、工作人员迅速赶往现场实地查看。

（2）现场查看人员确认火情后，要立即通过报警按钮、楼层电话或无线对讲机向消防控制室反馈信息。

（3）消防控制室值班人员接到查看人员确认的火情报告后要同时做到：应立即确认火灾报警联动控制开关处于自动状态；立即启动消防应急广播，发出火警处置指令；设有防烟、排烟系统和消防水泵等设施的，要立即启动，确保人员安全疏散和有效地扑救初起火灾。

（4）拨打“119”电话报警，同时向消防安全责任人或消防安全管理人报告，启动单位内部灭火和应急疏散预案。

（5）做好火警记录。

1.4.3 系统的维护与保养

1. 外观检查

（1）火灾报警控制器。

a）外观应整洁完好，电源标志完好。

b）控制器应安装牢固，不应倾斜。

（2）消防联动控制器、气体灭火控制器、泡沫灭火控制器、火灾报警传输设备或用户信息传输装置、防火门监控器、消防应急广播主机、消防电话主机外观检查的方法与要求，参考火灾报警控制器的外观检查。

（3）图形显示装置外观应整洁完好，安装牢固。

（4）火灾显示盘应安装牢固，不应倾斜；安装在轻质墙上时，应采取加固措施。

（5）手动报警按钮组件应完整，有明显标志，安装应牢固，无明显松动，无倾斜。

（6）火灾探测器。

a）探测器表面应无腐蚀、涂覆层脱落等机械损伤，标志应清晰，安装应牢固。

b）探测器周围应无遮挡物或干扰源。

c）通过管路采样的吸气式感烟火灾探测器，吸气管路应安装牢固、无断裂等破损情况，采样孔应畅通无堵塞。

（7）消防电话。

a）检查消防电话和电话插孔应有明显的永久性标志。

b）外观牢固，不应有明显松动和倾斜。

（8）消防应急广播扬声器、声光警报器安装应牢固可靠，表面不应有破损。

（9）独立式报警系统（无线探测报警系统）。

a）集中监控中心平台外观应整洁完好，显示器应安装牢固；应能正常显示消防安全管理信息及设备状态信息（如：探测器所处的状态、安装地址、该区域管理人员信息及联系号码等）。

b)集中监控中心平台配电设备的配电箱(柜),应设有明显标志。配电箱上的仪表、指示灯显示应正常。

c)独立式感烟探测器外观三色指示灯应正常显示(红色:火警报警;黄色:故障报警;绿色:正常监控)。

(10)系统线路。

a)引入控制器的电缆或导线,应绑扎成束,配线应整齐,不宜交叉,并应固定牢靠。

b)端子板的每个接线端,接线不得超过 2 根。

c)导线穿管或线槽后,应将管口、槽口封堵。

2. 功能测试

(1)火灾报警控制器。

a)火灾报警功能:结合探测器报警功能测试,查看报警控制器显示的报警部位、类型,应与现场情况一致;手动消音后,再次模拟一个火灾报警信号,报警主机应能再次启动。

b)故障报警功能:现场模拟一个故障报警信号,控制器应能接收故障信号并发出不同于火警的声、光信号;核实故障部位、类型,应与现场一致。

c)自检功能:触发自检键,观察控制器面板上所有的指示灯、显示器和扬声器应正常,同时查看其受控设备不应动作。自检时间超过 1 min 或其不能自动停止自检功能时,消防联动控制器的自检功能应不影响非自检部位的正常功能。

d)消音、复位功能:当报警控制器处于报警状态时,启动消音键,应能消除声报警信号;启动复位键,系统应能恢复正常状态。

e)电源转换功能:切断主电源,能自动转换到备用电源;主电源恢复时,能自动转换到主电源;应有主、备电源工作状态指示。

f)记忆功能:查看报警控制器,应具有存储或打印报警信息时间和部位的功能。

g)观察检查控制器,应具有显示屏蔽信息的功能。

h)观察检查控制器,应具有信息显示功能。

i)联动控制器的手动控制功能:在联动控制器上分别按下消防水泵、防烟和排烟风机对应的启动、停止按钮,应能直接手动控制设备的启动、停止。

(2)消防联动控制器、气体灭火控制器、泡沫灭火控制器

各类控制器功能测试的方法与要求,参考火灾报警控制器的功能测试规定。

(3)火灾报警传输设备或用户信息传输装置。

a)触发产生终端设备的监测信号,火灾报警传输设备或用户信息传输装置应接收到相关信息,并将上述信息上传,查看城市消防监控中心,应收到相关信息。

b)切断主电源,能自动转换到备用电源;主电源恢复时,能自动转换到主电源;应有主、备电源工作状态指示。

(4)图形显示装置。

在测试火灾报警控制器和消防联动控制器的火灾报警功能及故障报警功能时,观察图形显示装置,应能准确显示相应信号的物理位置,并能优先显示火灾报警信号相对应的界面。

(5)火灾显示盘。

a)在测试火灾报警控制器和消防联动控制器的火灾报警功能及故障报警功能时,核对火灾显示盘报警信息及位置,应和火灾报警控制器显示一致;应能发出警报声音,并具备消音、复位功能。

b)对于非火灾报警控制器供电的火灾显示盘(区域显示器),关闭主电源,观察备用电源转换及故障报警情况。

(6)手动报警按钮。

a)对可恢复的手动火灾报警按钮,施加适当的推力使报警按钮动作,报警按钮应发出火灾报警信号。对不可恢复的手动火灾报警按钮应采用模拟动作的方法使报警按钮发出火灾报警信号,报警按钮应发出火灾报警信号。

b)观察按钮指示灯显示情况,启动按钮处应有可见光指示。

(7)火灾探测器。

a)点型火灾探测器:采用专用的检测仪器或模拟火灾的方法,检查火灾探测器的火灾报警功能,探测器应能发出火灾报警信号;断开线路或摘除探测器,探测器应能发出故障信号;火灾报警控制器应能接收火灾报警和故障信息,其编码及中文注释应正确。

b)线型光束感烟探测器:用减光率为 0.9 dB 的减光片遮挡光路并尽量靠近接收器的光路上,探测器不应发出火灾报警信号;用减光率为 1.0～10.0 dB 的减光片遮挡光路,应在 30 s 内向火灾报警控制器输出火警信号,启动探测器报警确认灯;用减光率为 11.5 dB 的减光片遮挡光路,探测器应发出故障信号或火灾报警信号;其编码及中文注释应正确。

c)线型感温探测器:按照产品使用说明书分别对探测器进行模拟测试,火灾报警及故障报警功能应正常,其编码及中文注释应正确。

d)火焰探测器和图像型火灾探测器:使用火焰探测器功能试验器模拟火灾进行测试,探测器报警功能应正常,其编码及中文注释应正确;断开线路或摘除探测器,火灾报警控制器应能接受到故障信息,其编码及中文注释应正确。

e)吸气式感烟火灾探测器:在采样管最末端(最不利处)采样孔处使用感烟探测器试验器加入试验烟,探测器应在 120 s 内发出火灾报警信号;根据产品说明书,改变探测器的采样管路气流,使探测器处于故障状态,探测器或其控制装置应在 100 s 内发出故障信号;其编码及中文注释应正确。

(8)防火门监控器。

a)手动操作防火门监控器相关按钮,使其发出关闭防火门的指令,应能控制防火门的关闭,并接收其动作反馈信号。

b)模拟疏散通道上各防火门的开启、关闭及故障信号,防火门监控器应能接收相应状态信号。

(9)消防电话:用消防电话、电话插孔呼叫消防控制室,消防电话、电话插孔和消防控制室应能相互呼叫并通话,呼叫铃声和通话语音应清晰。

(10)消防应急广播:在消防控制室手动启动或停止应急广播系统,应能监听消防应急广播;通过传声器进行应急广播时,应自动对广播内容进行录音,应急广播的语音应清晰。

3. 联动试验

(1)将消防联动控制器设置在自动状态下,使用专用工具人为触发火灾报警信号,在规定的逻辑关系得到满足的条件下,查看联动控制器启动提示,应能在规定的时间内发出预先设定的启动信号。

(2)将消防联动控制器设置在自动状态下,使用专用工具人为触发火灾报警信号,使相关设备联动工作,将手动设置为有效,此时应能手动控制相关设备,并不受自动信号的影响。

(3)将消防联动控制器设置在自动状态下,使用专用工具人为触发火灾报警信号,查看消防联动控制器的记录或显示,应能显示火灾报警和受控设备动作的时间。

4. 保养

(1)火灾报警控制器。

a)清扫控制器(柜)外表面灰尘,用吹尘器或刷子清除柜内灰尘杂物。

b)对电路模板、组件、电池、操作面板和控制开关进行紧固,紧固接触线头和接线端子的接线螺丝,对线标进行整理,使其保持清晰。

(2)消防联动控制器、气体灭火控制器、泡沫灭火控制器、火灾报警传输设备或用户信息传输装置、防火门监控器、消防应急广播主机、消防电话主机、火灾显示盘、图形显示装置。

各类控制器、主机等的保养的方法与要求,参照火灾报警控制器的保养规定。

(3)火灾探测器。

a)对吸气式感烟火灾探测器,应对采样管进行吹洗,更换过滤袋,吹洗后应进行报警功能试验。

b)火灾探测器在投入运行 2 a 后,应每隔 3 a 进行一次全面清洗,对于使用环境较差的火灾探测器,应每年进行一次全面清洗。探测器清洗须由专业清洗维护公司进行作业,清洗完成后应对探测器进行响应值试验,达到标准的方能继续使用,不达标的探测器不得继续安装使用。

1.4.4 维护周期及项目

火灾自动报警系统报警系统维护管理周期和项目如表 1.1 所示。

表 1.1　火灾自动报警系统维护管理周期和项目

周期	检查内容
日	每日均应检查火灾报警控制器的功能
月	专用检测一起分期分批试验探测器的动作及确认灯显示
	试验火灾报警装置声光显示
	对主电源备用电源进行 1～3 次自动切换试验
	检查下列消防控制设备的控制显示功能: (1)室内消火栓、自动喷水、泡沫、气体、干粉灯灭火系统的控制设备 (2)抽验电动防火门、防火卷帘门,数量不少于总数的 25% (3)选层试验消防应急广播设备,抽验数量不少于总数的 25% (4)火灾应急照明与疏散指示的控制装置 (5)送风机、排烟风机和自动挡烟垂壁的控制设备
	检查消防电梯迫降功能
	抽取不少于总数 25%的消防电话和电话插口,在消防控制室进行通话试验
半年	接入城市远程监控系统的单位,半年应对用户信息传输装置主备电源切换,检查录音文件,清理超过 6 个月的文件各类系统日志、系统运行及维护记录
年	专用检测仪对所安装全部探测器和手动报警装置试验至少 1 次
	自动和手动打开排烟阀,关闭电动防火阀和空调系统
	全部电动防火门、防火卷帘试验至少进行 1 次
	强制切断消防电源功能试验

1.4.5 系统常见问题分析与处置

火灾自动报警系统常见问题主要表现为系统组件故障和系统误报、漏报，其常见问题的原因分析和处置措施见表1.2。

表1.2 火灾自动报警系统的常见问题原因及处置措施

常见问题	主要原因	处置措施
1. 主电源和备用电源故障	1. 输入电源发生问题 2. 熔丝烧断 3. 电路接触不良 4. 充电装置有误 5. 电池损坏或电压不足 6. 连线不通等	1. 检查和处置输入电源存在的问题 2. 更换保险丝或保险管 3. 修理好电路接触不良的部位 4. 检查充电装置 5. 开机充电24 h后，备用电源仍故障，更换电池 6. 接通连线等
2. 火灾探测器故障	1. 探测器与底座脱落或接触不良 2. 探测器总线与底线接触不良 3. 探测器总线损坏、断裂或接地性能不良造成短路 4. 探测器本身损坏 5. 控制器接口故障	1. 重新拧紧探测器或增大底座与探测器卡簧的接触面积 2. 重新压总线使之与底座有良好接触 3. 用"优选法"查出故障的总线位置，予以更换 4. 更换探测器 5. 维修或更换接口板
3. 手动报警按钮故障	环境因素如湿度过大引起按钮内的线路板发霉腐蚀失效	及时进行维修或更换
4. 终端监控器损坏	终端监控器损坏	及时进行维修或更换
5. 控制器通信故障	1. 火灾报警控制器或火灾报警显示器故障或未通电、开启 2. 消防控制室报警控制器通信接口故障，全部通信故障 3. 通信线路故障，如接地性能不良、短路、断路等 4. 探测器或模块设备故障	1. 使设备供电正常，开启报警器 2. 检查通信板，若有故障进行更换 3. 检查报警控制器间的通信线路是否存在短路、断路、接触不良等故障，如有故障进行更换、连接 4. 更换或维修故障探测器、模块
6. 误报警	1. 探测器质量问题，灵敏度达不到要求，灵敏度不合理 2. 探测器选用类型不当或场所使用性质改变未考虑探测器类型的改变 3. 定温探测器定温点标定过低 4. 环境因素如电磁干扰、气流、蒸气、粉尘等的存在对火灾探测器的正常工作产生了干扰：如感温探测器位置距离高温光源灯具过近等	1. 更换合格的探测器，选择合适灵敏度的探测器 2. 根据现场情况合理选择探测器的类型 3. 重新标定定温点 4. 对环境的干扰情况，应采取措施加以排除。如误报频繁而又无其他干扰影响正常工作的火灾探测器，应及时进行更换，以免影响正确的报警
7. 漏报或延误报警	1. 差温探测器的选用与火灾特征和环境特征不符时，如果火灾温度升高过慢，探测器无反应 2. 环境因素：如感烟探测器距空调送风口、电风扇或开启式门窗过近，存放物品距探测器太近	1. 更换合适的探测器 2. 对环境的干扰情况，应采取措施加以排除或重新按标准要求进行安装

1.5　消防控制室

消防控制室既是建筑消防设施的控制中心，也是火灾时灭火作战的指挥中心，具有十分重要的地位和作用。

1.5.1　消防控制室防火要求

为保证火灾中消防控制室自身安全，其设置应满足以下防火要求。

(1)单独建造的消防控制室，其耐火等级不应低于二级。

(2)附设在建筑内的消防控制室，宜设置在建筑内首层的靠外墙部位，亦可设置在建筑的地下一层，并采用耐火极限不低于2.00 h的防火隔墙和不低于1.50 h的楼板与其他部位分隔。

(3)疏散门应直通室外或安全出口，消防控制室开向建筑内的门应采用乙级防火门。

(4)消防控制室的送、回风管在其穿墙处应设防火阀。

(5)消防控制室内严禁与其无关的电气线路及管路穿过。

(6)消防控制室周围不应布置电磁场干扰较强以及其他影响消防控制设备工作的设备用房。

1.5.2　消防控制室设备及设置要求

1. 主要设备

消防控制室内设置的消防设备应包括火灾报警控制器、消防联动控制器、消防控制室图形显示装置、消防专用电话总机、消防应急广播控制装置、消防应急照明和疏散指示系统控制装置、消防电源监控器、电梯回降控制装置等设备，或具有相应功能的组合设备，对消防设备的联动控制及状态监测均是在消防控制室中实现。此外，消防控制室应设有用于火灾报警的外线电话。

2. 设备布置

消防控制室内设备的安装应符合国家标准《火灾自动报警系统施工及验收规范 GB 50166—2019》。为保证火灾自动报警系统设备正常可靠工作，方便日常操作与维护管理，消防控制室内设备的布置应符合下列总体要求：

(1)设备面盘前的操作距离：单列布置时不应小于1.5 m；双列布置时不应小于2 m。

(2)在值班人员经常工作的一面，设备面盘至墙的距离不应小于3 m。

(3)设备面盘后的维修距离不宜小于1 m。

(4)设备面盘的排列长度大于4 m时，其两端应设置宽度不小于1 m的通道。

(5)与建筑其他弱电系统合用的消防控制室内，消防设备应集中设置，并应与其他设备之间有明显间隔。

1.5.3　消防控制室管理要求

1. 系统运行管理要求

消防控制室管理应符合下列要求：

(1)消防控制室必须严格实行 24 h 专人值班制度，每班不应少于 2 人，每班工作时间不应超过 8 h；值班人员应通过消防行业特有工种职业技能鉴定，持有职业资格证书，并能熟练操作消防设施。

(2)消防控制室值班人员对火灾报警器进行日检查和交接班时，应当填写《消防控制室值班记录表》，值班期间每 2 h 记录一次消防控制室内消防设备的运行情况，及时记录消防设施的火警及故障情况。应确保火灾自动报警系统、灭火系统和其他联动控制设备处于正常工作状态。正常情况下，不应将自动喷水灭火系统、防烟排烟系统和联动控制的防火卷帘等防火分隔设施设置在手动控制状态。

(3)应确保高位消防水箱、消防水池、气压水罐等消防储水设施水量充足，确保消防水泵出水管阀门、自动喷水灭火系统管道上的阀门常开；确保消防水泵、防排烟风机、防火卷帘等消防用电设备的配电柜开关处于自动位置(通电状态)；排烟阀(口)平时应一直保持锁闭状态，火灾时应由火灾自动报警系统联动开启排烟区域的排烟阀或排烟口，并应设置消防控制中心远距离控制的开启装置以及现场手动开启装置。

(4)接到火灾报警信号后，单位消防控制室的值班操作人员应当立即以最快方式确认火灾，立即确认火灾报警联动控制开关处于自动状态，同时拨打 119 报警，立即启动单位内部应急疏散和灭火预案，并应同时报告单位负责人。

2. 资料和档案管理要求

(1)资料档案

消防控制室内应保存下列纸质和电子档案资料：

①建(构)筑物竣工后的总平面布局图、建筑消防设施平面布置图、建筑消防设施系统图及安全出口布置图、重点部位位置图等。

②消防安全管理规章制度、应急灭火预案、应急疏散预案等。

③消防安全组织结构图，包括消防安全责任人、管理人、专职、义务消防人员等内容。

④消防安全培训记录、灭火和应急疏散预案的演练记录。

⑤值班情况、消防安全检查情况及巡查情况的记录。

⑥消防设施一览表，包括消防设施的类型、数量、状态等内容。

⑦消防系统控制逻辑关系说明、设备使用说明书、系统操作规程、系统和设备维护保养制度等。

⑧设备运行状况、接报警记录、火灾处理情况、设备检修检测报告等资料，这些资料应能定期保存和归档。

(2)档案管理

火灾自动报警系统使用单位应建立系统的技术档案。技术档案应包含基本情况和动态管理情况，其中基本情况包括火灾自动报警系统的验收文件和产品、系统使用说明书、系统调试记录等原始技术资料；动态管理情况应包括火灾自动报警系统的值班记录、巡查记录、单项检查记录、联动检查记录、故障处置记录等。

火灾自动报警系统技术档案应备有电子版档案，同时应保存上述所列的文件资料及其他有关资料的纸制资料并归档保存，消防控制室值班记录和火灾自动报警系统巡查记录的存档时间不应少于 1 a；火灾自动报警系统检验报告、火灾自动报警系统联动检查记录的存档时间不应少于 3 a，其中试验记录表至少应保存 5 a。

第 2 章　消防给水及消火栓系统

2.1　消防给水系统及设施的设置要求

2.1.1　消防给水系统的分类

1. 按消防水压分类

(1)高压消防给水系统

高压消防给水系统是能始终保持满足给水灭火设施所需的工作压力和流量，火灾时无须消防水泵直接加压的供水系统，可分为重力高压给水系统(室外高地势设置高位水池)和管道高压给水系统(区域设置集中高压消防给水系统)，如图 2.1 所示。

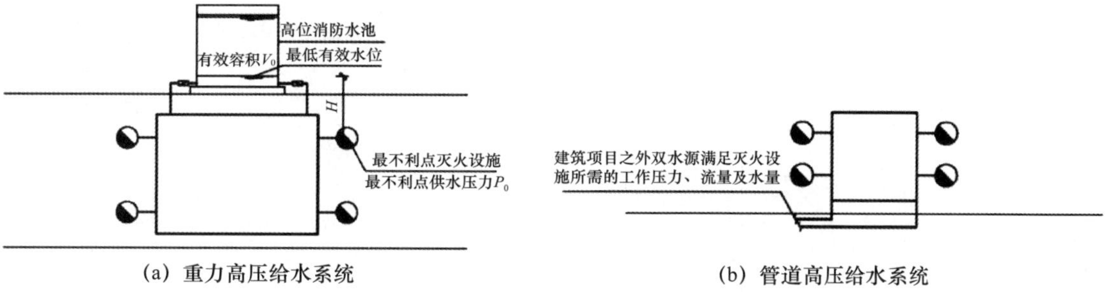

图 2.1　高压消防给水系统示意图

(2)临时高压消防给水系统

临时高压消防给水系统是平时不能满足水灭火系统所需要的工作压力和流量，火灾时能启动消防水泵以满足水灭火系统所需压力和流量的供水系统。临时高压消防给水系统示意图如图 2.2 所示。

(3)低压消防给水系统

低压消防给水系统是能满足车载或手抬移动消防水泵等取水所需要的工作压力和流量的供水系统。平时管网内的压力较低，当火灾发生后，利用消防车连接室外消火栓或通过水泵接合器向室内管网内加压供水。低压消防给水系统的系统工作压力应大于或等于 0.60 MPa，建筑物室外宜采用低压消防给水系统。

2. 按用途分类

(1)独立的消防给水系统

独立的消防给水系统的给水管网与生活、生产给水系统没有关联，其给水设施和管网均单独设置，如图 2.3 所示。该给水系统安全性较高，常用于高层建筑消防给水系统。

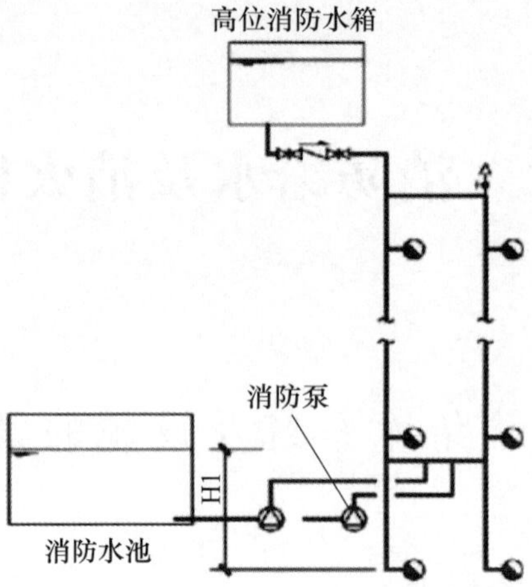

图 2.2　临时高压消防给水系统示意图

(2)合用的消防给水系统

合用消防给水系统是指消防与生活、生产合用的给水系统。在合用消防给水系统中,消防水平干管一般与生产、生活给水管道合用,消防竖管需要独立设置,如图 2.4 所示。系统供水应满足当生活或生产用水量达到最大设计流量时,仍应能供给全部消防用水量。

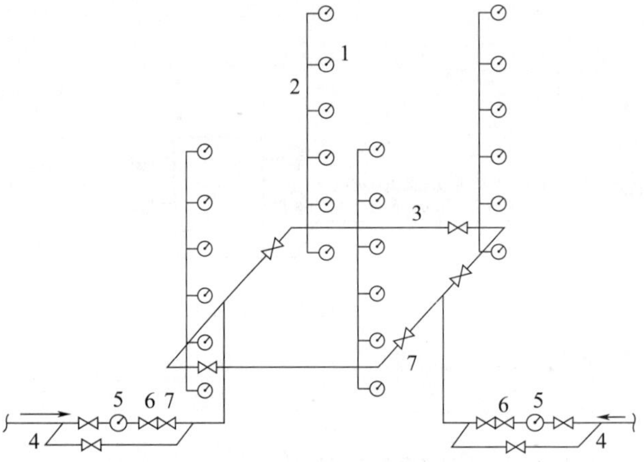

1—消火栓;2—消防立管;3—横管;4—旁通管;
5—水表;6—止回阀;7—闸阀

图 2.3　独立消防给水系统

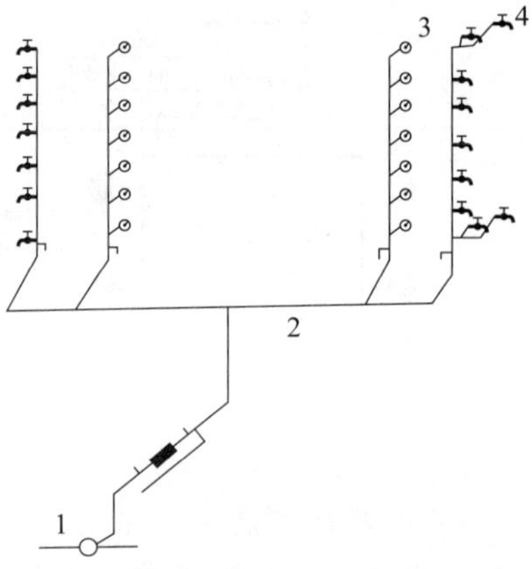

1—室外给水管网;2—室内管网;
3—消火栓及立管;4—给水立管及支管

图 2.4　合用消防给水系统

一般在低层工业和民用建筑中常采用合用的消防给水系统。当采用自动喷水灭火系统局部应用系统和仅设有消防软管卷盘或轻便水龙的室内消防给水系统时,消防给水系统也可以与生产、生活给水系统合用。当室内采用高压或临时高压消防给水系统时,消防给水系统不应与生产、生活给水系统合用。

2.1.2　室内消防给水系统的给水方式

综合考虑建筑物性质、高度、外网所能提供的水压及系统所需水压等因素,室内消防给水系统应选择适宜的给水方式。

1. 低层建筑消火栓给水系统的给水方式

(1)直接给水方式

直接给水方式是指室内消火栓给水系统管网直接与室外给水管网相连,利用室外给水管网水压直接供水的给水方式。其适用于室外给水管网所供水量和水压在全天内任何时间均能满足系统最不利点消火栓所需压力和流量的要求的低层建筑。

(2)设有消防水箱的给水方式

设有消防水箱的给水方式中,室内消防给水管网与外网直接相连,利用外网压力供水,同时设高位消防水箱调节流量和压力。当全天大部分时间室外管网压力能够满足要求,但在用水高峰期满足不了室内消火栓的压力要求时,可采用这种给水方式。

(3)设有水箱和水泵的给水方式

设有消防水箱和水泵的给水方式中,平时消防水量和水压由水箱提供,火灾时启动水泵向系统供水,如图 2.5 所示。当室外给水管网的水压经常不能满足室内消火栓给水系统所需压力要求时,宜采用这种给水方式。

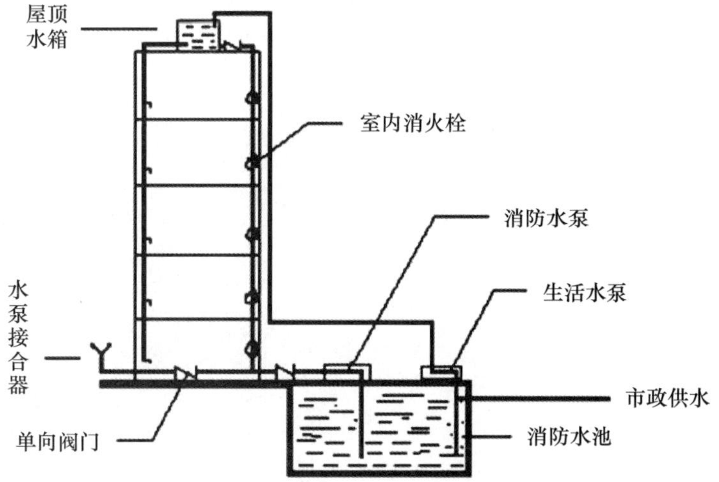

图 2.5　设有水箱和水泵的给水方式

2. 高层建筑消火栓给水系统的给水方式

高层建筑所需供水压力大,因此给水方式比较复杂。根据高层建筑最低消火栓所处压力要求,高层建筑给水方式可分为不分区给水方式和分区给水方式。

(1)不分区给水方式

不分区给水方式是一栋建筑物采用一个区供水,如图 2.6 所示,该系统简单、设备少,但对管材及灭火设备的耐压要求较高。当高层建筑最低消火栓设备处的栓口处静压不大于 1.0 MPa 时,可采用这种给水方式。

(2)分区给水方式

分区给水是将一栋建筑中消防给水系统在竖向给水上分为若干个压力区段,既满足最不利点灭火设备对压力和流量的要求,又保证该区段内最低处静水压力不超过 1.0 MPa。分区给水的形式主要有:消防水泵并联或串联给水方式(图 2.7),减压阀减压给水方式(图 2.8),减压水箱减压给水方式(图 2.9)。

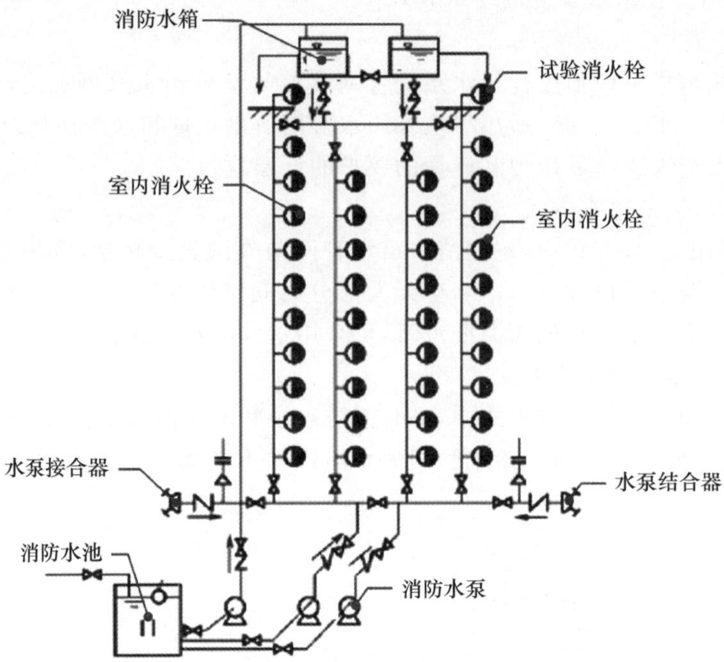

图 2.6　不分区给水方式

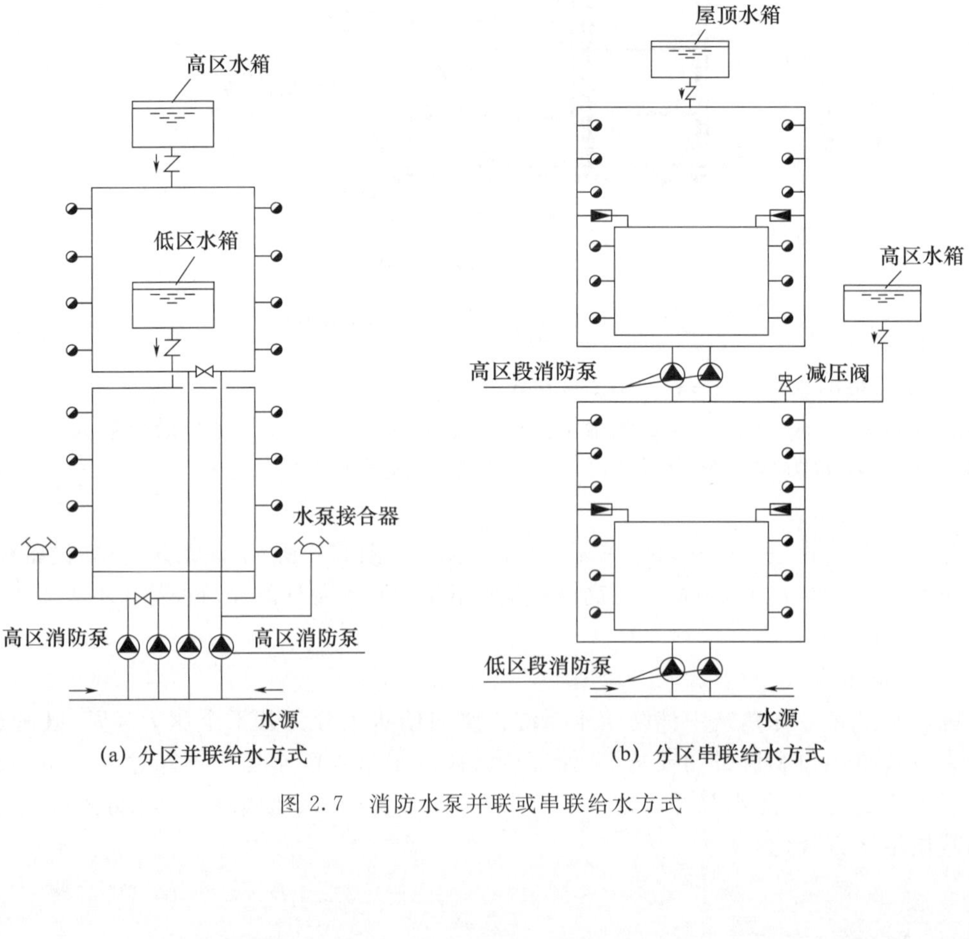

图 2.7　消防水泵并联或串联给水方式

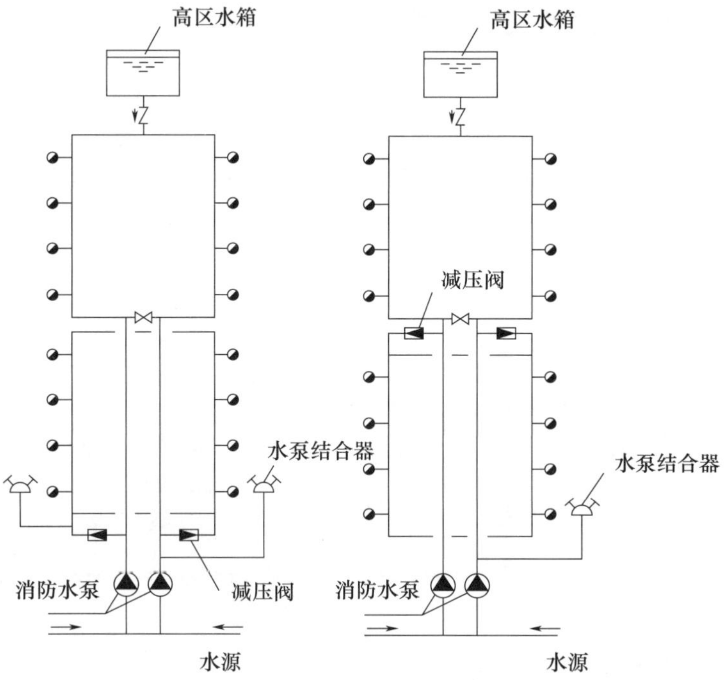

图 2.8　减压阀减压给水方式

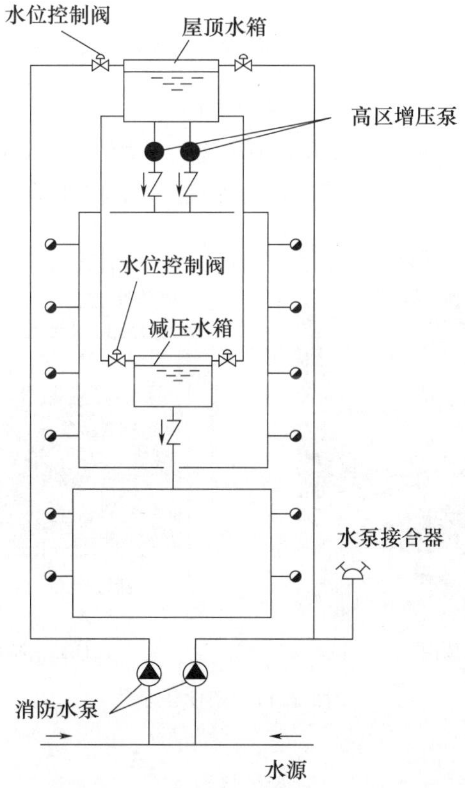

图 2.9　减压水箱减压给水方式

2.1.3 消防给水设施及设置要求

消防给水设施是室外消火栓系统和室内消火栓系统的重要组成部分。图 2.10 为室内消防给水及消火栓系统组成图,其中消防给水设施包括消防水源(消防水池)、消防水泵及其控制装置、消防给水管道及阀门、消防水泵接合器、高位消防水箱和增压稳压设备等。

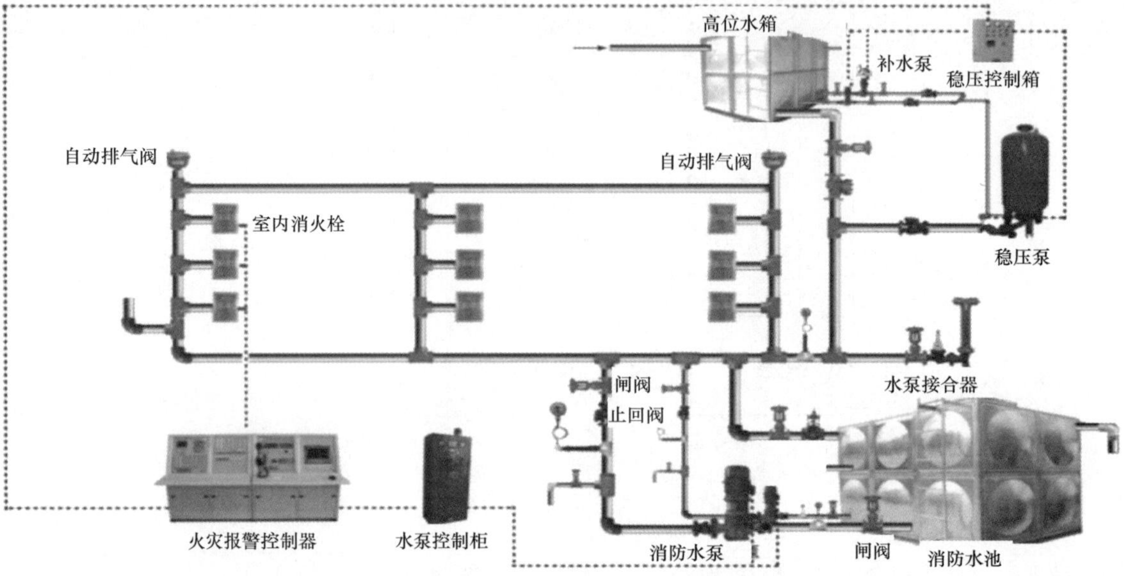

图 2.10 室内消防给水及消火栓系统组成图

1. 消防水池

消防水池是人工建造的储存消防用水的构筑物,一般设置在消防给水系统或建筑物的低处,使用时由消防水泵加压达到系统灭火所需的压力和流量。消防水池的组成及部件如图 2.11 所示。

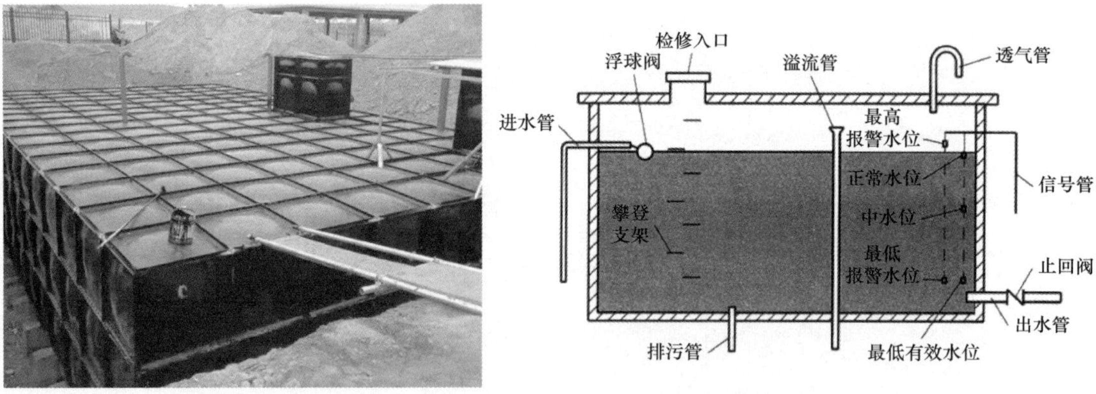

(a) 消防水池施工现场图 (b) 消防水池结构示意图

图 2.11 消防水池

消防水池的设置应满足以下要求:

(1)消防水池的有效容积

应根据不同场所各类灭火系统的火灾延续时间确定消防水池的有效容积。当消防水池采用两路消防供水，且在火灾情况下连续补水能满足消防要求时，消防水池的有效容积应根据计算确定，但不应小于 100 m^3。当仅设有消火栓系统时不应小于 50 m^3。当消防水池的总蓄水有效容积大于 500 m^3时，宜设两格能独立使用的消防水池；但当大于 1000 m^3时，应设置能独立使用的 2 座消防水池。每格或座应有一条独立的出水管向消防给水系统供水；并应设置满足最低有效水位的连通管。

(2)消防水位及水量

消防水池应设置就地水位显示装置，同时应在水池的侧壁或顶盖上安装水位监视器，用于监视消防水池内的水位情况，将水位情况反映给消防控制中心。在消防控制中心或值班室等地点设置显示消防水池水位的装置，同时应有最高和最低水位报警。如图 2.12 所示。

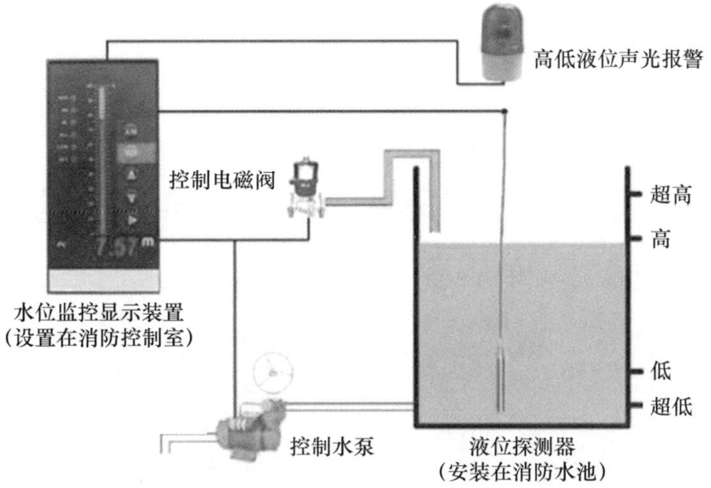

图 2.12　水位监视器

消防用水与生产、生活用水合并的水池，应有确保消防用水不做他用的技术措施，常用措施如图 2.13 所示。严寒和寒冷地区的消防水池应采取防冻保护措施。

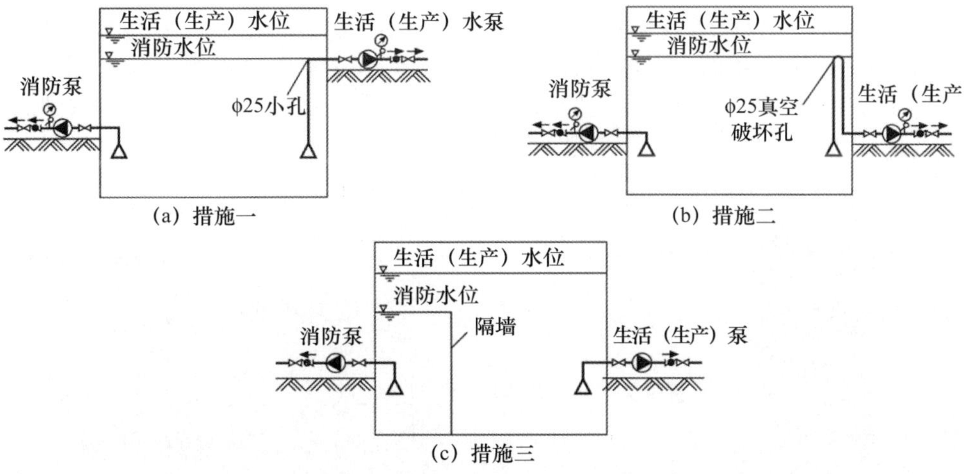

图 2.13　保证消防用水不做他用的技术措施

(3)消防水池的管路

消防水池的出水管应设置在消防水位以下，保证消防水池的有效容积能被全部利用。消防水池的进水管管口最低点应高出溢流水位不应小于 100 mm，不应大于 150 mm。

消防水池的进水管、出水管上应设置带有指示启闭装置的阀门。

消防水池给水管管径应经计算确定，且不应小于公称直径 100 mm。消防水池进水管管径，以及火灾时其他用水量等经水力计算确定，当计算条件不具备时，给水管的平均流速不宜大于 1.5 m/s。

消防水池应设置溢流水管和排水设施，并应采用间接排水。

消防水池通气管、呼吸管和溢流水管等应采取防止虫鼠等进入消防水池的技术措施。

(4)取水设施

储存室外消防用水的消防水池或供消防车取水的消防水池，应设置取水口或取水井，且吸水高度不应大于 6.0 m。取水口或取水井与建筑物(水泵房除外)的距离不宜小于 15 m。

2. 消防水泵及其电气控制装置

(1)消防水泵及其电源箱、电气控制柜

消防水泵设置在消防水泵房内。电源柜和电气控制柜是消防水泵的电气控制装置。消防水泵电源柜和电气控制柜应设置在消防水泵房或专用消防水泵控制室内，如图 2.16 所示。

(a) 消防水泵及给水管路　　(b) 消防水泵电源柜及控制柜

图 2.16　消防水泵在泵房内的设置现场图

①消防水泵

消防水泵是通过叶轮的旋转将能量传递给水，增加水的动能和压力能，并将其输送到灭火设备处，以满足各种灭火设备的水量和水压要求。消防给水系统中使用的消防水泵多为离心泵，有立式、卧式 2 种，如图 2.17 所示。消防水泵一般情况下安装在消防水池附近(建筑物的最底层)，是消防加压供水装置。

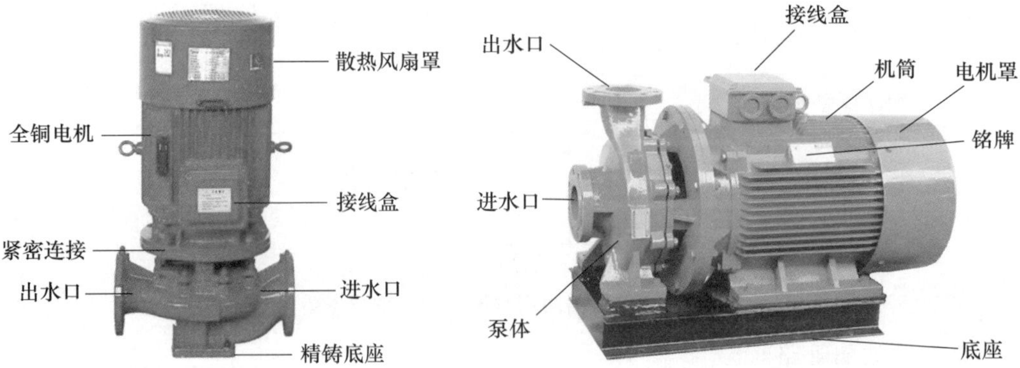

(a) 立式消防水泵　　(b) 卧式消防水泵

图 2.17　消防水泵

消防水泵的设置要求应满足以下要求：

a)为了保证供水的可靠性，消防水泵应设置备用泵，其性能应与工作泵性能一致，且工作泵不宜超过 3 台。

b)消防水泵的性能应满足消防给水系统所需流量和压力的要求。

c)消防水泵所配驱动器的功率应满足所选水泵流量扬程性能曲线上任何一点运行所需功率的要求。

d)消防水泵应采取自灌式吸水。

e)消防水泵从市政管网直接抽水时，应在消防水泵出水管上设置有空气隔断的倒流防止器。

f)柴油机消防水泵应具备连续工作的性能，其应急电源应满足消防水泵随时自动启泵和在设计持续供水时间内持续运行的要求。

g)管路布置：一组消防水泵，吸水管不应少于 2 条，当其中一条损坏或检修时，其余吸水管应仍能通过全部消防给水设计流量。消防水泵的吸水管都应设置明杆闸阀或带自锁装置的蝶阀，但当设置暗杆阀门时，应设有开启刻度和标志。当管径超过公称直径 300 mm 时，宜设置电动阀门。消防水泵的出水管上应设止回阀、明杆闸阀。当采用蝶阀时，应带有自锁装置。当管径大丁公称直径 300 mm 时，宜设置电动阀门。消防水泵进水管路和出水管路及阀门设置如图 2.18 所示。

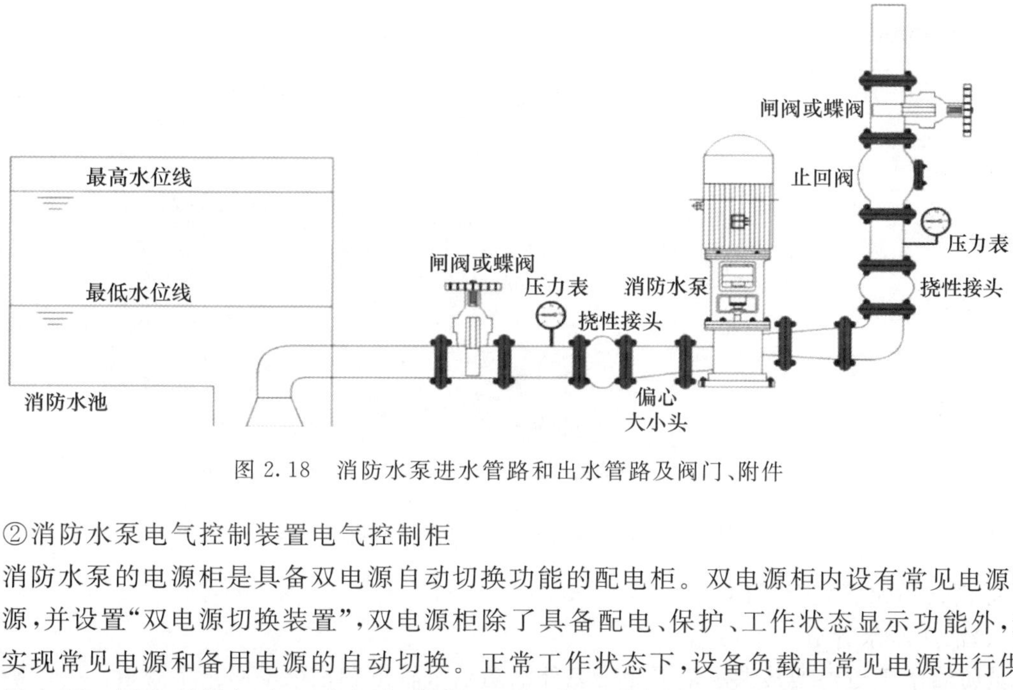

图 2.18　消防水泵进水管路和出水管路及阀门、附件

②消防水泵电气控制装置电气控制柜

消防水泵的电源柜是具备双电源自动切换功能的配电柜。双电源柜内设有常见电源和备用电源，并设置“双电源切换装置”，双电源柜除了具备配电、保护、工作状态显示功能外，还能自动实现常见电源和备用电源的自动切换。正常工作状态下，设备负载由常见电源进行供电，当常见电源一侧出现断电时，双电源切换装置可以将电路自动切换至备用电源一侧，确保供电的可信性和持续性；当常用电源恢复后，双电源切换装置又会将电路自动切换回常用电源一侧，恢复常用电源供电。如图 2.19 所示。

消防水泵电气控制柜是消防控制中心等对消防水泵控制的直接执行重要装置，消防电气控制柜及面板如图 2.20 所示。

消防水泵电气控制柜主要具备启停泵、主备泵切换、手自动转换、巡检、保护、反馈、机械应急启动等功能。

消防水泵控制柜设置在专用消防泵控制室内时，其防护等级不低于 IP30；与消防水泵设置在同一空间时，其防护等级不低于 IP55。消防水泵控制柜应采取防止被水淹没的措施。在高温、潮湿环境下，消防水泵控制柜内应设置自动防潮除湿的装置。

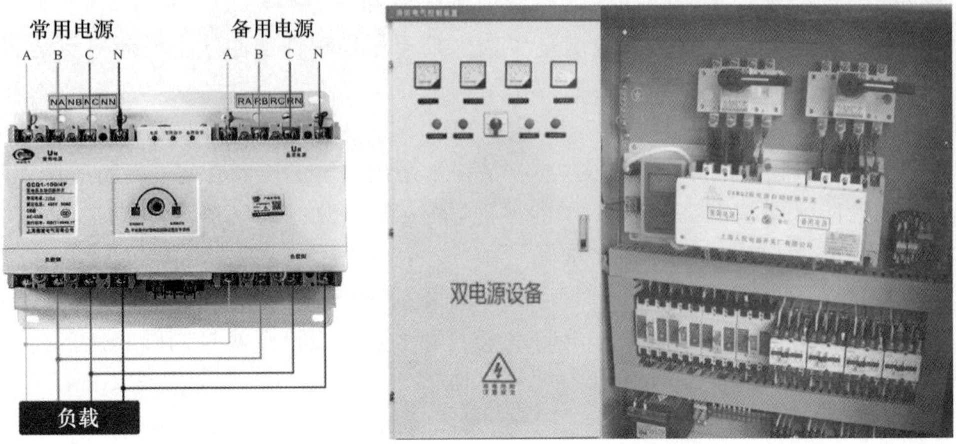

(a) 双电源切换开关　　(b) 双电源切换开关在配电柜内的设置

图 2.19　消防水泵的电源柜

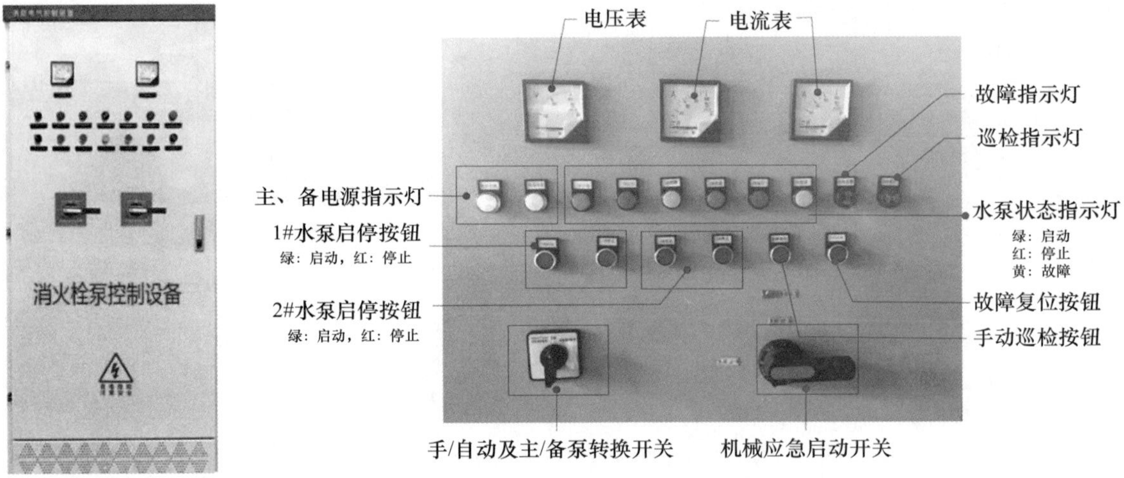

图 2.20　消防水泵电气控制柜及面板示意图

3. 消防给水管道及阀门

(1)消防给水管道

消防给水管道根据其供水范围分为室外消防给水管道和室内消防给水管道。为了确保供水的安全可靠，室外消防给水管道和室内消防给水管网均宜采用环状管网供水，消防给水系统环状给水管网如图 2.21 所示。向室外、室内环状消防给水管网供水的输水干管不应少于 2 条，当其中一条发生故障时，其余的输水干管应仍能满足消防给水设计流量。环状消防给水管道应至少有 2 条进水管与室外给水管网连接，当其中一条进水管关闭时，其余进水管应仍能保证全部室内消防用水量。

室外消防给水管道的直径应根据流量、流速和压力要求经计算确定，但不应小于公称直径 100 mm；应采用阀门将室外消防给水管道分成若干独立段，每段室外消火栓的数量不宜超过 5 个。

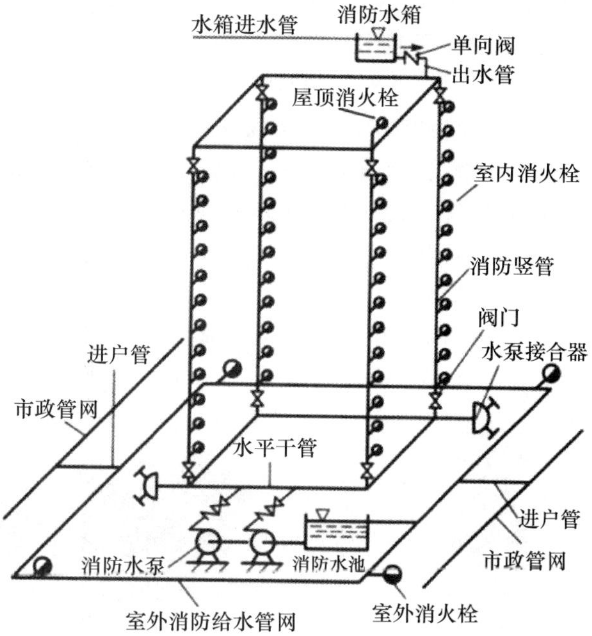

图 2.21　消防给水系统环状供水管网

室内消火栓给水管网宜与自动喷水等其他水灭火系统的管网分开设置。当合用消防泵时，供水管路沿水流方向应在报警阀前分开设置。室内消防给水管道管径应根据系统设计流量、流速和压力要求经计算确定。室内消火栓竖管管径应根据竖管最低流量经计算确定，但不应小于公称直径 DN100 mm。消防给水管道的设计流速不宜大于 2.5 m/s，自动水灭火系统管道设计流速应符合相应规定要求，但任何消防管道的给水流速不应大于 7 m/s。

(2)阀门

消防给水管路上使用的阀门主要有蝶阀、闸阀、止回阀、减压阀、安全阀等。

①蝶阀。蝶阀又叫翻板阀，是指关闭件(阀瓣或蝶板)为圆盘，围绕阀轴旋转来达到启闭和调节目的的一种阀，可用于低压管道介质的开关控制，主要起切断和节流作用。常见的蝶阀由涡轮式蝶阀和对夹式蝶阀如图 2.22(a)，2.22(b)所示。信号蝶阀是在蝶阀手动装置的基础上增加了电气开关箱，内有微动开关、凸轮、接线板、电缆进线口和结构件等如图 2.22(c)所示。信号蝶阀开向和关向各有一个微动开关，阀门“关”到位或“开”到位时能提供一个电信号。凡使用闸阀、止回阀、截止阀、旋塞阀、胶管阀及隔膜阀的管路，特别在高层建筑消防系统及需要显示阀门开关状态的管线系统上均可用信号蝶阀替换。

(a) 涡轮式蝶阀　(b) 对夹式蝶阀　(c) 信号蝶阀

图 2.22　蝶阀

②闸阀。闸阀由阀体、阀盖、闸板、阀杆、阀座和密封填料等组成，闸板的运动方向与流体方向相垂直，主要作用是截断流体，不能用作流体的调节和节流。因此又称为“截断阀”或“阻断阀”。按阀杆类型，闸阀可分为明杆闸阀与暗杆闸阀，如图 2.23 所示。明杆闸阀的开启状态可以通过外露的阀杆位置判断。暗杆闸阀阀杆螺纹在阀体内部，肉眼无法直接判断启闭状态，需要转动手轮测试，一般顺时针为关，逆时针为开。暗杆闸阀的启闭状态以转不动阀杆为止，但考虑到会有阀门出现锁死的特殊情况，暗杆闸阀一般在开到阀杆转不动之后，再回转 1～2 圈。通常在干管的总控制闸阀上及管径较大支管的阀门上应设置阀门限位器，当这些闸阀被误操作关闭时，阀门限位器立即发出报警信号，以保证闸阀始终处于开启状态。

③止回阀。止回阀属于一种自动阀门，止回阀依靠介质本身流动而自动开、闭阀瓣，用来防止介质倒流的阀门，又称逆止阀、单向阀，如图 2.24 所示。

(a) 明杆闸阀　(b) 暗杆闸阀

图 2.23　闸阀

(a) 止回阀　(b) 缓闭式止回阀

图 2.24　止回阀和缓闭式止回阀

④减压阀。减压阀是通过将进口压力减至某一需要的出口压力并依靠介质本身的能量使出口压力自动保持稳定的阀门。减压阀是一个局部阻力可以变化的节流元件，即通过改变节流面积使流速及流体的动能改变，造成不同的压力损失，从而达到减压的目的。然后依靠控制与调节系统的调节，使阀后压力的波动与弹簧力相平衡，并在一定的误差范围内保持恒定。图 2.25为减压阀及其在消防管路中的应用图。

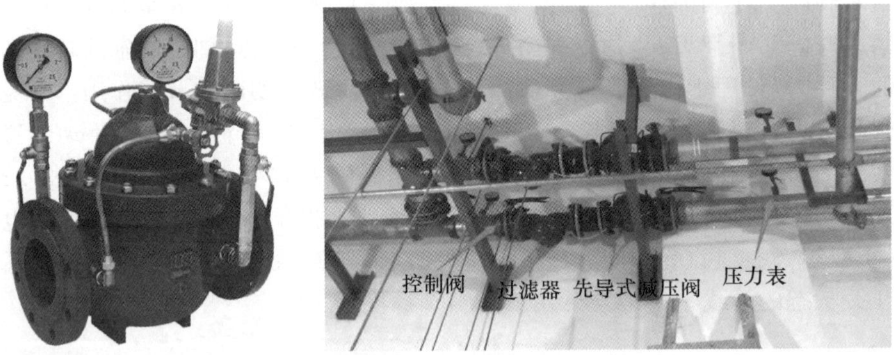

图 2.25　减压阀及其在消防管路中的应用

⑤安全阀。通过向系统外排放介质来防止管道或设备内介质压力超过规定数值的特殊阀门。安全阀的启闭件平时处于常闭状态如图 2.26 所示。

4. 消防水泵接合器

消防水泵接合器是供消防车向建筑物内消防给水管网输送消防用水的预留接口。当建筑物发生火灾，消防水泵发生故障或室内消防用水量不足时，可以利用消防车从室外消防水源取水，通过消防水泵接合器向室内消防给水管网供水。它既可以用于补充消防水量，也可用于提高消防给水管网的水压。

消防水泵接合器上应设有止回阀、闸阀、安全阀、泄水阀等，以保证室内管网的正常工作。如图 2.27 所示。

图 2.26　安全阀

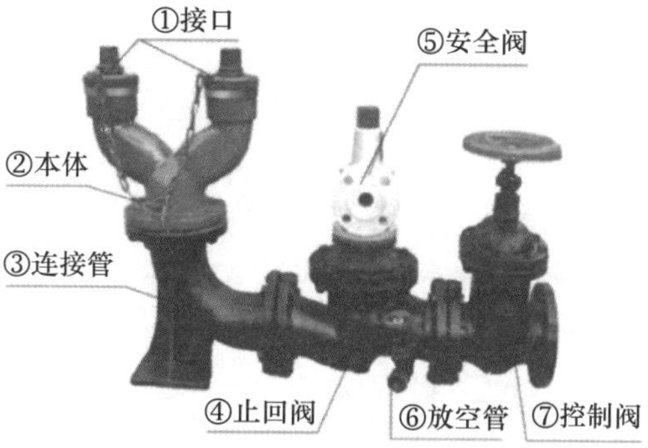

图 2.27　水泵接合器的组成

自动喷水灭火系统、水喷雾灭火系统、泡沫灭火系统和固定消防炮火火系统等灭火系统，均应设置消防水泵接合器。

以下建筑的消防给水管网均应设置消防水泵接合器：①高层建筑；②设有消防给水的住宅、超过 5 层的其他多层民用建筑；超过 4 层的多层工业建筑；③超过 2 层或建筑面积大于 10000 m² 的地下或半地下建筑(室)；④室内消火栓设计流量大于 10 L/s 平战结合的人防工程；⑤城市交通隧道；⑥4 层以上的多层汽车库、高层汽车库和地下、半地下汽车库；⑦在地下车站出入口或新风亭的口部等处；⑧设置室内消防给水系统的在建工程。

根据设置位置，消防水泵结合器可分为地上式、地下式和墙壁式，如图 2.28 所示。消防水泵接合器应安装在建筑物外便于消防车使用的地点，应有明显标志，并标明其管辖范围。消防水泵结合器距室外消火栓或消防水池的距离宜为 15～40 m，消防水泵接合器之间的间距不宜小于 20 m。消防水泵接合器的设置数量应按室内消防用水量计算确定，每个消防水泵接合器的流量为 10～15 L/s。

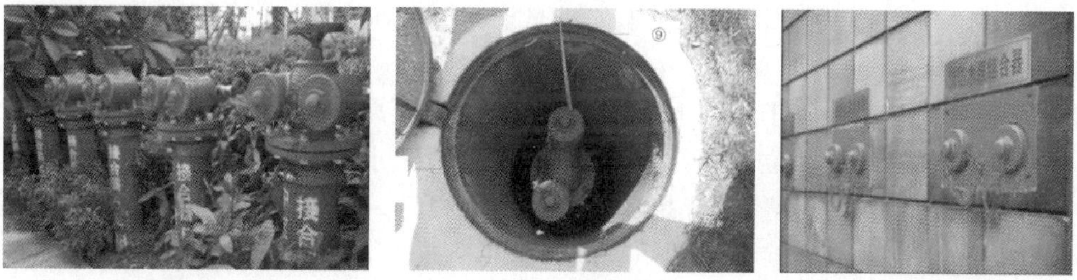

(1)地上式　(2) 地下式　(3) 墙壁式

图 2.28　水泵接合器

5. 高位消防水箱

高层民用建筑、3 层及以上单体总建筑面积大于 10000 m² 的其他公共建筑，当室内采用临时高压消防给水系统时，应设置高位消防水箱。设置消防水箱的目的一是提供系统启动初期的消防用水量和水压，在消防水泵出现故障的紧急情况下应急供水，确保喷头开放后立即喷水，以及时控制初起火灾，并为外援灭火争取时间；二是利用高位差为系统提供准工作状态下所需的水压，以达到管道内充水并保持一定压力的目的。高位消防水箱的通常设施在建筑屋顶水箱间，如 2.29 所示。

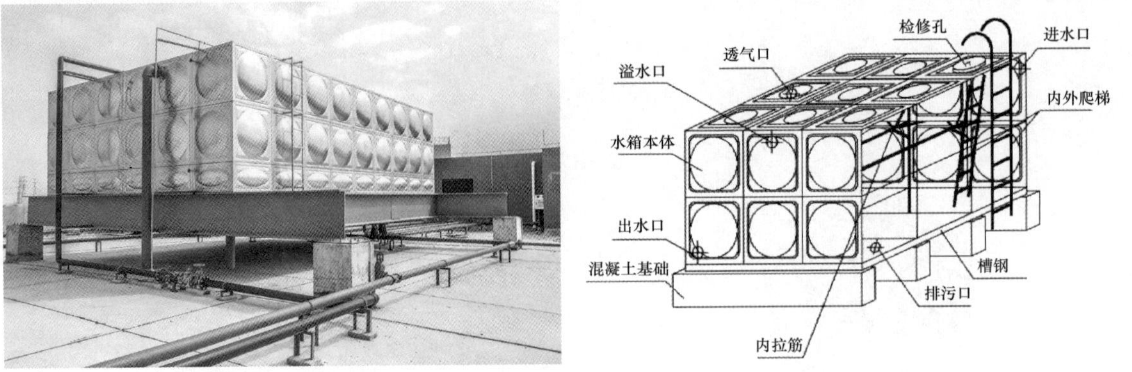

(a) 屋顶消防水箱的现场图　　(b) 消防水箱的结构示意图

图 2.29　消防水箱

高位消防水箱的设置应满足以下要求：

(1)有效容积

高位消防水箱的有效容积应满足初期火灾消防用水量的要求，对于建筑高度大于 21 m 的多层住宅，不应小于 6 m^3；二类高层住宅，不应小于 12 m^3；一类高层住宅，不应小于 18 m^3；如果是超过 100 m 的一类高层住宅，则不应小于 36 m^3；而对于一类高层公共建筑，不应小于 36 m^3，当建筑高度大于 100 m 时，不应小于 50 m^3，当建筑高度大于 150 m 时，则不应小于 100 m^3。

(2)设置高度

高位消防水箱的设置位置应高于其所服务的水灭火设施，且最低有效水位应满足水灭火设施最不利点处的静水压力。一类高层公共建筑，水压不应低于 0.10 MPa，但当建筑高度超过 100 m 时，不应低于 0.15 MPa；高层住宅、二类高层公共建筑、多层公共建筑，不应低于 0.07 MPa，多层住宅不宜低于 0.07 MPa；工业建筑不应低于 0.10 MPa，当建筑体积小于 20000 m^3 时，不宜低于 0.07 MPa；自动喷水灭火系统等应根据喷头灭火需求压力确定，但最小不应小于 0.10 MPa。当高位消防水箱不能满足上述的静压要求时，应设稳压泵。

(3)管路及附件

高位消防水箱进水管位于水箱上部，其管口最低点应高于溢流管。高位消防水箱出水管应位于高位消防水箱最低水位以下，并应设置防止消防用水进入高位消防水箱的止回阀。高位消防水箱的进、出水管应设置带有指示启闭装置的阀门。高位水箱出水管上应设流量开关，安装在水箱间稳压设备消火栓及喷淋系统的出水主管道上，根据各设备厂家设计不同，流量开关常开常闭有 2 组，一组接单输入模块，动作时直接由模块传递给消防主机，另一组引线直接街道喷淋泵和消火栓泵控制柜预留的远程启停端子用于直接启动消防水泵，如图 2.30 所示。

进水管管径应满足消防水箱 8 h 充满水的要求，但管径不应小于公称直径 32 mm，进水管宜设置液位阀或浮球阀。高位消防水箱出水管管径应满足消防给水设计流量的出水要求，且不应小于公称直径 100 mm。

(4)水箱间

严寒和寒冷地区的消防水箱应采取防冻保护措施。设高位水箱间时，水箱间内的环境温度或水温不应低于 5 ℃。

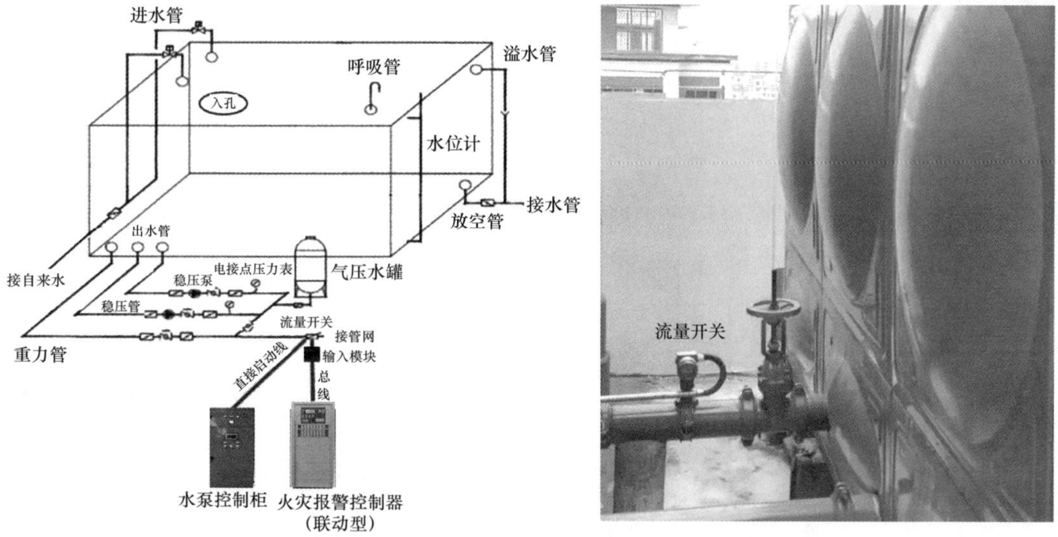

图 2.30　高位消防水箱出水管上流量开关的设置位置

6. 增压稳压设备

(1)设备组成

对于采用临时高压消防给水系统的建筑物，当消防水箱的设置高度满足不了系统最不利点灭火设备所需的水压要求时，应在建筑消防给水系统中设置增压稳压设备。增压稳压设备一般由隔膜式气压罐、稳压泵、管道附件及控制装置等组成，如图 2.31 所示。

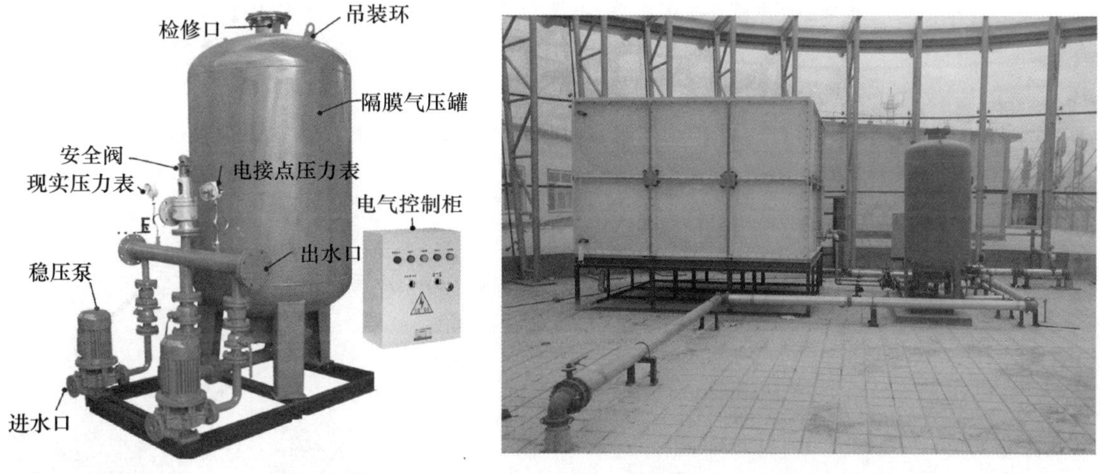

图 2.31　增压稳压设备及设置实景图

气压罐的作用是储存、调节消防用水，其罐内最小气压应满足消防给水系统最不利点灭火设备所需水压。

稳压泵是消防给水系统中用于稳定平时最不利点水压的给水泵，通常选用小流量、高扬程的水泵。消防稳压泵通常按“一用一备”原则设置，宜选用单吸单级或单吸多级离心泵。

(2)工作原理

实际运行中，由于各种原因，稳压泵常常频繁启动，不但泵易损，且对整个管网系统和电网系统不利，因此稳压泵常与气压罐配合使用，稳压泵是用来给气压罐补水，以保证气压罐内始终储存有 30 s 的消防用水，从而达到稳压的目的。

气压罐容积设置消防储存水容积、缓冲水容积、稳压调节水容积和压缩空气容积，对应气压罐内的压力为 P_1、P_2、P_{s1}、P_{s2}。其中 P_1 为气压罐的设计最小工作压力，P_2 为水泵启动压力，P_{s1} 为稳压泵启动压力，P_{s2} 为稳压泵停泵压力。稳压泵通过 3 个压力控制点（P_2，P_{s1}，P_{s2}）分别与压力继电器相连接，控制稳压泵的工作。稳压泵与气压罐工作原理如图 2.32 所示。

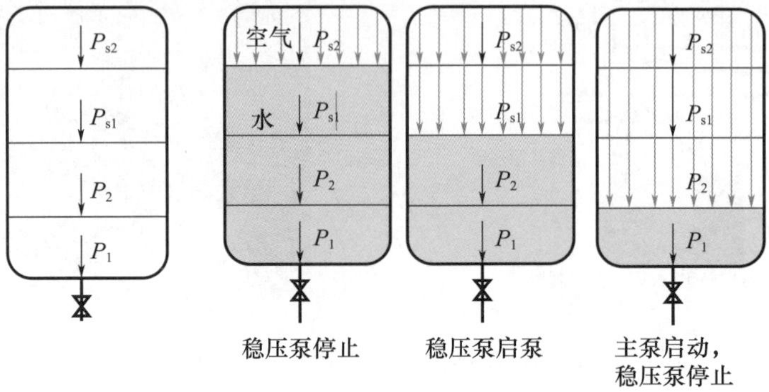

图 2.32　稳压泵与气压罐工作原理图

当罐内压力为 P_{s2} 时，消防给水管网处于较高工作压力状态时，稳压泵和消防水泵均处于停止状态；随着管网渗漏或其他原因泄压，罐内压力从 P_{s2} 降至 P_{s1} 时，便自动启动稳压泵，向气压罐补水，直到罐内压力增加到 P_{s2} 时，稳压泵停止，从而保证了气压罐内消防储水的常备储存。若建筑发生火灾，随着灭火设备出水，气压罐内储水减少，压力下降，当压力从 P_{s2} 降至 P_{s1} 时，稳压泵启动，但稳压泵流量较小，其供水全部用于灭火设备，气压罐内的水得不到补充，罐内压力继续下降到 P_2 时，消防泵启动向管网供水，同时向控制中心报警。当消防泵启动后，稳压泵停止运转，消防增压稳压工作完成。

当采用气压水罐时，其调节容积应根据稳压泵启泵次数不大于 15 次/h 计算确定，但有效储水容积不宜小于 150 L。

2.2　消火栓系统及组件设置要求

2.2.1　室外消火栓系统

室外消火栓系统设置在城镇、居住区、工业企业等道路两边或建筑物周围，供消防工作人员扑救室外火灾，控制“飞火”，向室内消防系统、消防车等提供水源。室外消火栓系统一般由消防水源、主要供水设施、室外消防给水管网和室外消火栓组成。

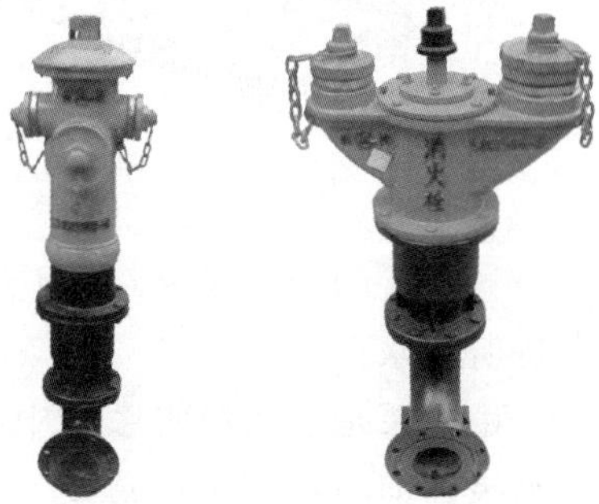

(a) 地上式　　(b) 地下式

图 2.33　室外消火栓

室外消火栓是供灭火设备从消防给水管网上取水的设施。按照设置条件分为地上式消火栓和地下式消火栓，如图 2.33 所示。地上式消火栓应有一个直径为 150 mm 或 100 mm 丝扣接口和 2 个直径 65 mm 内扣接口，丝扣接口与消防车吸水胶管连接，内扣接口与水带连接，适宜于我国温度较高的南方地区安装使用。地下式消火栓应有直径为 100 mm 和 65 mm 的接口各一个，100 mm 接口供接消防车的吸水胶管，65 mm 接口供接消防水带，广泛适用于我国北方寒冷地区和部分南方地区的道路上，特别适用于高层建筑的消防车道及停车场上。

室外消火栓保护半径不应超过 150 m。消火栓布置间距不应超过 120 m。室外消火栓应沿道路设置，并宜靠近十字路口，消火栓距路边不应超过 2 m，距房屋外墙不宜小于 5 m。地上式消火栓主体部分露出地面并漆成红色，地下式消火栓要求设置明显标志，距消火栓 5 m 范围内，禁止停放车辆和堆放杂物。

2.2.2　室内消火栓系统

1. 设置范围

室内消火栓系统是建筑物中实施灭火的主要灭火设备，下列建筑或场所应设置室内消火栓系统：

(1)建筑占地面积大于 300 m^2 的厂房和仓库。

(2)高层公共建筑和建筑高度大于 21 m 的住宅建筑；(注：建筑高度不大于 27 m 的住宅建筑，设置室内消火栓系统确有困难时，可只设置干式消防竖管和不带消火栓箱的公称直径 65 mm 的室内消火栓)。

(3)体积大于 5000 m^3 的车站、码头、机场的候车(船、机)建筑、展览建筑、商店建筑、旅馆建筑、医疗建筑、老年人照料设施和图书馆建筑等单、多层建筑。

(4)特等、甲等剧场，超过 800 个座位的其他等级的剧场和电影院等以及超过 1200 个座位的礼堂、体育馆等单、多层建筑。

(5)建筑高度大于 15 m 或体积大于 10000 m^3 的办公建筑、教学建筑和其他单、多层民用建筑。

2. 系统组件及设置要求

室内消火栓系统主要组件有：消防水源、消防水箱及气压给水设备、消防水泵、消火栓设备等。消防水池、消防水箱及气压给水设备及消防水泵设置要求详见 2.1 相关内容。

(1)室内消火栓箱

室内消火栓箱具有给水、灭火、控制、报警等功能。室内消火栓箱配置有：室内消火栓、消防水带、消防水枪、控制按钮、指示灯。有的消火栓箱还配置有消防软管卷盘(消防水喉)，如图 2.34 所示。消火栓栓口离地面高度宜为 1.10 m，栓口出水方向宜向下或与设置消火栓的墙面相垂直。消火栓应采用同一型号规格。消火栓的栓口直径应为 65 mm，水带长度不应超过 25 m，水枪喷嘴口径不应小于 19 mm。

消防水枪主要供消防员及受过专业训练的工作人员使用，消防卷盘操作不必经过专业训练，因而普通人均可使用。在高层民用建筑中的高级旅馆、重要办公楼、一类高层建筑的商业楼、展览楼、综合楼及高度超过 100 m 的高层民用建筑均应设置消防卷盘。

消火栓箱设置应符合以下要求：

①设置位置

在设置室内消火栓的场所内，包括设备层在内的各层均应设置消火栓；消火栓应安装在建筑物走道、楼梯附近处和易于取用的消防给水管路上，并设有明显标志。消防电梯间前室应设消火栓。

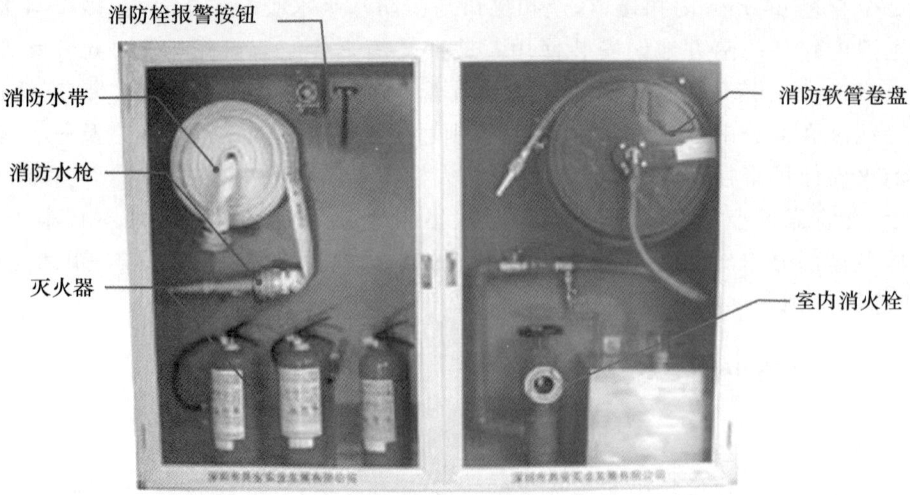

图 2.34　室内消火栓箱配置

②布置间距

消火栓的布置间距应保证同层任何部位有 2 个消火栓的水枪充实水柱同时到达。消火栓的水枪充实水柱应通过水力计算确定，高层建筑、厂房、仓库和室内净高超过 8 m 的民用建筑等场所充实水柱不应小于 13 m，其他场所不应小于 10 m。消火栓的间距应由计算确定，且高层建筑不应大于 30 m，裙房不应大于 50 m。

③栓口压力

消火栓栓口的静水压力不应大于 1.00 MPa，当大于 1.00 MPa 时，应采取分区给水系统。消火栓栓口的出水压力大于 0.50 MPa 时，应采取减压措施。

(2)屋顶试验消火栓

设有室内消火栓系统的建筑物，其屋顶应设试验和检查用的消火栓，主要用于检查消火栓系统水压、水量和检测系统控制的灵活程度及准确性。屋顶试验消火栓箱除应配备室内消火栓、消防水带、消防水枪等，还需要设置压力表。屋顶消火栓出水压力要求一般不小于 0.1 MPa，以确保消火栓的水柱长度．如图 2.35 所示。

(a) 试验消火栓组件　　(b) 屋顶设置实景

图 2.35　屋顶试验消火栓

2.3　消防给水及消火栓系统的运行与维护

2.3.1　系统的运行条件

消防水泵房应落实专人管理制度，禁止无关人员进入消防泵房和操作消防泵房内设备。

系统设备投入使用后保证其处于正常运行或准工作状态，消火栓泵控制柜在平时应使消防水泵处于自动启泵状态。

供水管道的阀门应处于开启状态。泵房的试水阀、泄水阀平时关闭。

消防控制室应能显示系统的手动、自动工作状态及故障状态：应能显示消火栓泵电源的工作状态；应能显示系统的消火栓的启、停状态和故障状态，显示水流指示器、信号阀、报警阀、压力开关等设备的正常工作状态、动作状态、消防水箱、水池液位、管网压力报警等信息。

定期对系统进行检查、维护和保养，建立故障报告和故障消除登记档案。发生故障应当及时组织修复；因故障、维修等原因，不得擅自断电停运或长期带故障工作；需要暂时停用系统时，应当经单位消防安全责任人批准。系统停用时间超过 24 h 的，在消防安全责任人批准的同时，应当报当地消防机构备案，并采取有效措施确保安全。

2.3.2　系统的操作与控制

室外消火栓安装在室外消防给水管网上，供消防车或消防泵取水扑救火灾。如管网中有高压水源的地区可直接连接水带进行灭火。室外消火栓在使用时，应用专业扳手，打开出水口闷盖，接上水带或吸水管，再用扳手打开阀塞，即可供水。

消火栓的操作中应注意：消火栓的操作不得少于 2 人；水带的铺设不应绕圈超过 360°，且不应缠绕或折角；水带与水枪及室内消火栓栓口的连接一定要拧紧到位；水枪手在未成立射姿势前不得示意准备完毕；在水枪手没有示意准备完成之前不得开启室内消火栓出水阀门；在进行扑救火灾时，水枪手应与起火点保持安全距离。

在室内消火栓的操作中，一人负责操作水枪（水枪手），一人负责开启阀门和按下室内消火栓启泵按钮（供水手）。其操作步骤如下：

(1)打开室内消火栓箱箱门。

(2)水枪手负责取出水枪、水带，将水带向起火点铺设，同时将水枪和水带一端连接。

(3)供水手负责将水带另一端与室内消火栓栓口连接。

(4)待水枪与水带连接完成到达起火点后，水枪手左手紧握水枪，右手紧握水带靠于右胯，左脚向前一步，身体重心稍向前倾，成立射姿势后示意准备完毕。

(5)待水枪手示意准备完毕，供水手逆时针旋转室内消火栓阀门到最大位置内消火栓启泵按钮。

除了消火栓操作的注意事项外，使用室内消火栓扑救火灾时，应确保扑救场所已经断电。

灭火完毕后，关闭室内栓及所有阀门，将水带冲洗干净，置于阴凉干燥处晾干后，按原水带安置方式置于栓箱内。

2.3.3 系统的维护与保养

1. 消防给水设施

(1)外观检查

①消防水池

a)消防水池设置有取水口或取水井的,观察取水口或取水井的吸水高度,应保证不大于 6.0 m。

b)核对消防水池储水量,应满足设计要求。

c)观察消防水池的自动补水措施,应能够自动补水。

d)检修梯子应无腐蚀、腐烂、锈蚀、机械损坏。

②消防水箱

a)观察消防水箱的自动补水措施,应能够自动补水。

b)检查承重结构、孔口、基础、检修通道或梯子,应无腐蚀、腐烂、锈蚀、机械损坏。

c)检查水箱内部,应无沉淀物、杂物,应无冻结现象。

d)金属水箱应无腐蚀、锈蚀、机械损伤。

e)检查水箱液位,核对消防水箱储水量,应满足设计要求。

③增压设施

a)检查稳压泵控制柜外观,应无锈蚀,指示灯应正常。

b)检查稳压泵泵体及气压水罐,应无锈蚀,无漏水、渗水等情况。

c)检查增压设施管网,应无锈蚀、渗水等情况。

d)压力表读数应正常,设置的系统压力上下限值应符合要求。

④消防水泵

a)检查消防水泵外观,应无锈蚀,无漏水、渗水等情况。

b)检查消防水泵标识,标识应清楚,铭牌应清晰。

c)消防水泵应安装牢固,紧固螺丝无松动。

d)检查水泵电机外观,标识应清楚,铭牌应清晰。

e)检查消防水泵接地线,应安装牢固。

⑤水泵接合器

a)检查水泵接合器,应有标明其所属系统的明显的永久性固定标志。

b)检查水泵接合器外观,应无锈蚀、渗水等情况。

⑥阀门、管网

a)阀门开闭应灵活,关闭应严密,无渗水等情况。

b)阀门手柄应完好,阀杆润滑良好,外观整洁,无锈蚀、水渍。

c)管网标志应清晰,无渗水,无锈蚀。

d)阀门常开常闭等标识应清晰、准确。

e)安全阀附件应齐全完好,且在鉴定有效期内。

f)管道支吊架及抗震支架应固定牢固,完好无锈蚀。

(2)功能测试

①消防水泵

a)将消防水泵控制柜操作按钮设于手动状态,在消防水泵控制柜上手动启动消防水泵,水泵应能投入正常运行，各指示灯显示正确；在消防水泵控制柜上按下“停止”按钮，消防水泵应能正常停止运行；当设有消防控制室时，进行消防水泵启停试验，消防水泵的启动、停止、故障信息应能反馈至消防控制室。

b)当设置有手动机械起泵功能时，在消防水泵手动机械起泵控制柜上手动启动消防水泵，水泵应能投入正常运行。

c)当设置有消防控制室时，将消防水泵控制柜操作按钮设于自动状态，在消防控制室利用手动直接控制装置控制水泵的启停，用对讲机与消防控制室及水泵房人员联系，观察消防水泵，应能正常启动、停止。

d)当设置有消防控制室时，将消防水泵控制柜操作按钮设于手动或停止状态，在消防控制室利用强制启动装置控制水泵的启停，用对讲机与消防控制室及水泵房人员联系，观察消防水泵，应能正常启动、停止。

e)将控制柜操作按钮设于自动状态，用对讲机与消防控制室及水泵房人员联系，启动消防泵，模拟主泵故障，当主泵发生故障时，备用泵能自动投入运行。

f)通过人为降低管网压力或调高低压压力开关阀值，触发消火栓系统出水干管上设置的低压压力开关的动作信号，用对讲机与消防控制室及水泵房人员联系，观察检查各设备动作情况，应能直接启动消火栓泵，起泵信号应反馈至消防控制室。

g)通过消火栓栓口放水，触发消火栓系统屋顶水箱出水管的流量开关动作信号，用对讲机与消防控制室及水泵房人员联系，观察检查各设备动作情况，应能直接启动消火栓泵，起泵信号应反馈至消防控

h)消防水泵启动后，除人为操作外，消防水泵不应自动停泵。

②稳压设施

a)将控制柜操作按钮设于自动状态，电接点压力表在达到设定的高、低压力位置时，应能自动停止和启动；在自动启动时，模拟主泵控制线路故障，备用泵应能自动切换投入运行。

b)将控制柜操作按钮设于手动状态，手动启动稳压泵，应能投入正常运行，各指示灯显示正确；在控制柜上按下“停止”按钮，稳压泵应能正常停止运行。

③消防水池、消防水箱

a)设置有水位监测仪的，应能将消防水池、消防水箱的水位信息传输至消防控制室。

b)设置有水位监测仪的，模拟溢流水位和最低水位，消防控制室应能收到报警信息。

④分区供水试验

a)当采用消防水泵转输水箱串联时，分别用水泵房压力开关、水箱出水管流量开关及消火栓按钮在自动方式下启动高区消防泵，在消防控制室观察、比对水泵启动时间，转输泵应在消防水泵启动后再启动。

b)当采用消防水泵直接串联时，分别用水泵房压力开关、水箱出水管流量开关及消火栓按钮在自动方式下启动高区消防泵，在消防控制室观察、比对水泵启动时间，上区消防水泵应在下区消防水泵启动后再启动。

c)采用减压水箱减压分区供水时，核对设计要求，减压水箱应设置就地水位显示装置，并应在消防控制中心或值班室等地点设置显示减压水箱水位的装置；确定模拟溢流水位，当水位达溢流水位及最低水位时，消防控制室应能收到报警信号。

⑤水泵接合器

采用消防车车载消防水泵对水泵接合器进行通水加压试验，检查测试水泵接合器的给水

方向、供水系统、供水范围和额定压力，测试结果应满足规范要求。

(3)保养

①消防水泵(稳压泵)

a)对泵体外观进行擦拭、除污、除锈和喷漆。

b)对泵体中心轴进行定期盘动。

c)对泵体盘根填料进行检查或更换。

d)根据产品说明书的要求检查或更换对应等级的润滑油。

e)根据作业环境条件及时对柴油泵进行定期清洗或更换滤芯。

f)应定期检查柴油机喷油泵内的机油量是否在规定范围，不足时应添加。

②消防泵房

a)对消防泵房进行卫生清洁，应做到无杂物、蜘蛛网，物品摆放整齐，地面干净整洁，不影响设备正常使用。

b)用吹尘器吹扫或用拧干的湿抹布轻轻擦拭房间内设备的表面，如消防配电柜、电机等设施顶部等。

③阀门、管网

a)对阀杆(特别是螺纹部分)进行擦拭；定期更换润滑剂，更换润滑剂后应加套管保护。

b)保持阀门的清洁，对锈蚀部分应及时清理。

c)对室外阀门的阀杆加保护套进行保护，以防雨、雪、尘土锈蚀污染阀杆。

d)对油漆脱落、锈蚀的管网，应进行除锈、喷漆处理。

e)室外裸露的有压管及主要附件，应采取必要的保温防冻措施。

2. 消火栓系统

(1)外观检查

①消火栓箱

a)室内消火栓箱内水带、水枪等配件应齐全。

b)消火栓栓口和水带接扣、水枪和水带接扣应相匹配。

c)水带长度应符合设计文件要求，且应不大于 25 m。

d)消火栓箱应有明显的“消火栓”标记，不应隐蔽和遮挡。

e)消火栓箱结构应牢固、美观，且开启灵活、有防锈措施。

f)消火栓箱不应被遮挡和封堵。

②室内消火栓

a)检查栓口外观，应整洁，无锈蚀，无水渍。

b)消火栓栓口应便于消防水带的连接和使用。

c)采用旋转型栓口时，应旋转可靠、无卡涩。

d)检查室内消火栓的启闭阀门，应整洁、无锈蚀、转动灵活。

③消防软管卷盘

a)消防软管卷盘应安装牢固，转动灵活。

b)消防软管卷盘的组件应齐全，软管无破损。

④消火栓按钮

a)消火栓按钮安装应牢固，不应松动。

b)消火栓按钮布线应穿管保护。

⑤室外消火栓

a)室外消火栓控制阀门应保持常开,设置的永久性固定标识应清晰完好。

b)地下式室外消火栓设置的永久性固定标志应清晰完好。

c)检查室外消火栓外观,应无锈蚀、渗水等情况。

d)检查栓体外表油漆,应无脱落、锈蚀等情况。

(2)功能测试

①消火栓按钮

a)当建筑内无火灾自动报警系统时,启动消火栓按钮,消防水泵应启动;消防泵启动后,消火栓按钮处应有消防泵启动指示。

b)设有火灾自动报警系统时,启动消火栓按钮,消防控制室应能收到报警信号,显示报警部位。

c)当干式消防系统采用雨淋阀时,消火栓箱内设置的手动按钮应能直接开启雨淋阀。

②消防水带

将消防水带与水源接通,在正常使用压力下,存在漏水现象的,应进行修补或更换。

③室内消火栓

a)采用动静压测试仪测试系统各分区的最不利点消火栓栓口的静水压力,应符合下列规定:一类高层公共建筑,不应低于 0.10 MPa,但当建筑高度超过 100 m 时,不应低于 0.15 MPa;高层住宅、二类高层公共建筑、多层公共建筑,不应低于 0.07 MPa,多层住宅不宜低于 0.07 MPa;工业建筑不应低于 0.10 MPa,当建筑体积小于 20000 m^3 时,不宜低于 0.07 MPa。

b)采用动静压测试仪测试系统各供水分区的最有利点及最不利点栓口的出水压力,不应大 0.50 MPa,当大于 0.70 MPa 时必须设置减压装置;高层建筑、厂房、库房和室内净空高度超过 8 m 的民用建筑等场所,消火栓栓口动压不应小于 0.35 MPa,且消防水枪充实水柱应按 13 m 计算;其他场所,消火栓栓口动压不应小于 0.25 MPa,且消防水枪充实水柱应按 10 m 计算。

④室外消火栓

采用动静压测试仪测试室外栓栓口的出水压力。当市政给水管网设有市政消火栓时,其平时运行工作压力不应小于 0.14 MPa,火灾时水力最不利市政消火栓的出流量不应小于 15 L/s,且供水压力从地面算起不应小于 0.10 MPa。

(3)消火栓系统联动试验

当系统设置消火栓按钮时,将消防联动控制器设置在自动状态下,按下消火栓按钮,同时使用专用工具人为触发消火栓所在报警区域内的火灾探测器或手动火灾报警按钮的火灾报警信号,采用对讲机与消防控制室及水泵房人员联系,观察检查各设备动作情况,应能联动控制消火栓泵的启动,启泵信号应反馈至消防控制室。

(4)保养

①消火栓箱

a)用拧干的湿抹布对消火栓箱箱门、顶部、箱内进行擦拭,应做到箱体表面无灰尘,顶部及内部无杂物。

b)清理消火栓栓口水渍及锈蚀物。

②室外消火栓

a)采用专用扳手转动消火栓启闭杆与出水口,加注润滑油,保持启闭杆与出水口的灵活性。

b)对栓体外表油漆进行及时修补,保持外表整洁美观。

c)入冬前应对消火栓进行适当的保温处理,增设保温措施或防护套。

d)清除消火栓(井)周围及井内积存的杂物或障碍物。

2.3.4 系统维护周期与项目

消防给水及消火栓系统维护周期及项目内容如表 2.1 所示。

表 2.1 消防给水系统维护周期及项目

<table>
<tr><th>周期</th><th>部位</th><th>检查内容</th></tr>
<tr><td>冬季每天</td><td>室外消防水池</td><td>温度</td></tr>
<tr><td rowspan="3">日</td><td>稳压泵</td><td>稳压泵压力、次数</td></tr>
<tr><td>柴油机消防泵</td><td>电池电量</td></tr>
<tr><td>水源控制阀、报警阀组</td><td>外观检查</td></tr>
<tr><td rowspan="2">周</td><td>消防水泵</td><td>模拟启泵、自动巡检记录</td></tr>
<tr><td>柴油机消防水泵</td><td>储油箱的储油量</td></tr>
<tr><td rowspan="7">月</td><td>消防水池、高位消防水箱</td><td>水位</td></tr>
<tr><td>柴油机消防泵</td><td>手动启动柴油机消防泵</td></tr>
<tr><td>气压罐</td><td>检测气压、水位、有效容积</td></tr>
<tr><td>消防水泵</td><td>检测自动巡检记录</td></tr>
<tr><td>倒流防止器</td><td>压差检测</td></tr>
<tr><td>电动阀或电磁阀</td><td>供电、启闭性能检测</td></tr>
<tr><td>系统所有控制阀门</td><td>铅封锁链完好状况</td></tr>
<tr><td rowspan="6">季</td><td>市政给水管网</td><td>压力和流量</td></tr>
<tr><td>末端试水阀、报警阀的试水阀</td><td>放水试验、启动性能</td></tr>
<tr><td>消防水泵</td><td>流量和压力</td></tr>
<tr><td>室外阀门井中控制阀门</td><td>检查开启状况</td></tr>
<tr><td colspan="2">室外阀门井控制阀门检查</td></tr>
<tr><td>地上</td><td>检查保养</td></tr>
<tr><td>半年</td><td colspan="2">全面检查维修</td></tr>
<tr><td>年</td><td>河流湖泊灯地表水源
水井</td><td>水位</td></tr>
<tr><td>每年开春后
入冬前</td><td>地下</td><td>出水试验</td></tr>
</table>

2.3.5 系统常见故障分析与处置

消防给水设施常见故障分析见表 2.2,消防水泵的常见故障及处置措施见表 2.3,消火栓常见故障分析和处置措施见表 2.4。

表 2.2　消防给水设施的常见故障分析

设备类型	常见故障	故障原因
消防水池和消防水箱	消防用水无法得到保证	1. 消防水池与消防水箱设计容量不足 (1)对建筑物火灾延续时间、室内消火栓用水量选用错误 (2)老工程改造后，增设喷淋系统，水池容量没有增加 2. 合用水池无法保证消防用水 (1)位于水池生活管道出水口上也未开有防止吸用消防用水的小气孔 (2)消防与生活出水管位于同一平面，或两者出水管上下间隔太小 3. 较大容量水池无分隔措施 消防水池超过 500 m^3 而未设置分格措施，无法保证消防水池清洗期间的消防用水 4. 屋顶合用水箱无直通消防管网水管、无消防水专用措施、出水管上未设单向阀
管网	1. 管网泄漏 2. 堵塞或供水量不足 3. 消防管网振动大，发出异响	1. 管网泄漏原因：消防给水管道管道锈蚀、漏水 2. 管网堵塞或供水量不足原因： ①消防管道安装完毕后，管道未进行冲洗。室内消火栓、水枪出水口被施工遗留的水泥沙浆等杂物堵塞的现象 ②施工单位为了降低成本随意减小供水管径，从而造成供水量不足，洒水喷头的洒水密度达不到要求 3. 消防管网震动或发出异响原因： ①消火栓泵出口未采用柔性连接 ②管网支吊架松动 ③管网未设置自动排气阀 ④管网流速过快
水泵接合器	设置不符合要求	1. 水泵接合器与室外消火栓或消防水池的取水口距离大于 40 m 2. 水泵接合器的设计数量偏小 3. 水泵接合器未分区设置
消防水泵	1. 设计选型不当 2. 运行故障	1. 设计选型不当 ①消防水泵流量偏小，消防水泵流量偏小不能满足室内消防用水量的要求 ②消防水泵扬程偏大，对管网工作不利 ③一组消防水泵只有一根吸水管，当吸水管检修时整个系统瘫痪 ④一组消防水泵只有一根出水管，降低消防系统的可靠性 ⑤水泵的吸水管的管径偏小，水泵的流量达不到设计值 ⑥引水装置设置不正确：吸水管设引水罐，吸水管上设底阀，高位水箱补渗水 2. 运行故障原因及处置见表 2.3 消防水泵常见故障及处置措施
稳压系统	1. 设置问题 2. 运行故障	1. 稳压泵的选型，许多工程中稳压泵的流量偏小 2. 运行故障原因 ①稳压泵的位置就近接入自动喷水灭火系统的立管部位，当喷头受热爆炸后，阀后压力降低，稳压泵启动后，仅能使湿式报警阀后的管网压力升高，故不能开启阀瓣，因此压力开关没有讯号启动喷淋泵 ②稳压泵频繁启动原因 a)电接点压力表上、下限压差太小 b)管网有泄漏或保不起压 c)气压罐或气压罐胶囊损坏 ③稳压泵运行故障其他故障原因参见表 2.3 消防水泵常见故障及处置措施

续表

设备类型	常见故障	故障原因
阀门和压力表	阀门和压力表设置不当、不发挥作用	1. 系统供水管上，未设试验和检查用的压力表和放水阀门，同时也无安全阀，水泵启动时，造成消防管网内压力瞬间升高，引起水管爆裂 2. 在水箱出水管处设置的止回阀与水箱底的垂直距离太小(通常不足 1 m)，使放水试验时，水流指示器不能报警 3. 止回阀不止回 ①座圈或阀瓣(覆盖面)变形损坏，使密封不严 ②座圈与阀瓣间夹入杂质 ③活动部分严重锈蚀，阀瓣关闭不严 4. 湿式报警阀的地点设置考虑不周全，未设置供水控制阀 5. 湿式报警阀故障见表 3.3 6. 系统的水流指示器前未设计信号阀。水流指示器前应安装信号阀，与水流指示器间的距离不宜小于 300 mm 7. 水泵出水管上无压力表、无试验放水阀、无泄压阀 消防水泵出水管装有压力表、试验放水阀，由于发生初期火灾时启动消防泵后管网会超压，且会产生水锤效应，停泵时也会产生水锤效应，在检查站消防泵时，可使消防泵在出水不进入管网，使管网免受超压和水锤效应的影响 8. 泄压阀不泄压 ①阀门弹簧过紧 ②由于水中杂物阻塞密封面或密封圈损坏导致泄压后关闭不严

表 2.3　消防水泵的常见故障及处置措施

常见故障	主要原因	处置措施
1. 无液体提供，供给液体不足或压力不足	1. 泵没有注水或没有适当排气	1. 检查泵壳和入口管线是否全部注满了液体
	2. 速度太低	2. 检查电机的接线是否正确，电压是否正常或者蒸汽压力是否正常
	3. 系统水头太高	3. 检查系统的水头(特别是磨擦损失)
	4. 吸程太高	4. 检查现有的净压头(入口管线太小或太长会造成很大的摩擦损失)
	5. 叶轮或管线受堵	5. 检查有无障碍物
	6. 转动方向不对	6. 检查转动方向
	7. 产生空气或入口管线有泄漏	7. 检查入口管线有无气穴和/或空气泄漏
	8. 填料函中的填料或密封磨损，使空气漏入泵壳中	8. 检查填料或密封并按需要更换，检查润滑是否正常
	9. 抽送热的或挥发性液体时吸入水头不足	9. 增大吸入水头，向厂家咨询
	10. 底阀太小	10. 安装正确尺寸的底阀
	11. 底阀或入口管浸没深度不够	11. 向厂家咨询正确的浸没深度；用挡板消除涡流
	12. 叶轮间隙太大	12. 检查间隙是否正确
	13. 叶轮损坏	13. 检查叶轮，按要求进行更换
	14. 叶轮直径太小	14. 向厂家咨询正确的叶轮直径
	15. 压力表位置不正确	15. 检查位置是否正确，检查出口管嘴或管道
2. 消防泵运行一会儿便停机	1. 吸程太高	1. 检查现有的净压头(入口管线太小或太长会造成很大的磨擦损失)
	2. 叶轮或管线受堵	2. 检查有无障碍物

续表

常见故障	主要原因	处置措施
2. 消防泵运行一会儿便停机	3. 产生空气或入口管线有泄漏 4. 填料函中的填料或密封磨损，使空气漏入泵壳中 5. 抽送热的或挥发性液体时吸入水头不足 6. 底阀或入口管浸没深度不够 7. 水泵壳密封垫损坏	3. 检查入口管线有无气穴和/或空气泄漏 4. 检查填料或密封并按需要更换；检查润滑是否正常 5. 增大吸入水头，向厂家咨询 6. 向厂家咨询正确的浸没深度，用挡板消除涡流 7. 检查密封垫的情况并按要求进行更换
3. 消防泵功率消耗太大	1. 转动方向不对 2. 叶轮损坏 3. 转动部件咬死 4. 轴弯曲 5. 速度太高 6. 水头低于额定值，抽送液体太多 7. 液体重于预计值 8. 填料函没有正确填料（填料不足，没有正确塞入或跑合，填料太紧） 9. 轴承润滑不正确或轴承磨损 10. 耐磨环之间的运行间隙不正确 11. 泵壳上管道的应力太大	1. 检查转动方向 2. 检查叶轮，按要求进行更换 3. 检查内部磨损部件的间隙是否正常 4. 校直轴或按要求进行更换 5. 检查电机的绕组电压或输送到透平的蒸汽压力 6. 向厂家咨询。安装节流阀，切割叶轮。 7. 检查比重和黏度 8. 检查填料，重新装填填料函 9. 检查并按要求进行更换 10. 检查间隙是否正确；按要求更换水泵壳和/或叶轮的耐磨环 11. 向厂家代表咨询，消除应力；在消除应力后，检查对中情况

表 2.4　消火栓的常见故障分析与处置

故障类型	故障原因	故障处理
消火栓无法打开	消火栓出水口手柄锈蚀	应经常对其出水口手柄的灵活性进行检查；每年应对其开闭手轮润滑 1～2 次。
消火栓本体渗漏	1. 阀盖、阀体、旋转部件有破损或密封件失效 2. 阀座与阀瓣部件密封失效 3. 阀杆密封件失效	1. 检查阀盖、阀体、阀杆、旋转部件有无明显变形、破裂 2. 更换渗漏处密封件 3. 检查阀瓣密封处有无异物
水带、水枪、消防接口渗漏	1. 水带、水枪、接口本体破损或密封件失效 2. 接口密封处渗漏	1. 检查阀盖、阀体、阀杆、旋转部件有无明显变形、破裂 2. 更换渗漏处密封件 3. 检查阀瓣密封处有无异物
软管卷盘渗漏	1. 软管破损 2. 卷盘接头松动 3. 卷盘转动部件密封件失效	1. 转动卷盘，拉出软管检查 2. 拧紧接头 3. 联系维修
消火栓口出水压力不符合设计要求	1. 消火栓泵的设置和性能不能满足系统需求 2. 系统管网堵塞 3. 管网有泄露点 4. 稳压系统不起作用 5. 减压装置故障	1. 检查消火栓泵设置，核对工况曲线是否符合设计要求 2. 检查系统管网有无异物堵塞或气阻现象 3. 检查管网是否有泄漏之处 5. 若压力过高，检查系统管网上的减压阀、减压孔板或节流管，并检查具有减压功能的消火栓

续表

故障类型	故障原因	故障处理
消火栓按钮不能报警，动后无确认信号，不能联动启动消防泵	1. 按钮本身损坏或手动按钮接线松动 2. 联动控制柜本身故障或设置在手动挡位 3. 消防泵启动柜故障或连接松动消防泵本身故障	1. 检查各设备接线、设备本身器件 2. 检查控制柜电气、机械部分有无故障，并将挡位设置为自动 3. 检查泵本身电气、机构部分有无故障并进行排除

第 3 章　自动喷水灭火系统

3.1　自动喷水灭火系统的类型及工作原理

自动喷水灭火系统是建筑物最基本的固定自动灭火设施。除不能用水扑救的场所和部位外，民用与工业建筑均可设置自动喷水灭火系统。自动喷水灭火系统按喷头开启形式不同，分为闭式自动喷水灭火系统和开式自动喷水灭火系统。

3.1.1　闭式自动喷水灭火系统

闭式自动喷水灭火系统采用闭式喷头，平时系统为封闭状态。火灾发生时，闭式喷头将自动打开，实施喷水灭火。

1. 湿式自动喷水灭火系统

(1)系统的组成

湿式自动喷水灭火系统由闭式喷头、管网、湿式报警阀组、供水设施等组成，如图 3.1 所示。

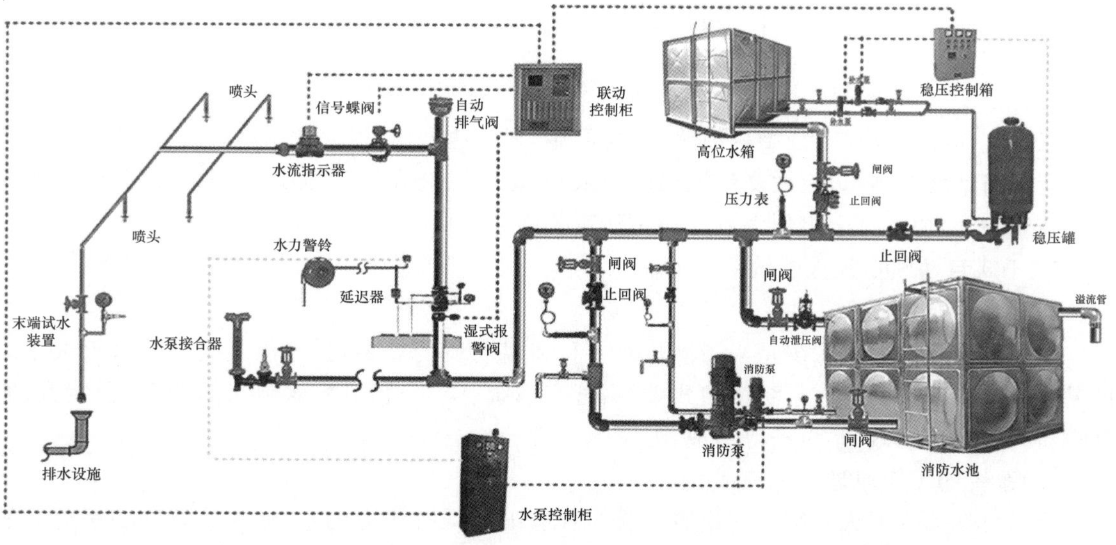

图 3.1　湿式自动喷水灭火系统

(2)系统的工作原理及适用场所

图 3.2 为湿式自动喷水灭火系统工作原理图。平时湿式自动喷水灭火系统的管道中充满

有压水。火灾发生时，在火场温度作用下，闭式喷头的感温元件温度达到预定的动作温度后，喷头开启喷水灭火。此时，管网中有压水在高位水箱的静水压力作用下向喷头流动，配水管网上设置的水流指示器动作电信号发送到火灾报警控制器，控制器上显示某一区域已在喷水。持续喷水造成报警阀的上部水压低于下部水压，其压力差值达到一定值时，原来处于关闭的湿式报警阀就会自动开启，供水侧水通过湿式报警阀，流向自动喷洒管网供水灭火。同时，另一部分水进入湿式报警阀的报警管路，待延迟器充满后，到达压力开关，击打水力警铃发出火警信号，压力开关动作信号直接控制消防水泵的开启，以达到持续供水的目的。为了提高消防水泵控制的可靠性，在湿式系统中，高位水箱出水管上设置的流量开关、消防水泵出水干管上的低压压力开关也可以直接控制消防水泵自动启泵。

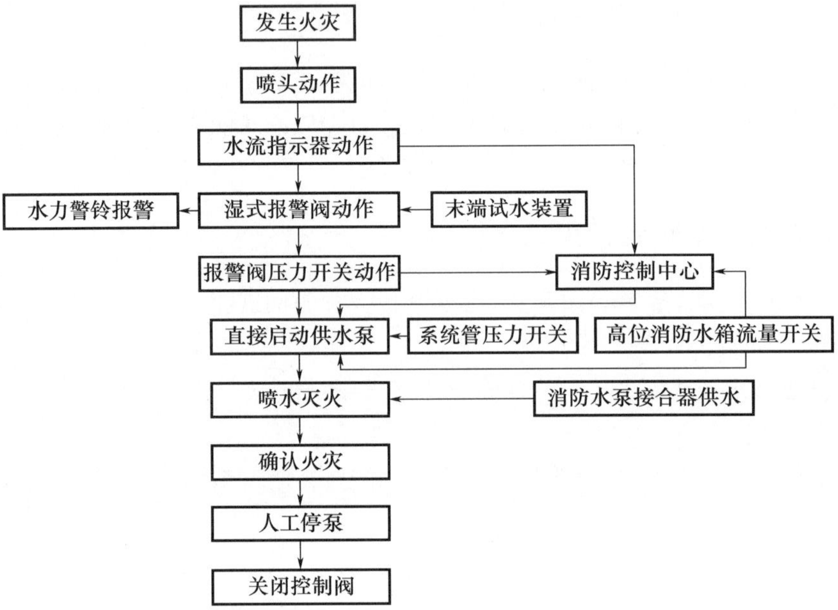

图 3.2　湿式自动喷水灭火系统工作原理图

湿式自动喷水灭火系统结构简单，使用可靠，灭火速度快，控火效率高，建设投资少。但由于系统管路始终充满水，应用受环境温度的限制，适合安装在温度范围 4～70 ℃，且能用水灭火的建筑物内，而且万一出现渗漏会损坏建筑装饰。

2. 干式自动喷水灭火系统

(1)系统的组成

干式自动喷水灭火系统是为了满足寒冷和高温场所的需要，是在湿式自动喷水灭火系统的基础上发展起来的。该系统由闭式喷头、管道系统、干式报警阀、水流指示器、报警装置、充气设备、排气设备和供水设备等组成，如图 3.3 所示。

(2)系统的工作原理

干式自动喷水灭火系统只在报警阀前的管道中充满有压力的水，而系统管网中平时充满压缩空气(或氮气)。发生火灾时，闭式喷头打开，首先喷出压缩空气，配水管网内气压降低，利用压力差将干式报警阀打开，水流入配水管网，再从喷头流出，干式报警阀报警管路上的压力开关、高位水箱出水管上设置的流量开关、消防水泵出水干管上的低压压力开关应能自动直接启动消防水泵。

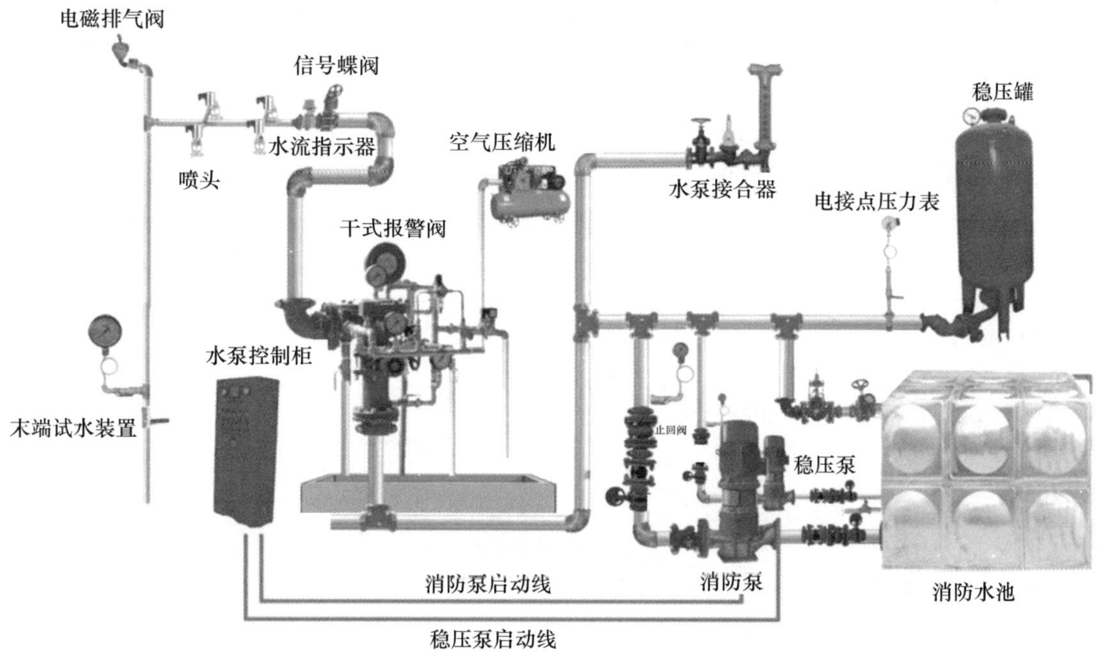

图 3.3　干式自动喷水灭火系统组成

在大型系统中，还可以设置快速排气装置，以加速打开报警阀的速度。图 3.4 为干式自动喷水灭火系统工作原理图。干式自动喷水灭火系统的喷头宜向上设置，为减少排气时间，一般要求管网的容积不大于 3000 L。

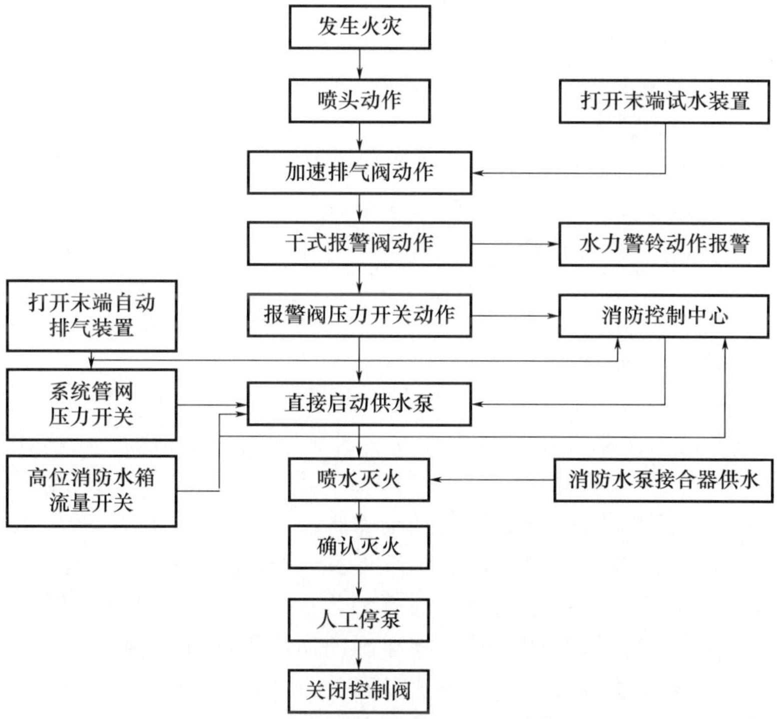

图 3.4　干式自动喷水灭火系统工作原理图

干式自动喷水灭火系统特点是报警阀后的管道无水，不怕冻、不怕环境温度高，适用于温度低于 4 ℃或温度高于 70 ℃以上的场所。也可用在平时管网泄漏可能造成严重损失场所。干式和湿式系统相比较，多增设一套充气设备，一次性投资高、平时管理较复杂、灭火速度较慢。

3. 预作用自动喷水灭火系统

(1)预作用自动喷水灭火系统的组成

预作用系统是准工作状态时，配水管道内不充水，发生火灾时由火灾自动报警系统、充气管道上的压力开关联锁控制预作用装置和启动消防水泵，向配水管道供水的闭式系统。预作用自动喷水灭火系统由闭式喷头、管道系统、预作用阀组、火灾探测器、报警控制装置、充气设备、控制组件和供水设施等部件组成，如图 3.5 所示。

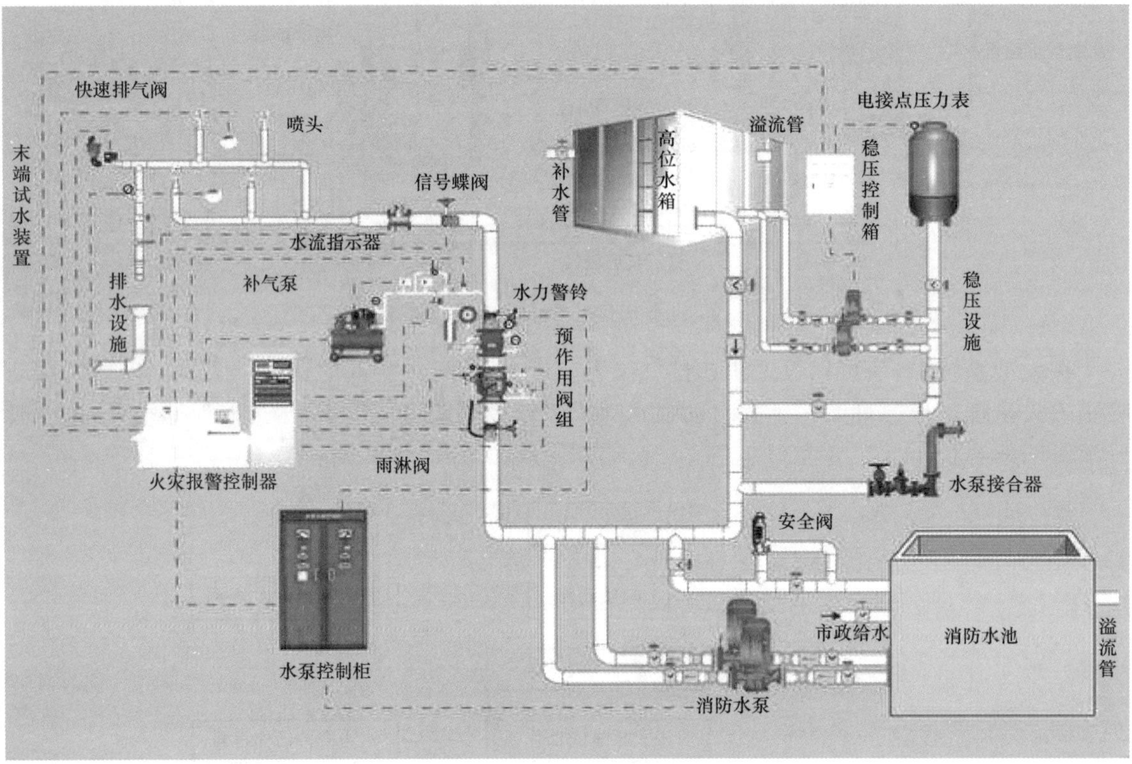

图 3.5　预作用系统组成图

(2)预作用系统的工作原理

预作用自动喷水灭火系统中安装闭式洒水喷头，并以常用的火灾探测系统作为报警和启动的装置。预作用系统工作原理如图 3.6 所示。该系统预作用阀组后的管道内平时无水，充以有压气体，呈干式。发生火灾后，保护区内的火灾探测器，首先发出火警报警信号，报警控制器在接到报警信号后做声光显示的同时，启动电磁阀排气，打开报警阀，有压水迅速充满管道，这样原来呈干式的系统，迅速自动变成湿式系统，完成预作用过程。此时管道上安装闭式洒水喷头尚未释放，不会喷水。可主动地采取适当行动将火扑灭，避免喷头动作水渍造成的损失。如果火灾控制不住继续发展，致使闭式喷头玻璃球动作喷水，便即刻喷水灭火。报警阀报警管路上的压力开关、高位水箱出水管上设置的流量开关、消防水泵出水干管上的低压压力开关应能自动直接启动消防水泵，维持持续供水。

预作用系统综合运用了火灾自动探测控制技术和自动喷水灭火技术，兼容了湿式和干式系统的优点，适用于冬季结冰和不能采暖的建筑物内，以及不允许有误喷而造成水渍损失的建筑物和构筑物等。

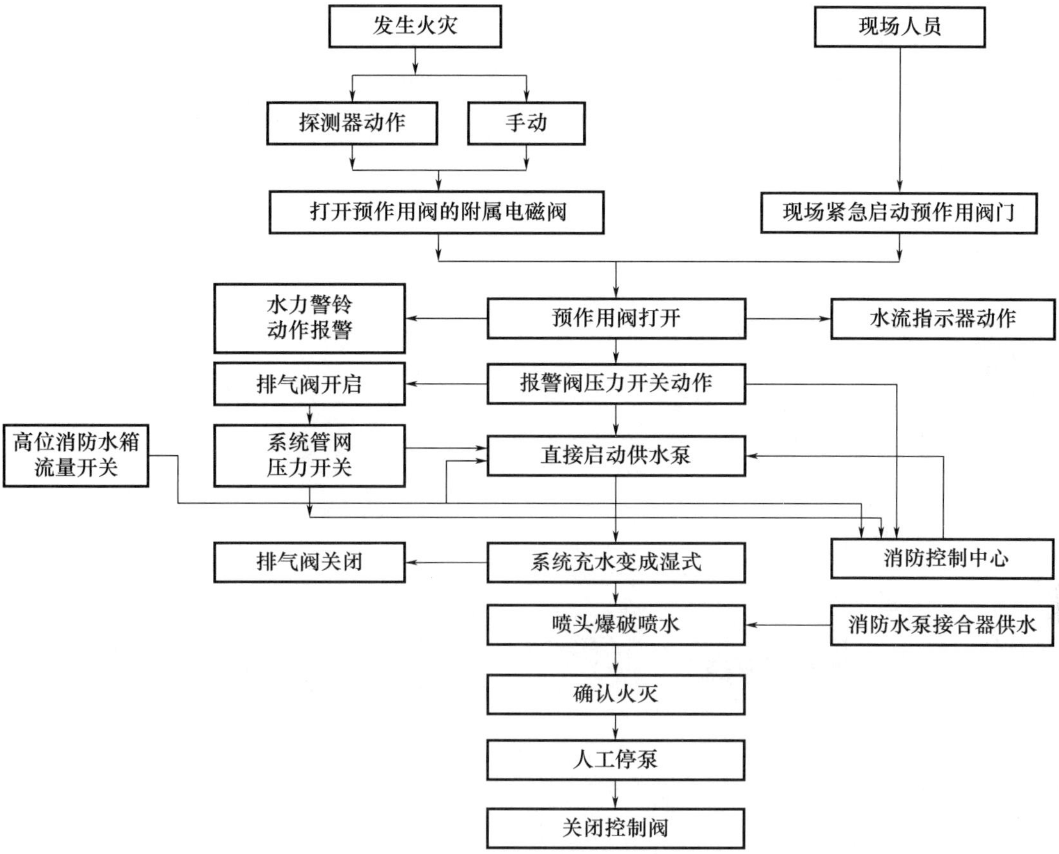

图 3.6　预作用系统工作原理图

3.1.2　开式自动喷水灭火系统

开式自动喷水灭火系统采用开式喷头，平时系统为敞开状态，报警阀处于关闭状态，管网中无水，火灾发生时报警阀开启，管网充水，喷头喷水灭火。按其喷水形式的不同可分为雨淋系统和水幕系统、水喷雾灭火系统。

1. 雨淋系统

(1)系统的组成

雨淋系统是开式喷头、雨淋报警阀组等组成，发生火灾时由火灾自动报警系统或传动管控制，自动开启雨淋报警阀组和启动消防水泵，用于灭火的开式系统。根据雨淋系统的开启方式不同，有电动启动和充液传动管启动两种，雨淋系统示意图如图 3.7 所示。

(2)系统的工作原理

电动启动雨淋在开式喷头的保护区域内同时安装火灾自动报警系统，系统的雨淋阀启动是由火灾自动报警系统触发的。雨淋系统的保护区域内发生火灾，2 只独立的感温探测器或 1 只感温火灾探测器和 1 个手动火灾报警按钮报警，报警信号发送至火灾报警控制器。火灾报警控制器发出电动信号，启动雨淋阀管路上的电磁阀，使启动管路中的水流出，控制腔水压降低，雨淋阀开启。进水管中的压力水进入报警管路，启动水力警铃，触发压力开关。报警阀报警管路上的压力开关、高位水箱出水管上设置的流量开关、消防水泵出水干管上的低压压力开关应能自动直接启动消防水泵，维持持续供水。

由传动管控制的雨淋系统，在开式喷头的保护区域内同时安装充液（气）的传动管，传动管末端设有闭式喷头，当传动管闭式喷头爆破，传动管内的液体（水）或气体从喷头排出，与之相连的控制腔因泄压而动作，水流推开阀瓣流向工作腔，雨淋阀动作，水力警铃报警，同时雨淋阀组报警阀报警管路上的压力开关、高位水箱出水管上设置的流量开关、消防水泵出水干管上的低压压力开关动作自动直接启动消防水泵，维持持续供水、动作，直接启动供水泵，系统开始持续喷水灭火。图 3.8 为雨淋系统工作原理图。

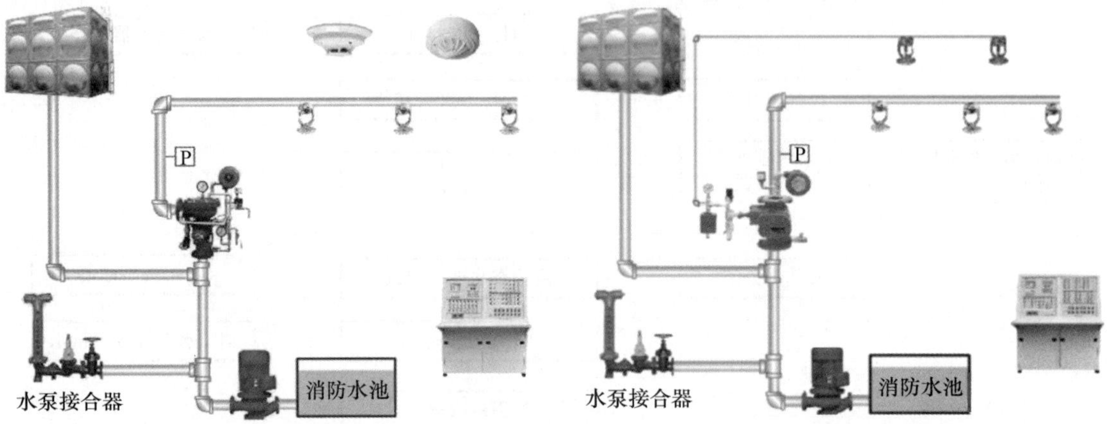

(a) 电动启动雨淋系统　　(b) 充液传动管启动雨淋系统

图 3.7　雨淋系统的组成示意图

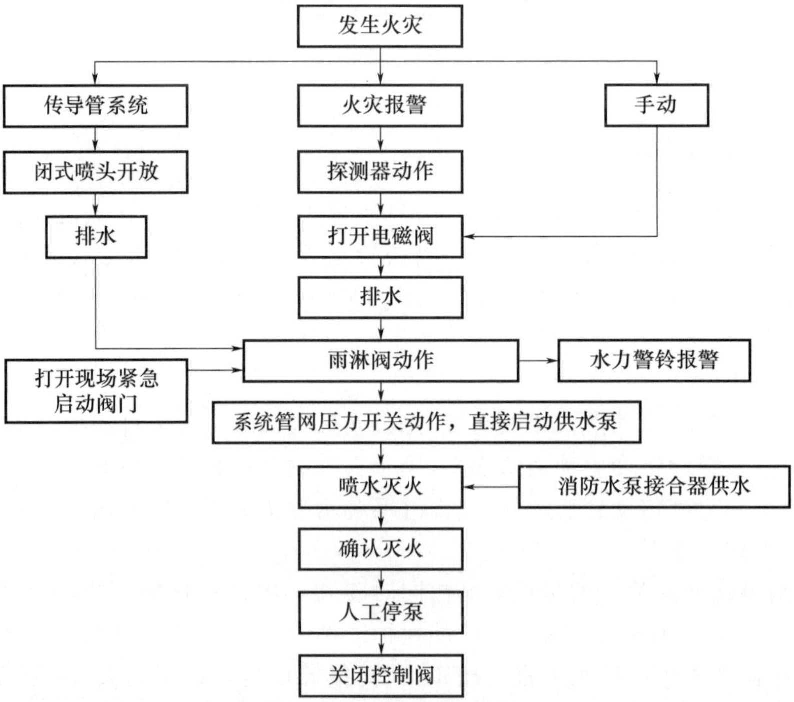

图 3.8　雨淋系统工作原理图

雨淋系统提供了一种整体保护作用，实现对保护区的整体灭火或控火，该系统具有出水量大、灭火及时的优点，适用于火灾蔓延快、闭式洒水喷头的开放不能及时使喷水有效覆盖着火区域的场所；场所的净空高度超过规范的规定，且必须迅速扑救初期火灾的场所；危险性大的建筑或部位；火灾危险等级为严重危险级Ⅱ级的场所。

2. 水幕系统

水幕系统是指由水幕喷头、控制阀（雨淋阀或干式报警阀等）、探测系统、报警系统和管道等组成的消防系统。水幕系统喷头是沿线状布置，发生火灾时系统喷洒形成水幕。

水幕系统不具备自动灭火的能力，而是用于防火分隔和冷却保护分隔物，因此分为防火分隔水幕系统和防护冷却水幕系统。防火分隔水幕系统利用密集喷洒形成的水墙或多层水帘，封堵防火分区处的孔洞，阻挡火灾和烟气的蔓延。防护冷却水幕系统则利用喷水在物体表面形成的水膜，控制防火分区处分隔物的温度，使分隔物的完整性和隔热性免遭火灾破坏，如用于防火卷帘防火保护的水幕系统。防火分隔水幕应采用开式洒水喷头或水幕喷头。防护冷却水幕应采用水幕喷头。

系统处于准工作状态时，由消防水箱或稳压泵、气压给水设备等稳压设施维持管道内的充水压力。发生火灾时，由火灾自动报警系统联动雨淋报警阀组，消防水泵由消防水泵出水干管上设置的压力开关、高位消防水箱出水管上的流量开关和报警阀组压力开关直接自动启动。当自动控制的水幕系统用于防火卷帘的保护时，应由防火卷帘下落到楼板面的动作信号与本报警区域内任一火灾探测器或手动火灾报警按钮的报警信号作为水幕阀组启动的联动触发信号，并应由消防联动控制器联动控制水幕系统相关控制阀组的启动。仅用水幕系统作为防火分隔时，应由该报警区域内 2 只独立的感温火灾探测器的火灾报警信号作为水幕阀组启动的联动触发信号，并应由消防联动控制器联动控制水幕系统相关控制阀组的启动。

3. 水喷雾灭火系统

水喷雾灭火系统是由水源、供水设备、管道、雨淋阀组、过滤器和水雾喷头等组成，向保护对象喷射水雾灭火或防护冷却的灭火系统。水喷雾灭火系统是将高压水通过特殊构造的水雾喷头，将水流分离成细小的雾状水滴喷出，雾状水滴的平均粒径一般在 100～700 μm。水雾喷向燃烧物，通过细小水雾滴的冷却、窒息、乳化、稀释等综合效应的作用下实现灭火。

水喷雾系统平时管网里充以低压水，火灾发生时，由火灾探测器探测到火灾，通过控制箱，电动开启着火区的控制阀，当水压大于一定值时，水喷雾头上的压力起动帽脱落，喷头一起喷水灭火。

水喷雾灭火系统具有适用范围广的优点，不仅可以提高扑灭固体火灾的灭火效率，同时由于水雾具有不会造成液体火飞溅、电气绝缘性好的特点，在扑灭可燃液体火灾、电气火灾中均得到广泛的应用。

3.2　自动喷水灭火系统的组件及设置要求

3.2.1　喷头

1. 闭式喷头

闭式喷头是闭式系统的主要组件，在系统中担负着探测火灾，启动系统和喷水灭火的任务。喷头的喷水口由热敏元件的释放机构封闭，利用控制系统的启动喷水，通过溅水盘使水较好地分布，以利于灭火。

闭式喷头按热敏感元件不同分为玻璃球洒水喷头和易熔元件洒水喷头，如图 3.9 所示。表 3.1 为常见玻璃球洒水喷头和易熔元件洒水喷头的公称动作温度和颜色标志。

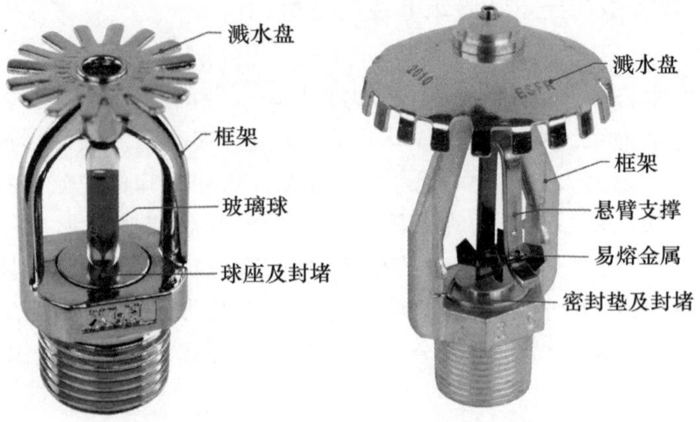

(a) 玻璃球洒水喷头　　(b) 易熔元件洒水喷头

图 3.9　闭式喷头

表 3.1　常见闭式洒水喷头的公称动作温度和颜色标志

玻璃球洒水喷头	公称动作温度/℃	57	68	79	93	100	121	141
	工作液色标志	橙	红	黄	绿	灰	天蓝	蓝
易熔元件洒水喷头	公称动作温度/℃	57～77			80～107		121～149	
	支撑臂色标志	本色			白		蓝	

闭式喷头按溅水盘的形式和安装方式分为直立型、下垂型、边墙型、普通型、吊装型和干式下垂型洒水喷头，按特殊用途和结构还可以分为自动启闭型、快速反应型、大水滴洒水喷头、扩大覆盖面洒水喷头和汽水喷头等特殊喷头。

2. 开式喷头

开式喷头是不带感温元件和密封组件的敞口喷头，其喷水动作由阀门控制。按用途和洒水形状的特点分为开式洒水喷头、水幕喷头和喷雾喷头 3 种，如图 3.10 所示。

(1) 开式洒水喷头　　(2) 水幕喷头和喷雾喷头

图 3.10　开式喷头

开式洒水喷头常用于雨淋灭火系统。按安装形式可分为直立型与下垂型，按结构形式可分为单臂和双臂 2 种。水幕喷头喷出的水形成均匀的水帘状，起阻火、隔火的作用，以防止火势蔓延扩大。喷雾喷头是在一定压力下将水流分解为细小的水滴，以锥形喷出的喷头，这种喷头由于喷出的水滴细小，使水的总表面积比一般的洒水喷头要大几倍，在灭火中吸热面积大，冷却作用强。

3.2.2　报警阀组

1. 分类

报警阀组具有报警、控制作用，是自动喷水灭火系统的主要部件。闭式自动喷水灭火系统目前使用的报警阀主要有湿式报警阀、干式报警阀、预作用报警阀组 3 种，各自用于相应的系统形式。开式自动喷水灭火系统主要使用的报警阀是雨淋阀。

(1)湿式报警阀

湿式报警阀连接在供水设备和配水管之间，是一种只允许水流单方向流入配水管网，并在规定流量下驱动配套部件报警的止回型阀门。湿式报警阀组如图 3.11 所示。

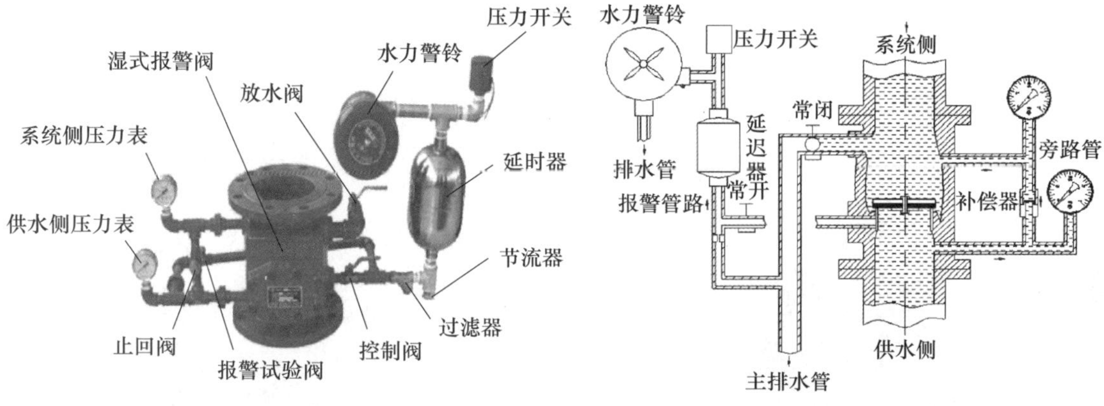

(a) 湿式报警阀外观图　　(b) 阀体结构示意图

图 3.11　湿式报警阀

湿式报警阀由阀体和阀瓣组件 2 部分组成。阀瓣将阀体分为上腔和下腔，上腔接系统侧，下腔接供水侧。阀座上开有环形槽，环形槽与报警信号管路接口相通。当系统处于伺应状态时，座圈上的沟槽小孔被阀瓣盖住封闭，通往水力警铃的报警水道被堵死，当上、下压力差达到一定数值，阀瓣才开启(差压启动)，水就从供水侧流向系统侧。水从供水侧流向系统侧的同时，一部分水进入报警管路，待延时器充满后，向上流至顶部的压力开关和水力警铃。警铃报警，压力开关动作直接控制喷淋泵启动，使灭水系统持续喷水。湿式报警阀的工作原理如图 3.12 所示。

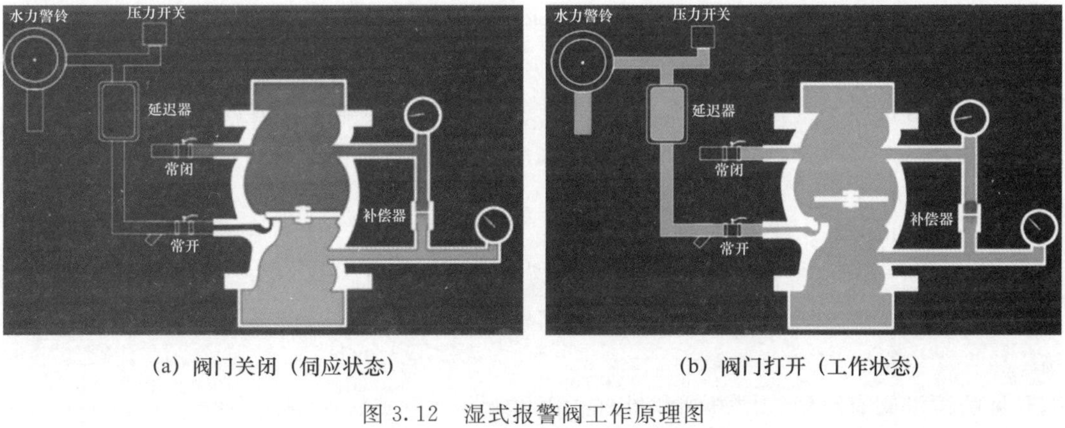

(a) 阀门关闭 (伺应状态)　　(b) 阀门打开 (工作状态)

图 3.12　湿式报警阀工作原理图

http://m.scs-college.com/image/2924065533/

在湿式报警阀阀瓣上设有小补水阀，当系统侧管网有微小渗漏或水源压力有波动时，可以通过补水阀给管网补水，平衡上、下腔压力，稳定阀瓣。报警管路上的延时器下部设有节流器孔，当水源压力波动较大时，虽然阀瓣在压力差作用下开启，但进入延时器的水量很少，水会从设在延时器下部的节流器孔排出，不会到达水力警铃或压力开关，因此不会报警；所以，延时器也会起到缓冲及延迟的作用，避免误报警。在阀体的系统侧接入报警测试管路，管路上设置一个放水阀，其主要功能是检验报警阀的开启、水力警铃的动作、压力开关的可靠性。报警测试管路上的放水阀应处于常闭，报警管路上的阀门应常开。

湿式报警阀主要安装在喷淋泵附近(一般在建筑物的最底层)。水力警铃一般安装在建筑物首层外墙上。

(2)干式报警阀

干式报警阀同样是具有报警功能的止回阀，主要用于干式喷水灭火系统。与湿式报警阀不同的是，干式报警阀出口侧充以压缩气体，当气压低于某一定值时能使阀前水自动流入喷水系统并进行报警。干式报警阀组外观和阀体结构如图 3.13 所示。

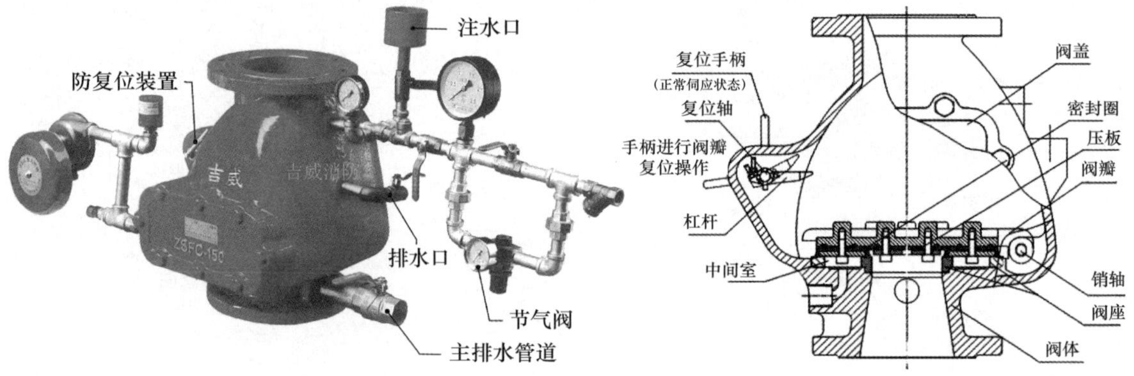

(a) 干式报警阀组外观图　　(b) 阀体结构示意图

图 3.13　干式报警阀

干式报警阀处于准工作状态时，阀体上腔充有有压气体，下腔充水，阀瓣上腔有压气体和下腔水压存在压差，使阀瓣始终处于关闭状态，此时上腔(即系统侧)气压压力略大于下腔(即供水侧)水压压力。干式报警阀自动打开原理与湿式报警阀相似，发生火灾时，或系统检测时打开末端试水装置、末端试水阀，系统侧由于闭式喷头破裂或试水接头排气，管道内气压下降，上腔气压压力无法使阀瓣继续处于关闭状态，当下腔压力大于上腔压力时，阀瓣被下腔水压顶开，报警阀开启。下腔水通过报警管路进入水力警铃、压力开关，水力警铃发出声警报，压力开关发出电信号直接启动消防水泵，系统快速排气阀开启迅速排净管道内气体。如图 3.14 所示。不同之处是干式报警阀带有防自动复位机构，阀瓣开启后不能自行回到阀座上，需人工手动复位。

(3)雨淋阀组

雨淋阀组由雨淋报警阀、控制腔供水管路、控制腔启动管路、报警信号管路、报警测试管路、排水管路和相关部件组成，主要用于雨淋系统、预作用灭火系统、水幕系统、水喷雾系统。

常见的雨淋阀有隔膜式雨淋阀和推杆式雨淋阀。

隔膜式雨淋阀组构造，如图 3.15 所示。它是利用隔膜运动实现阀瓣的启闭，由内置隔膜将阀内分为压力隔膜腔和主进水腔、工作出水腔。压力隔膜腔位于阀主体上部，压力水引自进口侧，内置平衡弹簧；由于隔膜上、下受力作差异，实现正常密封。当发生火灾时，火灾探测器发出信号，通过火灾报警器（或消防控制中心），实现自动打开隔膜雨淋阀上的电磁阀（也可手动打开旁通快开阀），使压力隔膜腔的水快速排出，泄压后作用于阀瓣下部的水（主进水腔）迅速推起阀瓣进入（工作出水腔），系统管路喷水灭火。同时水流向报警管网，使水力警铃发出报警声，开通压力开关，启动消防水泵供水，并给消防控制室发出信号。

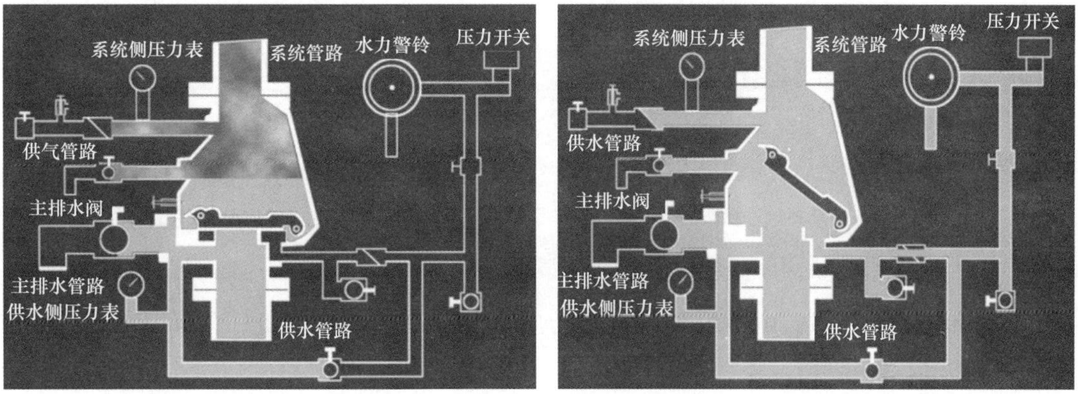

(a) 阀门关闭（伺应状态）　　(b) 阀门打开（工作状态）

图 3.14　干式报警阀组工作原理图

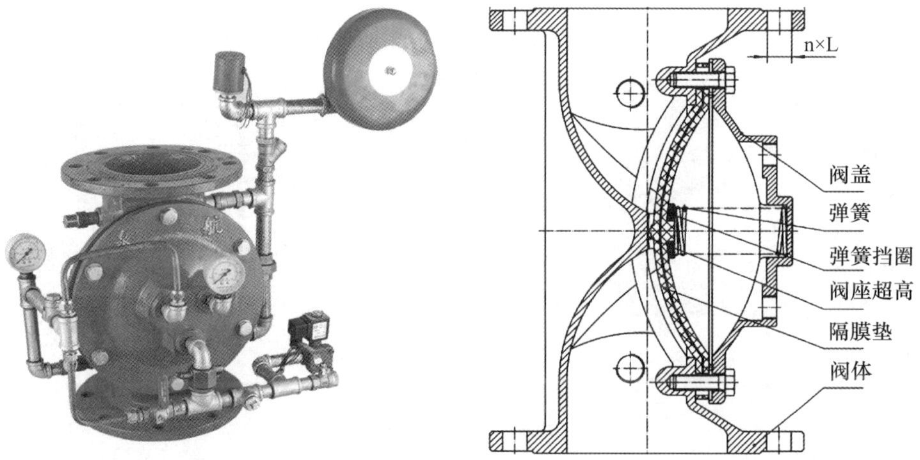

(a) 雨淋阀组外观图　　(b) 阀体机构示意图

图 3.15　隔膜式雨淋阀

推杆式雨淋报警阀如图 3.16 所示。阀内部分为上腔、下腔和控制腔 3 个腔室。阀瓣下腔与供水侧相通，阀瓣上腔与系统侧灭火管网相通，控制腔与供水管道连通，中间设限流传压的孔板。供水管道中的压力水推动控制腔中的膜片，进而推动驱动杆顶紧阀瓣锁定杆，锁定杆产生力矩，把阀板锁定在阀座上。阀瓣使下腔的压力水不能进入上腔。灭火时，由于控制腔泄压，使驱动杆作用在阀瓣锁定杆上的力矩低于供水压力作用在阀瓣上的力矩，于是阀瓣开启，供水进入配水管道。同时水流向报警管网，使水力警铃发出报警声，开通压力开关，启动消防水泵供水，并给消防控制室发出信号。

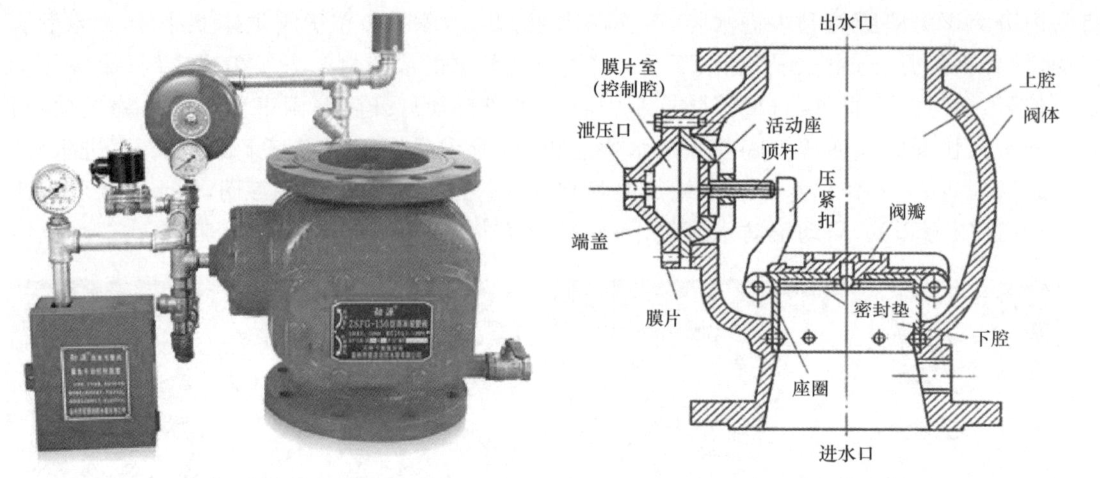

(a) 雨淋阀组外观图　　(b) 阀体机构示意图

图 3.16　推杆式雨淋阀

根据启动装置的不同，雨淋报警阀组分为电磁阀式雨淋报警阀组和传动管式报警阀组。电磁阀式雨淋报警阀组的工作原理如图 3.17 所示。

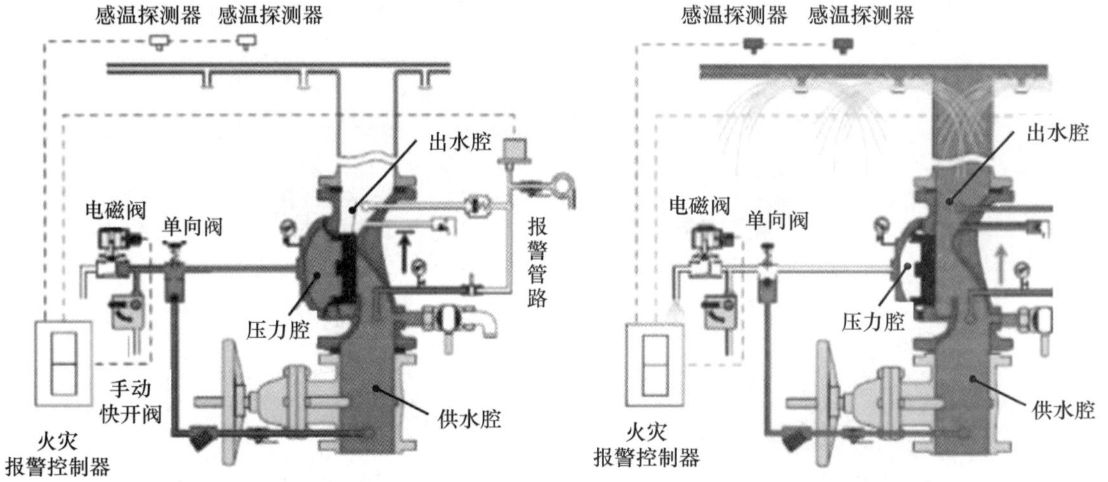

(a) 阀门关闭（伺应状态）　　(b) 阀门打开（工作状态）

图 3.17　电磁阀式雨淋阀工作原理图

http://www.fm-119.com/article-item-398.html

电磁阀式雨淋报警阀组的控制方式如下：

①火灾自动报警系统的联动控制方式。应由同一报警区域内两只及以上独立的感温火灾探测器或一只感温火灾探测器与一只手动火灾报警按钮的报警信号，作为雨淋阀组开启的联动触发信号，应由消防联动控制器控制雨淋阀组的电磁阀打开，控制腔泄压，雨淋阀打开。

②消防控制室的手动直接控制。在消防控制室手动控制盘上，雨淋消防泵控制箱的启动和停止按钮、雨淋阀组的启动和停止按钮，用专用线路直接连接至设置在消防控制室内的消防联动控制器的手动控制盘，直接手动控制雨淋消防泵的启动、停止及雨淋阀组的开启。

③机械手动开阀。火灾发生时，火警探测系统尚未报警，在此紧急情况下，打开紧急手动球阀，控制腔泄压，隔膜打开供水灭火。

④自动或手动启动雨淋阀后，阀组水力警铃、压力开关动作信号反馈至火灾自动报警系统，并联动启动消防水泵供水增压。

⑤复位。关闭电磁阀和手动紧急球阀，关闭其它管路阀门，由于控制腔压力逐步上升，隔膜很快能复位密封，重新回到伺服状态。

另外，也可采用湿式传动管或气压式传动管代替电磁阀作为启动装置，位于喷水区的湿式或气压式传动管上装有闭式喷头管线，火灾时闭式喷头开启，释放传动管线中的压力，与传动管线相连的雨淋报警阀控制腔泄压，雨淋报警阀组可实现自动启动，可以不依赖火灾自动报警系统进行控制。

(4)预作用报警阀组

预作用阀组由预作用阀、水力警铃、压力开关、空压机、空气维护装置、信号碟阀等组成，并以常用的探测系统作为报警和启动的装置。图 3.18 为预作用报警阀组。预作用报警阀是由雨淋阀和湿式报警阀上下串接而成，雨淋阀位于供水侧，湿式报警阀位于系统侧。图 3.19 为预作用阀组工作原理图。

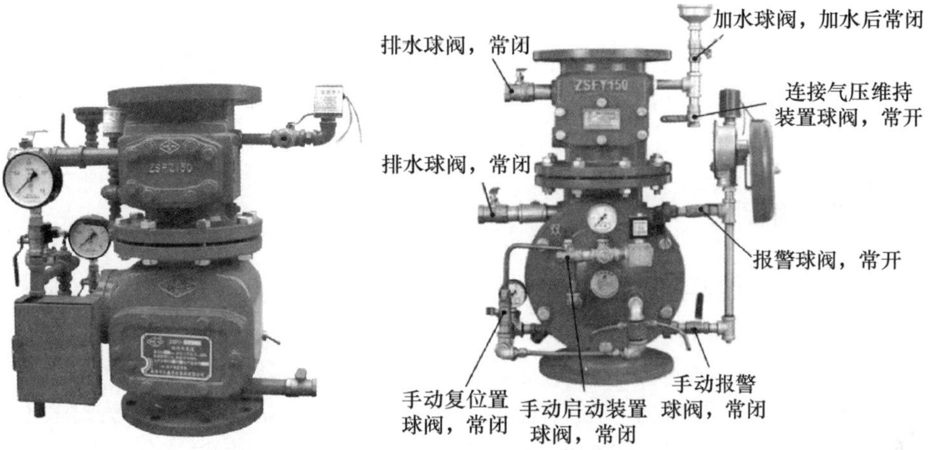

(a) 推杆式预作用报警阀组　　(b) 隔膜式预作用报警阀组

图 3.18 预作用报警阀组

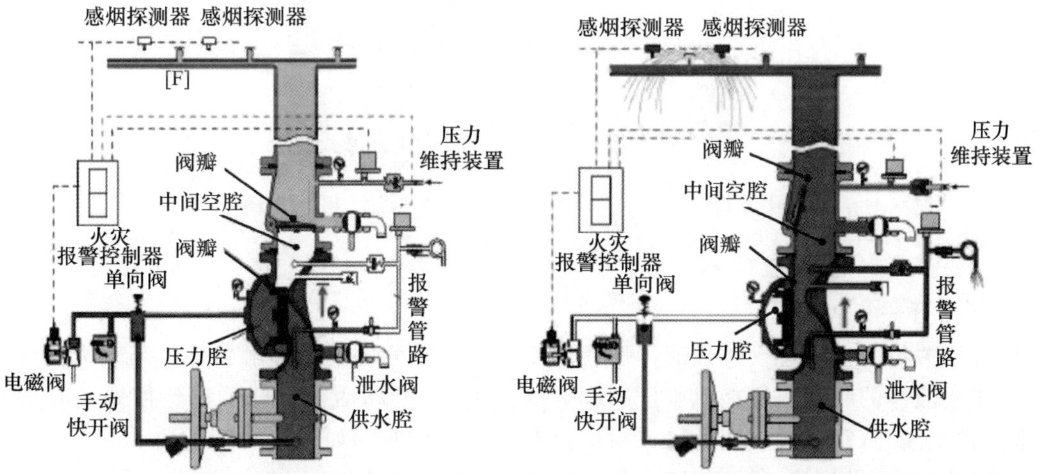

(a) 阀组关闭(伺应状态)　　(b) 阀组打开 (工作状态)

图 3.19 预作用阀组工作原理图

当预作用阀组处于伺应状态时，系统侧充有有压气体，下方雨淋阀则依靠压力腔或者隔膜腔控制水源侧的压力。预作用阀组的电磁阀就在控制腔的管路上，此阀打开就会将控制腔的水放出，阀瓣打开，水流入报警管路。此管路上还安装有手动快开阀，在自动开电磁阀失效后，手动打开手动快开阀，将控制腔的水放出，实现预作用阀组的开启。

预作用装置启动后就不能自动复位，必须排空系统管路及阀内的水，重新进行复位调试后，系统才能进入伺应工作状态。

2. 报警阀组的设置要求

①报警阀组应有注明系统名称和保护区域的标志牌，压力表显示应符合设定值，水流指示器应有明显标志；报警阀阀前、阀后压力表显示压力应一致且能满足系统最不利点处的工作压力要求。控制阀应全部开启，并用锁具固定手轮，启闭标志应明显；通向水力警铃的阀门应处于常开状态。

②报警阀等组件应灵敏可靠；水流指示器的启动与复位应灵敏可靠，并同时反馈信号。压力开关动作应向消防控制设备反馈信号。当采用信号阀时，信号阀应全开，并应正确反馈启闭信号。

③每个报警阀组控制的最不利点喷头处，应设末端试水装置，试水装置应有试水阀、压力表以及试水接头，末端试水装置其出水应采取孔口出流的方式排入排水管道，其他防火分区、楼层均应设便于操作的 25 mm 试水阀，且应有足够排水能力的排水设施。

3.2.3 其他组件

自动喷水灭火系统的监控装置主要用于监测、控制系统工作情况，一般通过监测系统的流量、压力等来实施。目前常用的监测装置有以下几类：

1. 水流指示器

水流指示器安装在各分区的水平管上，监测管网内的水流情况，当有水流过装有水流指示器的管道时，流动的水流指示器的浆片发生偏转，使电接点接通，输出一个电信号，表示喷头已动作喷水，并指出喷水的大致位置。图 3.20 为常见的水流指示器。

(a) 水流指示器　(b) 水流指示器在配水支管上的设置图

图 3.20　水流指示器

2. 压力开关

压力开关是一种通过气体或液体压力的作用来驱动开关的电接触器件。当动力元件受到外界气体或液体的驱动压力能克服压缩弹簧的弹力时，推动活塞顶杆上移致使微动开关动作(即常闭触点断开，常开触点闭合)，以对电路进行断通控制。如图 3.21 所示。

如安装在水力报警装置的管路上的压力开关、消防水泵出水干管上的压力开关，压力开关动作后，直接控制消防水泵的启动，同时通过输入模块箱和总线向控制中心发回电信号。

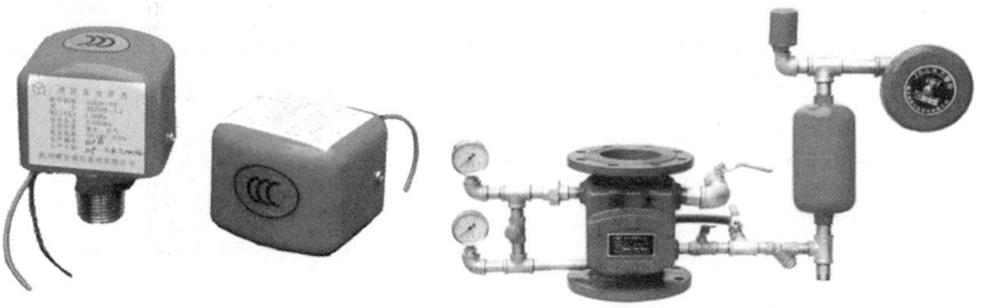

(a) 压力开关　　(b) 报警管路上的压力开关

图 3.21　压力开关及其在报警阀组上的设置

3. 试水阀与末端试水装置

为检验自动喷水灭火系统的可靠性，测试系统启动、报警及联动等功能的装置，要求在每个报警阀组控制的最不利点处应设置末端试水装置，其他防火分区、楼层均应设直径为 25 mm 的试水阀。根据开启方式不同，分手动试水阀和电动试水阀，图 3.22(a)为末端试水装置，图 3.22(b)为末端试水装置及试水阀的设置示意图。

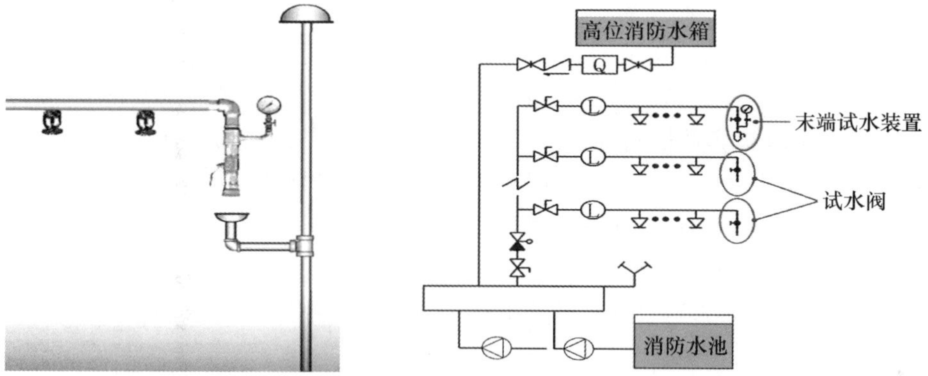

(a) 末端试水装置　　(b) 末端试水装置和试水阀设置示意图

图 3.22　末端试水装置和试水阀

试水接头出水口的流量系数，要求与同楼层或所在防火分区内采用的最小流量系数的喷头一致；末端试水装置的出水，应采取孔口出流的方式排入排水管道，排水立管宜设伸顶通气管；末端试水装置和试水阀应有标识，距地面的高度宜为 1.5 m，并应采取不被他用的措施。

3.3　自动喷水灭火系统的运行与维护

3.3.1　系统的运行条件

(1)系统日常维护管理工作，应由专人承担，维护管理人员应熟悉自动喷水灭火系统的原理、性能和操作维护规程。

(2)保证系统处于准工作状态。喷淋泵的控制柜在平时应使消防水泵处于自动启泵状态。供水管道的阀门应处于开启状态。

(3)消防控制室应能显示系统的手动、自动工作状态及故障状态;应能显示喷淋泵电源的工作状态;应能显示系统的喷淋泵的启、停状态和故障状态,显示水流指示器、信号阀、报警阀、压力开关等设备的正常工作状态、动作状态、消防水箱、水池液位、管网压力报警等信息。

(4)发现故障需要停水检修时,应向主管值班人员汇报,取得负责系统维护专职人员的同意,并临场监督,方能施工。

(5)自动喷水灭火系统的使用环境和条件发生以下改变时,可能致使原设计标准已不符合现实的危险性等级要求,因此应对系统的使用环境和条件进行定期检核、评价,不能有超过规定的改变,需要进行重修时,应对系统进行相应的修改。

①建筑物、构筑物使用性质的改变。

②储存物质安放位置和高度的改变。

③采暖、采光设备的改变,如在仓库内货物堆集过高而阻挡了喷头的范围。

④可燃物数量、品种的改变或生产性质的改变。

3.3.2 系统的操作与控制

1. 湿式系统、干式系统的控制

(1)自动连锁控制:闭式喷头喷水后,应由消防水泵出水干管上的压力开关、高位消防水箱出水管上的流量开关以及湿式(干式)报警阀组的压力开关直接连锁启动消防水泵。

(2)火灾自动报系统联动控制:应有报警阀组压力开关与同一防护区的火灾探测器或手动火灾报警按钮作为触发条件,由消防联动控制器联动启动消防水泵。

(3)消防控制室(盘)远程手动控制:消防控制室多线制手动控制盘,控制水泵的启动和停止。

(4)消防防水泵房现场手动控制:利用消防喷淋泵的启动、停止按钮对喷淋泵进行启动、停止控制。

(5)当消防水泵控制电路出现故障时,利用消防水泵机械应急操作装置控制消防水泵的启动、停止。

(6)水流指示器、信号阀、流量开关、压力开关及喷淋消防泵的启动和停止的动作信号应反馈至消防联动控制器

2. 预作用系统、雨淋系统和自动控制的水幕系统的控制

预作用系统、雨淋系统和自动控制的水幕系统应在火灾报警系统报警后,立即自动向配水管道供水。预作用系统、雨淋系统和自动控制的水幕系统,应同时具备下列 3 种启动供水泵和开启雨淋阀的控制方式:火灾自动报警系统联动控制;消防控制室(盘)手动远程控制;水泵房现场手动控制和应急操作。

各系统的控制应满足以下控制要求:

(1)预作用系统

a)火灾自动报警系统联动控制:消防联动控制器处于自动状态下,由同一报警区域内 2 个及以上独立的火灾探测器或 1 个火灾探测器及 1 个手动火灾报警按钮的报警信号的“与”逻辑组合,作为雨淋阀开启的联动触发信号,由消防联动控制器联动控制雨淋阀的开启。由阀组报警管路上的压力开关、消防水泵出水干管上设置的压力开关、高位消防水箱出水管上的流量开关直接自动控制喷淋消防泵的启动。

b)消防控制室远程手动控制方式：应将喷淋消防泵控制箱(柜)的启动和停止按钮、预作用阀组和快递排气阀入口前的电动阀的启动和停止按钮，直接引至设置在消防控制室内的消防联动控制器的多线制手动控制盘，实现喷淋消防泵和雨淋阀和快速排气装置的直接手动启动、停止。

c)水流指示器、信号阀、压力开关、流量开关的动作信号，预作用阀开启的动作信号，喷淋消防泵的启动和停止的动作信号，有压气体管道气压状态信号和快速排气阀入口前电动阀的动作信号应反馈至消防联动控制器。

(2)雨淋系统

a)联动控制方式：消防联动控制器处于自动状态下，以火灾报警系统接收到“2 个感温探测器的信号，或 1 个感温探测器和 1 个手动火灾报警按钮报警信号”的“与”逻辑组合，作为联动触发信号，由消防联动控制器联动控制雨淋阀的开启；由阀组报警管路上的压力开关、消防水泵出水干管上设置的压力开关、高位消防水箱出水管上的流量开关直接自动控制喷淋消防泵的启动。

b)消防控制室手动控制方式：应将雨淋消防泵控制箱(柜)的启动和停止按钮、雨淋阀组的启动和停止按钮，直接引至设置在消防控制室内的消防联动控制器的多线制手动控制盘，实现喷淋消防泵和雨淋阀直接手动启动、停止。

c)水流指示器、信号阀、压力开关、流量开关的动作信号，雨淋阀开启的动作信号，雨淋消防泵的启动和停止的动作信号应反馈至消防联动控制器。

(3)自动控制的水幕系统

a)联动控制方式：当自动控制的水幕系统用于防火卷帘的保护时，应由防火卷帘下落到楼板面的动作信号与本报警区域内任一火灾探测器或手动火灾报警按钮的报警信号作为水幕阀组启动的联动触发信号，并应由消防联动控制器联动控制水幕系统相关控制阀组的启动仅用水幕系统作为防火分隔时，应由该报警区域内 2 个独立的感温火灾探测器的火灾报警信号作为水幕阀组启动的联动触发信号，并应由消防联动控制器联动控制水幕系统相关控制阀组的启动。

由阀组报警管路上的压力开关、消防水泵出水干管上设置的压力开关、高位消防水箱出水管上的流量开关直接自动控制喷淋消防泵的启动。

b)消防控制室手动控制方式：应将雨淋消防泵控制箱(柜)的启动和停止按钮、雨淋阀组的启动和停止按钮，直接引至设置在消防控制室内的消防联动控制器的多线制手动控制盘，实现喷淋消防泵和雨淋阀直接手动启动、停止。

c)压力开关、流量开关、水幕系统相关控制阀组和消防泵的启动、停止的动作信号，应反馈至消防联动控制器。

3.3.3　系统的维护管理

1. 外观检查

(1)湿式报警阀组

a)检查报警阀组的安装位置，应安装在不发生冰冻、便于操作的明显位置。

b)检查报警阀组的排水设施，应通畅。

c)连接报警阀进出口的控制阀宜采用信号阀；当不采用信号阀时，控制阀应设锁定阀位的锁具。

d)检查水力警铃的安装位置，应设在有人值班的地点附近或公共通道的外墙上。

e)检查报警阀处设置的保护区域名称标识，应明显清晰。

f)检查延时器的节流孔，不应堵塞。

g)检查并确认信号阀、通往延时器的闸阀等，应处于正常的启闭状态，并应有明显的启闭标志。

h)检查压力表显示值，应符合设定值。

(2)干式报警阀组

a)参考湿式报警阀组外观检查第 a、b、c、d、e、g 款的规定。

b)检查空气压缩机和气压控制装置，外观应完好，运行应正常。

(3)预作用装置

a)参考湿式报警阀组外观检查第 a、b、c、d、e、g 款的规定。

b)配有充气装置时，检查空气压缩机和气压控制装置，外观应完好，运行正常。

c)检查预作用阀的手动开启装置，应完好、无遮挡。

d)检查电磁阀及电磁阀的过滤器，应安装牢固、外观无破损。

(4)末端试水装置

a)检查末端试水装置和试水阀的标识，应明显清晰，距地面的高度宜为 1.5 m。

b)检查末端试水装置和试水阀，不应存在被他用的情况。

c)检查末端试水装置和试水阀，应有具备足够排水能力的排水设施。

d)检查末端试水装置的组件，试水阀、压力表及试水接头应完整。

e)检查末端试水装置压力表的读数，应符合设计要求，且不得低于 0.1 MPa。

(5)喷头

a)检查喷头外观，应无漏水、腐蚀等情况。

b)检查喷头玻璃球外观，有色液体应无变色，喷头外表面不应附着有涂层。

c)检查喷淋头设置位置，不应存在影响喷头布水性能的障碍物。

d)检查特殊场所喷淋头的防火措施，有碰撞危险场所安装的喷头应加防护罩；有腐蚀气体环境和冰冻危险场所安装的喷头应采取防护措施。

2. 功能测试

(1)湿式报警阀组

a)打开报警阀的试水阀，采用对讲机与消防控制室及水泵房人员联系，分别观察检查各设备动作情况，试验时报警阀应及时动作，压力开关应动作并直接连锁自动启动喷淋泵，消防控制室显示压力开关的报警信号。

b)带延迟器的报警阀，采用秒表测量报警时间，水力警铃应在 5～90 s 内发出报警铃声；不带延迟器的报警阀，水力警铃应在 15 s 内发出报警铃声。采用声级计测试水力警铃声强，距水力警铃 3 m 处警铃声强不应小于 70 dB。

c)观察延迟器，应能自动排水。

(2)干式报警阀组

a)功能检测参考湿式报警阀组功能检测方法进行。

b)降低管网气压，气源设备应自动启动，达到设定压力后应自动停止。

(3)预作用报警阀组

a)采用对讲机与消防控制室及水泵房人员联系，消防控制室(盘)远程启动预作用报警阀的电磁阀，预作用阀应在 15 s 内启动(公称直径大于 200 mm 的预作用阀应在 60 s 内启动)。压力开关应动作并直接连锁自动启动喷淋泵，消防控制室显示压力开关的报警信号。水力警铃应发出报警铃声，采用声级计测试水力警铃声强，距水力警铃 3 m 处警铃声强不应小于 70 dB。

b)现场手动开启机械启动装置，应能启动预作用报警阀的电磁阀，预作用阀应在 15 s 内启动(公称直径大于 200 mm 的预作用阀应在 60 s 内启动)。压力开关应动作并直接连锁自动启动喷淋泵，消防控制室显示压力开关的报警信号。水力警铃应发出报警铃声，采用声级计测试水力警铃声强，距水力警铃 3 m 处警铃声强不应小于 70 dB。

(4)系统功能

a)湿式系统：打开末端试水装置放水，压力表读数应不小于 0.05 MPa；采用对讲机与消防控制室及水泵房人员联系，分别观察检查各设备动作情况，压力开关应接通并直接启动喷淋泵。消防控制室应显示压力开关的报警信号，水流指示器应动作并准确输出报警信号至消防控制室，水力警铃应准确发出报警信号。

b)干式系统：打开末端试水装置放水，采用对讲机与消防控制室及水泵房人员联系，分别观察检查各设备动作情况，报警阀组、压力开关应动作，联动启动排气阀入口电动阀和消防水泵，水流指示器应报警，水力警铃应发出报警信号。开启末端试水装置 1 min 后，观察压力表读数，应不小于 0.05 MPa。

c)预作用系统：模拟火灾报警信号，采用对讲机与消防控制室及水泵房人员联系，分别观察检查各设备动作情况，火灾报警控制器确认火警后，应自动启动预作用装置、排气阀入口电动阀及消防水泵，水流指示器、压力开关应动作，水力警铃应发出报警信号。开启末端试水装置，观察压力表读数，应不小于 0.05 MPa。

(5)局部应用系统

不设报警阀组或采用消防加压水泵直接从城市供水管网吸水的局部应用系统，打开末端试水装置放水，采用对讲机与水泵房人员联系，在压力降低到指定数值时，压力继电器应能联动启动消防水泵。不设报警阀组的系统，其设置的电动警铃应能发出报警信号。

3. 系统联动测试

(1)预作用系统

a)将消防联动控制器设置在自动状态下，使用专用工具人为触发同一报警区域内的 2 个独立的感烟火灾探测器或 1 个感烟火灾探测器与 1 个手动火灾报警按钮的报警信号，查看预作用阀组，应联动开启，使系统转变为湿式系统。当系统设有快速排气装置时，查看排气阀前的电动阀，应联动开启。

b)查看水流指示器、信号阀、压力开关、喷淋消防泵的启动和停止的动作信号，有压气体管道气压状态信号和快速排气阀入口前电动阀的动作信号，应反馈至消防联动控制器。

(2)雨淋系统

a)将消防联动控制器设置在自动状态下，使用专用工具人为触发同一报警区域内 2 个独立的感温火灾探测器或 1 个感温火灾探测器与 1 个手动火灾报警按钮的报警信号，查看雨淋阀组，应由联动控制器联动控制开启。

b)查看水流指示器，压力开关，雨淋阀组、雨淋消防泵的启动和停止的动作信号，应反馈至消防联动控制器。

4. 保养

(1)清除报警阀、排水阀、放水阀及管道表面的所有杂质并刷油漆。

(2)清理过滤器、延时器节流孔的脏物及杂质。

(3)盘动、润滑或调节水力警铃,使其转动顺畅。

3.3.4 系统维护周期与项目

自动喷水灭火系统的维护管理周期和项目要求如表 3.2 所示。

表 3.2 自动喷水灭火系统的维护管理周期和项目

周期	部位	检查内容
日常巡查	水源控制阀、波安静控制装置	巡检完好状况及开闭状态
	电源	接通状态、电压
	出水设备的房间(冬季每天)	检查室温
月	内燃机驱动消防水泵、电动消防水泵、稳压泵	启动试运转
	喷头	检查完好状况、清除异物、备用量
	系统所有控制阀门	检查铅封、锁链完好状况
	消防气压给水设备	检查气压、水位
	蓄水池、高位水箱	检查消防储备水不被他用
	信号阀	启闭状况
	水泵接合器	检查完好状态
	过滤器	排渣、完好状态
	内燃机	油罐油位、驱动泵运行
	电磁阀	启动试验
季	室外阀门井中控制阀门	检查开启状况
	水流指示器	试验报警
	报警阀、试水阀	防水试验、启动性能
年	水泵	流量性能测试
	水源	测试供水能力
	水泵接合器	通水试验
	储水设备	检查完好状态
	系统联动试验	系统运行功能

3.3.5 系统常见问题分析与处置

自动喷水灭火系统的消防给水设施常见故障原因分析参见表 2.2,喷淋泵运行常见故障原因及处置措施参见表 2.3,湿式报警阀运行常见故障原因及处置措施见表 3.3。此外,系统喷头的设置不当也会造成系统误动作或者喷水受到影响,如:宽度大于 1.2 m 的风管腹面下未设置喷头;喷头与大功率发热灯具引起误动作喷水;喷头离送风口太近;喷出的水被从通风管风口出来的风吹离正常洒水范围等。

表 3.3　湿式报警阀运行常见故障原因及处置措施

常见故障	故障原因	处置措施
1. 误报警	阀内部器孔有杂物堵塞，平衡补差功能失效	检查阀内阀瓣
2. 间隙报警	喷淋管道中有大量空气	排除空气
3. 长报警(报警后不能复位)	1. 水中有杂物使阀瓣关闭不严 2. 末端试水阀门未关闭，或关闭不严 3. 胶垫脱落或阀瓣损坏不能关闭，检查胶垫和阀瓣	1. 放水冲洗或拆卸清洗 2. 检查末端试水阀门 3. 检查胶垫和阀瓣
4. 不报警	1. 末端放水流量小，阀瓣锈蚀严重，启闭不灵活 2. 淤泥杂物堵塞至警铃、压力开关的管道	1. 检查末端或阀瓣 2. 检查管道
5. 警铃不报警	1. 警铃叶轮卡堵 2. 警铃坏或打钟脱落	1. 检查叶轮 2. 检查警铃
6. 压力开关不报警	1. 微动开关坏 2. 线路及电气故障	1. 检查微动开关 2. 检查线路

第4章　气体灭火系统

4.1　气体灭火系统的分类

气体灭火系统是以气体灭火剂为灭火介质，通过气体储存、输送和释放装置联合运行实施灭火的系统。气体灭火系统主要用于一些避免存在水渍污染场所的火灾扑救，如图书馆的珍藏室、文物资料档案室、重要设备室、电子计算机房、程控交换机房、通信机房、配电室和控制室等。

4.1.1　按气体灭火剂分类

1. 二氧化碳灭火系统

二氧化碳灭火系统以二氧化碳作为灭火介质，其灭火机理主要是窒息，其次是冷却。二氧化碳灭火系统有高压系统和低压系统2种应用形式。高压二氧化碳灭火系统是将灭火剂储存容器放置在常温环境中，系统工作压力为5.17 MPa；低压二氧化碳灭火系统是将灭火剂储存容器的温度维持在－20～－18 ℃，系统工作压力为2.07 MPa。

2. IG541灭火系统

IG541灭火系统是以氮气、氩气和二氧化碳气体按5∶4∶1比例混合而成的气体为灭火介质的气体灭火系统，通过窒息作用灭火。混合气体释放后把氧气浓度降低到不能支持燃烧来扑灭火灾。IG541混合气体无毒、无色、无味、无腐蚀性及不导电，既不支持燃烧，又不与大部分物质产生反应，是一种较为环保的灭火剂。

3. 七氟丙烷灭火系统

七氟丙烷灭火系统以七氟丙烷作为灭火介质，通过化学抑制作用灭火。七氟丙烷灭火剂是一种无色无味、不导电的气体，其具有清洁、毒性小、使用期长、喷射性能好、灭火效果好等优点，可用于保护经常有人工作的场所。

4.1.2　按灭火方式分类

1. 全淹没气体灭火系统

全淹没气体灭火系统指在规定的时间内，向防护区喷放设计规定用量的气体灭火剂，并使其均匀地充满整个防护区的灭火系统。如图4.1所示。全淹没气体灭火系统适用于扑救封闭空间的火灾，系统的喷头均匀布置在保护房间的顶部，火灾发生时，喷射的灭火剂能在封闭空间建立有效的灭火浓度，并保持所需要的时间。空间内的可燃物完全淹没在含有足够浓度的灭火剂中，不管封闭空间内任何位置上的火灾，均能被扑灭。全淹没二氧化碳灭火系统不应用于经常有人停留的场所。

2. 局部应用气体灭火系统

局部应用气体灭火系统指向保护对象以设计喷射率直接喷射气体灭火剂,并持续一定时间的灭火系统,如图 4.2 所示。目前二氧化碳灭火系统是唯一可进行局部应用的气体灭火系统。通常喷头均匀布置在保护对象的周围,将灭火剂直接而集中地喷射到燃烧的物体上,使气体灭火剂笼罩整个保护物表面,在燃烧物周围局部范围内达到较高的灭火剂气体浓度。局部应用气体灭火系统保护房间内或室外的某一设备或局部区域。

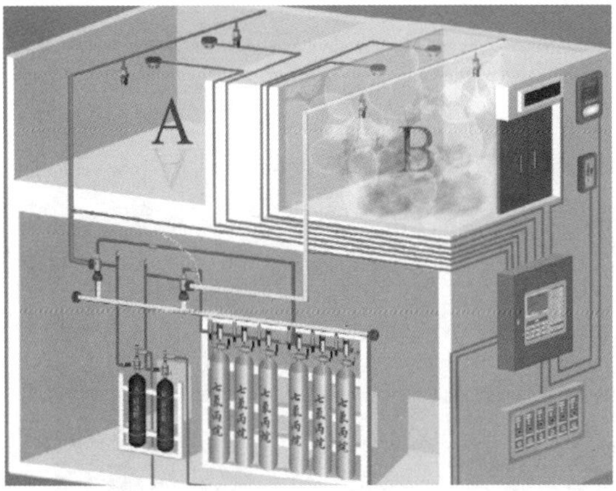

图 4.1　全淹没式气体灭火系统

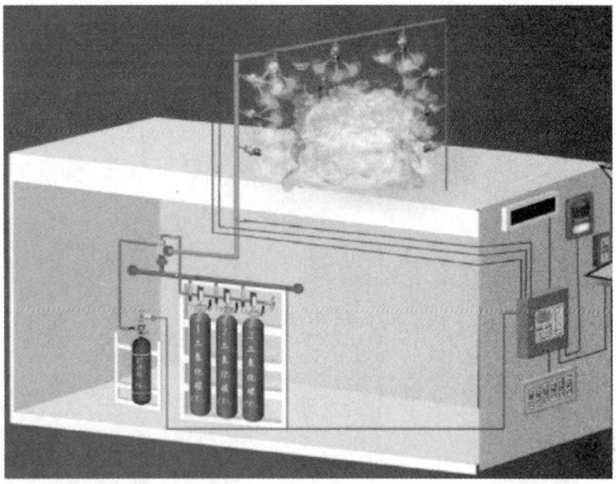

图 4.2　局部应用气体灭火系统

4.1.3　按灭火剂输送途径分

1. 管网灭火系统

管网灭火系统指按一定的应用条件进行设计计算,将灭火剂从储存装置经由干管支管输送至喷放组件实施喷放的灭火系统,按管网形式不同分为单元独立式系统和组合分配式系统。

(1)单元独立式系统

单元独立式系统是用一套灭火剂储存装置,保护一个防护区或保护对象的灭火系统。如图 4.3 所示。若几个防护区都非常重要或有同时着火的可能性,在每个防护区各自设置气体灭火系统保护,可提高其安全可靠性,单元独立式系统因管路布置简单,维护管理较方便,但是投资较大。

(2)组合分配式系统

组合分配式系统是用一套灭火剂储存装置,保护 2 个及以上防护区或保护对象的灭火系统。如图 4.4 所示。这种系统通过启动与每个保护区相对应的管道选择阀将灭火剂输送到需要灭火的防护区,对于几个不会同时着火的相邻防护区或保护对象,采用一套气体灭火系统保护,可以节省投资。

2. 无管网灭火系统

无管网灭火系统也称预制系统,是按一定的应用条件,将灭火剂储存装置和喷放组件等预先设计、组装成套且具有联动控制功能的灭火系统。无管网灭火系统适用于较小的、无特殊要求的防护区。常见的无管网气体灭火系统有柜式气体灭火装置、悬挂式气体灭火装置。图 4.5 为柜式气体灭火装置及其在通信机房内的设置,图 4.6 为悬挂式气体灭火装置及在配电室内的设置。

图 4.3 单元独立式系统

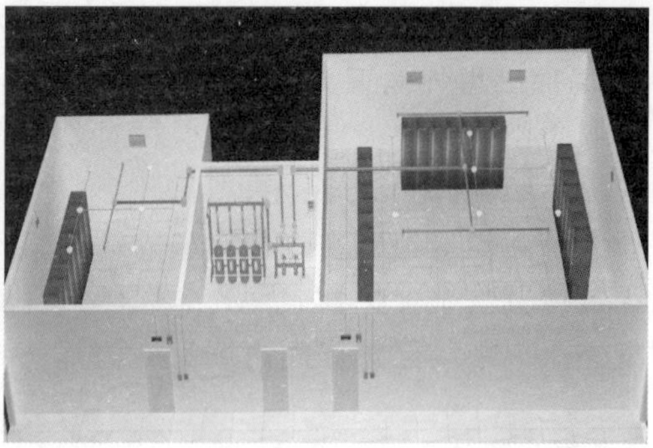

图 4.4 组合分配式系统

图 4.5 柜式气体灭火装置及其在通信机房内的设置

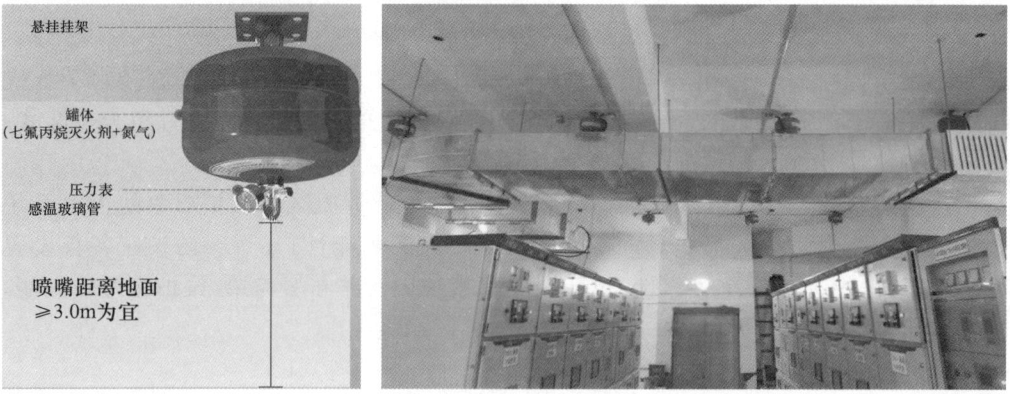

图 4.6 悬挂式气体灭火装置及其在配电室内的设置

4.2 气体灭火系统的构成及工作原理

4.2.1 系统的构成

管网气体灭火系统中组合分配式气体灭火系统结构组件最为复杂，主要由储存灭火剂的储存容器和容器阀、连接软管和止回阀、集流管、输送灭火剂的管道和管道附件、喷嘴、泄压装置、应急操作装置、储存启动气源的钢瓶和电磁瓶头阀、气源管路、固定支架(对于组合分配系统还应有选择阀)以及探测、报警、控制装置等组成,不同结构形式的气体系统所含系统组件不完全相同。图 4.7 为组合分配式气体灭火系统构成,图 4.8 为系统布置图。

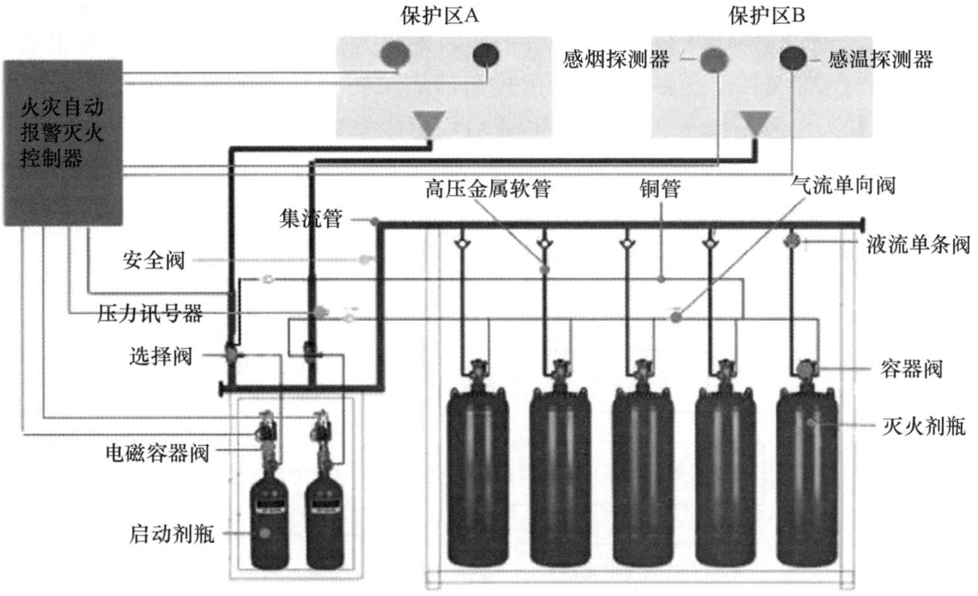

图 4.7　组合分配式气体灭火系统构成图

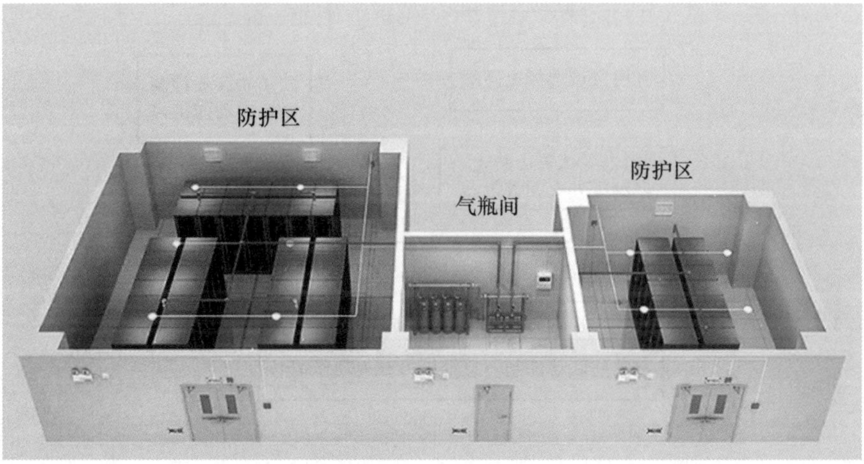

图 4.8　组合分配式气体灭火系统布置图

4.2.2　工作原理

气体灭火系统的工作原理如图 4.9 所示。

当防护区发生火灾,火灾探测器探测到火灾信号后,将报警信号发送到气体灭火控制器,气体灭火控制器收到首次火灾报警信号(感烟火灾探测器)后,发出声光报警,并驱动防护区内火灾警报装置,提示人员撤离。当气体灭火控制器接收到第二次报警信号(感温火灾探测器)

时，气体灭火系统进入延时启动状态，同时发出联动控制信号，联动关闭防护区的开口部位(电动防火门窗)、关闭排烟风机、关闭防火阀，关闭空调系统，使防护区保持相对封闭状态，以保证气体喷洒后维持一定的灭火浓度。经一定的时间延时(视情况确定，通常为 30 s)，气体灭火控制器发出系统启动信号，启动驱动气体瓶组上的容器阀释放驱动气体，打开通向发生火灾的防护区的选择阀，之后(或同时)打开灭火剂瓶组的容器阀，各瓶组的灭火剂经连接管汇集到集流管，通过选择阀到达安装在防护区内的喷头进行喷放灭火，同时安装在管道上的压力开关动作反馈信号传送到控制器，由控制器启动防护区外的放气勿入警示灯和警铃。另外，通过压力开关监测系统是否正常工作，若启动指令发出，而压力开关的信号迟迟不返回，说明系统故障，值班人员听到事故报警，应尽快到储瓶间，手动开启储存容器上的容器阀，实施人工启动灭火。

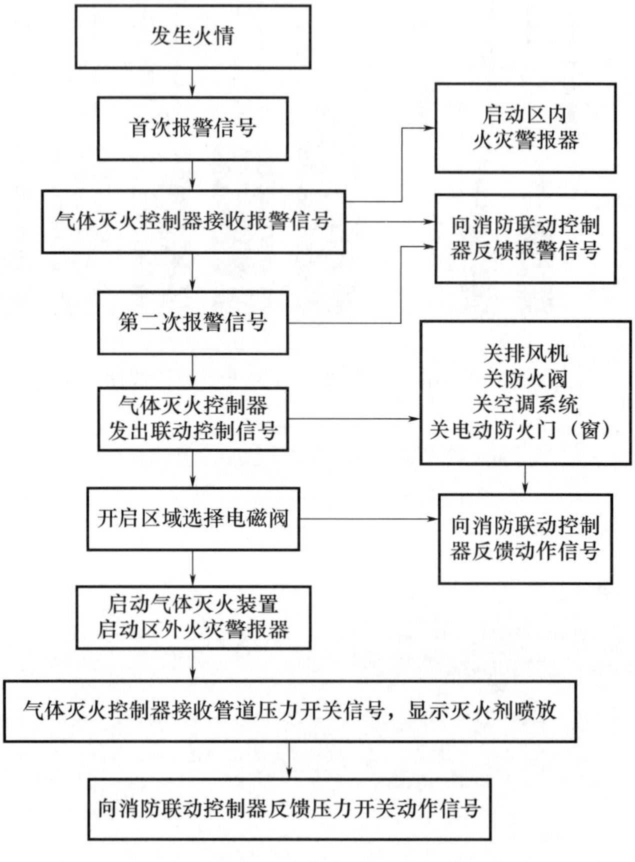

图 4.9　气体灭火系统的联动控制原理图

4.3　气体灭火系统的组件及设置要求

4.3.1　气体存储和启动装置

气体的存储和启动装置通常设置在防护区附近的专用储瓶间内。如图 4.10 所示。

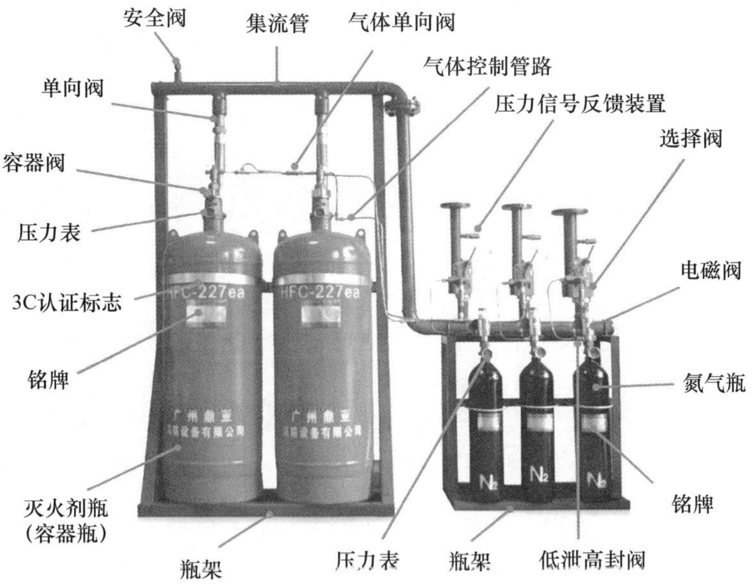

图 4.10　气体存储和启动装置

1. 储存装置

气体灭火剂瓶既是气体灭火剂的储存装置，又是系统工作的动力源，为系统正常工作提供足够的压力。气体灭火剂瓶容器出口处安装有容器阀。容器阀用来封存灭火剂，火灾时可以自动或手动方式开启释放灭火剂。每个储存容器都应设有单向阀，防止灭火剂回流到空瓶或从卸下的储瓶接口处泄漏。为了便于储存容器的安装与维护，单向阀与容器阀之间采用高压软管连接。容器阀开启是一次性的，打开后不能关闭，需要重新更换膜片或重新支撑后才能关闭。气体灭火剂瓶及其连接附件如图 4.11 所示。

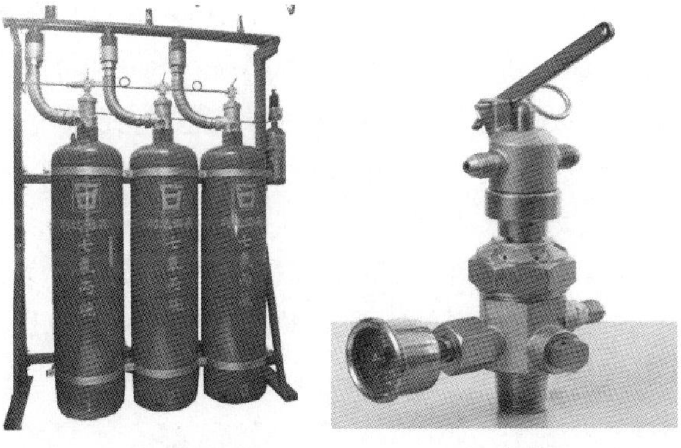

(a) 气体灭火剂瓶　　(b) 容器阀

图 4.11　气体灭火剂瓶及容器阀

气体灭火系统的检测装置是用于检测瓶内介质的压力或质量损失。包括压力显示器、称重装置、液位测量装置等。压力表一般用于 IG541 气体灭火系统、七氟丙烷气体灭火系统，称重装置用于高、低压二氧化碳系统。高压二氧化碳系统常用弹簧秤，每个容器瓶应设有称重检测装置，当灭火剂泄漏量超过初始充装量的 10%时，就自动报警。液位计常用于低压二氧化碳灭火系统。如图 4.12 所示。

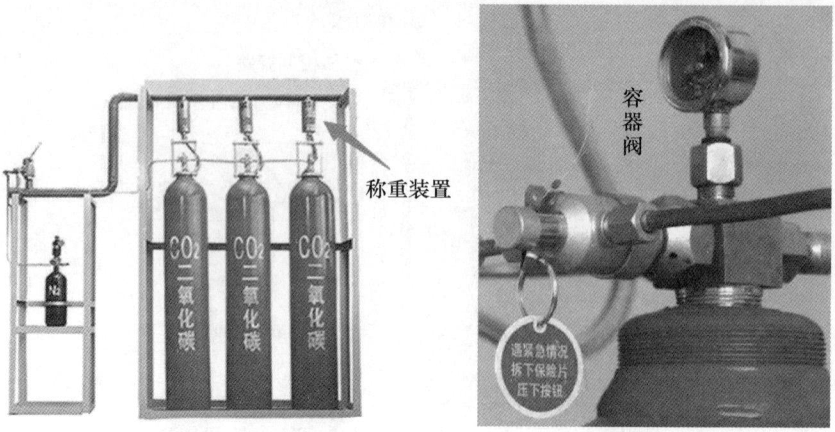

(a) 二氧化碳系统的称重报警装置　　(b) 七氟丙烷系统的压力表

图 4.12　气体灭火系统的检测装置

二氧化碳灭火系统常规是采用称重装置检测，灭火剂泄漏达到规定值后，称重报警装置会发出警报。如果储瓶重量下降超过总重量 10%时，必须再充装或更换储瓶，这时需要联系生产厂家或者有资质的维保单位对系统进行维保。

2. 启动装置

启动装置由启动气瓶、选择阀和启动分配管路及压力表、低泄高封阀等配件组成。

启动气瓶充有高压氮气，启动气瓶的瓶头阀上设有电磁阀，当接受的气体灭火控制器的启动指令后，电磁阀动作打开启动气瓶，释放高压氮气进入气控管路，进而在气体压力作用下打开气体储气瓶的容器阀，释放气体灭火剂。

在组合分配系统中，气体输送管路上设置与每个防护区相对应的选择阀，以便在系统启动时，能够将灭火剂输送到需要灭火的防护区。选择阀平时处于关闭状态，系统启动时，与需要释放灭火剂的防护区相对应的选择阀则需要被打开。因此，通过气控管路的设计，实现启动气体，一部分高压氮气打开防护区对应的选择阀，一部分气体打开设计数量的灭火剂储存容器上的容器阀。组合分配系统和灭火剂储存容器较多的单元独立式系统，多采用这种气瓶启动系统。此外，启动气瓶的电磁阀、储气瓶的容器阀以及选择阀都设有手动操作装置，以便在自动启动失灵时，仍能将阀门打开，完成灭火剂向防护区的输送。

启动气瓶上还安装有压力表，用于检测启动气瓶的气体压力。系统启动管路上设置选择阀，低泄高封阀，正常情况下低泄高封阀处于开启状态，只有在进口压力达到设定压力时才关闭，其主要作用是排除由于气源泄漏积聚在启动管路内的气体，目的是为了防止系统由于驱动气体泄漏的累积而引起系统的误动作。

启动装置及附件如图 4.13 所示。

4.3.2　气体输送和喷洒装置

1. 气体输送管路及附件

储气瓶剂释放的气体由集流管汇集起来，然后通过分配管道输送至防护区，由喷嘴喷放灭火。单集流管上还设有安全泄压阀，以防气体释放瞬间管内压力过高破坏系统。

单向阀与集流管之间采用高压软管连接，集流管上还设有安全泄压阀，以防气体释放瞬间管内压力过高破坏系统。图 4.14 为气体输送管路及其连接附件。

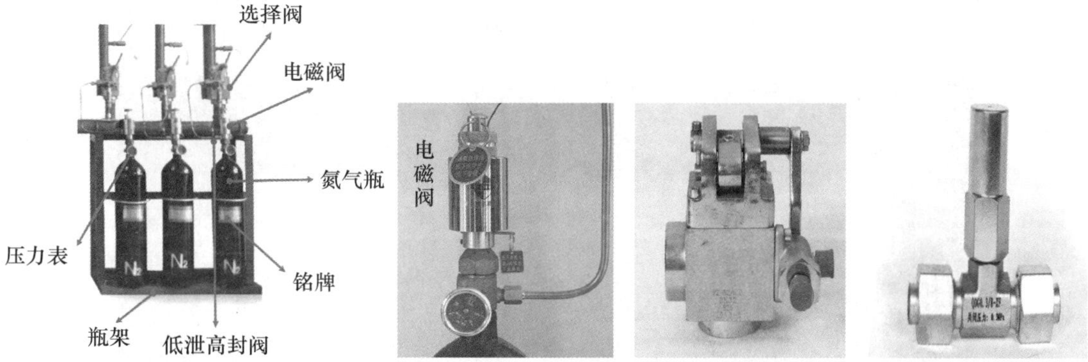

(a) 启动装置　(b) 电磁阀　(c) 选择阀　(d) 低泄高封阀

图 4.13　启动装置及附件

(a) 集流管　(b) 单向阀　(c) 安全阀

图 4.14　气体输送管路及其他的附件连接

在防护区选择阀后面的气体输送管路上设有气体压力信号反馈装置。

2. 气体喷头

气体灭火系统灭火剂通过喷头释放道防护区，喷头通常安装在防护区的吊顶上、吊顶下。二氧化碳灭火系统采用专用的喷头，七氟丙烷气体灭火系统使用卤代烷喷头，如图 4.15 为气体灭火系统常见喷头。

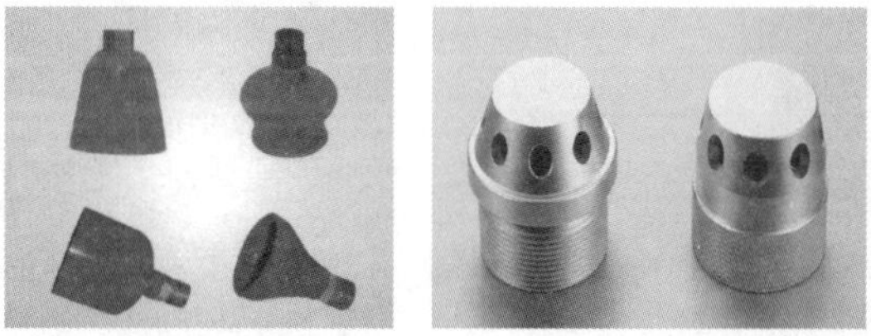

(a) 二氧化碳喷头　(b) 卤代烷喷头

图 4.15　气体灭火系统喷头

4.3.3　探测报警与控制装置

气体灭火系统的探测报警与控制装置主要包括，设置在防护区内感烟探测器、感温探测器、声光警报器，设置在防护区外部的气体灭火系统控制器、声光警报器、放气勿入灯、紧急启/停按钮及自动/手动转换开关。探测报警与控制装置如图 4.16 所示。

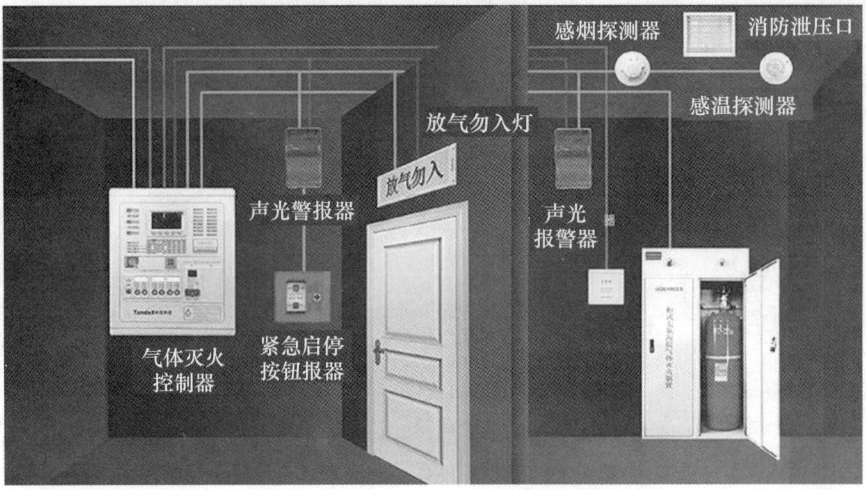

图 4.16 探测报警与控制装置

1. 探测器

为防止因火灾探测器误动作而造成灭火剂误释放，一般在防护区内设置 2 种不同类型的火灾探测器或同一种类型的火灾探测器分成两组安装，只有当 2 种不同类型或两组同一类型的火灾探测器同时发出报警信号时，系统才能启动而施放灭火剂。气体灭火系统的防护区常采用感烟火灾探测器和感温火灾探测器组合。当火灾报警控制器接收到感烟探测器报警后，驱动防护区内的声光警报器报警，警示防护区内人员撤离现场。

2. 气体控制器

气体灭火系统控制器一般安装在储气瓶间或防护区外部，如图 4.17 所示。控制器上应有自动、手动启动灭火系统功能，可根据需要选择自动启动和手动启动方式。无论控制盘处于自动或手动状态，手动操作启动应始终有效。

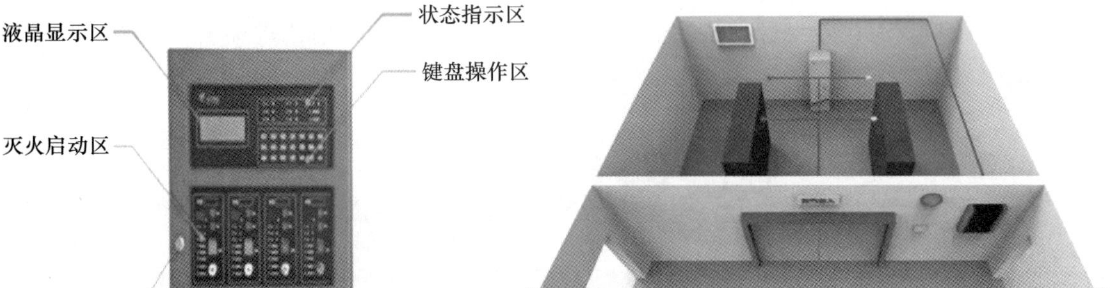

图 4.17 气体灭火系统控制器及其在防护区外安装示意图

气体灭火控制器有延迟启动功能，通常延迟时间为 30 s。延时状态应有明显的光信号显示。延时期间，应能手动停止后续动作。在控制盘设置“紧急启动”按键时，该键应有避免人员误触及的保护措施，设置“紧急中断”按键时，按键应置于易操作部位。“紧急启动”和“紧急中断”的状态应有明显的光信号显示。控制盘应有灭火系统启动后的灭火剂喷洒情况的反馈信号显示功能。

3. 声光警报器、放气指示灯

声光报警器是通报火灾报警信息，警示气体喷射，大部分安装于防护区进出口的上方，其颜色主要为红色。放气指示灯是灭火剂喷射时用声音或闪烁的光(或文字)向防护区外部人员通知的设施，一般安装在防护区的入口处。如图 4.18 所示。

4. 紧急启/停按钮与手动/自动转换开关

紧急启/停按钮一般安装在防护区的出入口处且有明显标志。紧急启/停按钮是指人员发现或接到火灾信号后，经确认直接启动系统进行灭火剂喷射灭火的按钮，在气体灭火系统启动后 30 s 延时阶段，按下停止按钮，可以终止。手动控制装置和手动与自动转换装置应设在防护区疏散出口的门外便于操作的地方，安装高度为中心距地面 1.5 m。如图 4.19 所示。

(a) 声光警报器

(b) 放气勿入灯

图 4.18　声光警报器和放气勿入灯

图 4.19　紧急启/停按钮和手动/自动转换开关

4.4　防护区和气体灭火系统的运行与维护

4.4.1　防护区的运行与维护

(1)防护区应有保证人员在 30 s 内疏散完毕的通道和出口。防护区的门应向疏散方向开启，并应具有自行关闭的功能。防护区外的疏散通道与出口处，应设置事故照明和疏散指示标志，以确保防护区发生火灾后，现场人员撤离后的安全疏散。

(2)有人的工作防护区、灭火设计浓度或实际使用浓度大于无毒性反应浓度的防护区和采用热气溶胶预制灭火系统的防护区，应设手动与自动控制的转换装置。当人员进入防护区时，应能将灭火系统转换为手动控制方式，当人员离开时，应能恢复为自动控制方式。防护区外应设手动、自动控制状态的显示装置。

(3)为了能够迅速达到和保持必要的灭火浓度，系统在放出气体灭火剂后，应将防护区的开口部分关闭，使其处于封闭状态。防护区应有必要的耐火性和耐压、泄压能力，防护区维护构件应能够承受不低于 1.2 kPa 压力差，在防护区内部应设置泄压口，以防灭火剂喷放造成防护区压力过高对防护区封闭性造成破坏。如图 4.20 所示。

4.4.2　系统的运行与维护

1. 系统运行条件

(1)气体灭火系统应由经过专门培训，并经考试合格的专职人员负责定期检查和维护。

图 4.20　防护区泄压口及在防护区的设置

(2)系统各操作部件的工作位置、控制盘的控制、监视功能均应处于正常准工作状态。气体灭火控制器设置为自动控制方式。防护区外设置的手动、自动控制状态的显示装置正常。

(3)各瓶组的检测装置应处于正常工作状态，瓶组内介质的充装质量(充装压力)应与瓶组上的标称值一致。

(4)消防控制室 24 h 全程监控各气体灭火系统防护区的运作情况。

2. 系统的控制和操作

(1)系统的启动控制

管网气体灭火系统应设置自动控制、手动控制、机械应急启动 3 种启动方式。预制气体灭火装置应自动控制和手动控制 2 种启动方式。

①自动启动控制

自动启动是指系统从火灾探测报警到关闭联动设备和施放灭火剂，均由系统自动完成，不需人员介入的操作与控制方式。目前气体灭火系统的火灾探测器多采用感烟探测器和感温探测器的组合。

当气体灭火控制器置于“自动”控制状态时，气体灭火控制器在接收到满足联动逻辑关系的首个联动触发信号后，应启动设置在该防护区内的火灾声光警报器，通知有异常情况发生，而不启动灭火装置释放灭火剂，首个联动触发信号应为任一防护区域内设置的感烟火灾探测器、其他类型火灾探测器或手动火灾报警按钮的首次报警信号。

气体灭火控制器在接收到第 2 个联动触发信号后，发出火灾声光报警信号，通知有火灾发生，有关人员应撤离现场，控制器同时应发出联动控制信号，关闭风机、防火阀等联动设备。第 2 个联动触发信号应为同一防护区域内与首次报警的火灾探测器或手动火灾报警按钮相邻的感温火灾探测器、火焰探测器或手动火灾报警按钮的报警信号。

第 2 个联动触发信号发出火灾报警信号后，经过 30 s 延时后，气体灭火控制器发出灭火指令，打开电磁阀，启动气体打开容器阀，释放灭火剂，实施灭火。如在报警过程中发现不需要启动灭火装置，可按下保护区外的或控制操作面板上的“紧急停止按钮”，即可终止控制灭火指令的发生，不启动灭火装置。

②手动启动控制

手动启动控制是指人员发现起火，或接到火灾自动报警信号并经确认后，启动手动控制按钮，通过灭火控制盘操作联动设备和释放灭火剂的操作与控制方式。

当转换开关置于“手动”位置时，灭火系统处于手动状态。在该状态下，探测器发出火灾信号，控制主机启动室内外声光报警器，通知火灾发生，但并不启动灭火系统。此时按下防护区外或控制器上的“紧急启动”按钮，可以启动灭火系统，释放灭火剂，实施灭火。在 30 s 延时阶段，按下保护区外的或控制操作面板上的“紧急停止按钮”，即可终止控制灭火指令的发生，不启动灭火装置。

③机械应急启动

机械应急启动是指系统在自动与手动操作均失灵时，人员用系统所设的机械式启动机构，直接关闭联动设备和施放灭火剂的操作与控制方式。机械应急启动有 2 种情况，一是启动装置有效的情况下，按下对应防护区启动气瓶的电磁阀上的应急启动装置，可以完成气体灭火系统的启动控制。二是启动装置失效的情况下，可以打开对应的防护区选择阀，并按下需要数量的储气瓶上的容器阀上的应急启动装置，完成气体灭火系统的启动控制。机械应急启动装置应设在钢瓶间或防护区外便于操作的地方，且应能在一个地点完成施放灭火剂的全部操作。机械应急启动操作没有 30 s 延时，不能停止。一旦操作，系统就会快速释放灭火剂，实施灭火。

(2)系统的动作反馈

消防控制室应能显示系统的手动、自动工作状态及故障状态，应能显示系统的阀驱动装置的正常状态和动作状态，并能显示防护区域中的防火门窗、防火阀、通风空调等设备的正常工作状态和动作状态。消防控制室应能自动和手动控制系统的启动和停止，并显示延时状态信号、压力反馈信号和停止信号，显示喷洒各阶段的动作状态。

(3)系统的复位

系统启动喷射灭火剂后，应及时恢复功能，包括充装灭火剂、增压、更换密封件和对已破坏的零部件及喷嘴防尘罩进行修复，将所有阀门和控制开关复位等。

3. 系统的维护和保养

(1)外观检查

①储存装置间

a)检查房间的出口，应有直接通向室外或疏散走道的出口，并且不应被堵塞。

b)检查储存装置间内设置的应急照明，应完好有效。

c)检查储存装置间的铭牌，应在门外侧中央贴有“气体灭火储瓶间”的铭牌。

d)检查储存装置间的环境温度，应满足该储瓶间内灭火系统的使用环境温度要求：对于七氟丙烷和 IG541 灭火系统应为－10～50 ℃；对于高压二氧化碳灭火系统应为 0～49 ℃；对于低压二氧化碳灭火系统宜为－23～49 ℃。

②储存装置

a)检查储存装置上设置的耐久的固定铭牌，应标明设备型号、储瓶规格、出厂日期；每个储存容器上应贴有瓶签，并标有灭火剂名称、充装量、充装日期和储存压力等信息。

b)检查储存装置上设置的检漏装置(如压力计、液位计、称重显示装置等)和泄漏极限报警显示装置，安装位置应便于人员观察和操作，不应被遮挡。

c)检查灭火剂和驱动气体储存容器的压力，不得小于设计储存压力的 90%。

d)各组件应无碰撞变形及其他机械性损伤。

③安全泄压装置

a)检查在储存容器的容器阀和组合分配系统的集流管上设置的安全泄压装置，应安装牢固、无锈蚀，保护涂层应完好。

b)各组件应无碰撞变形及其他机械性损伤。

④驱动装置

a)检查驱动装置外观,应无明显变形,表面防腐层应完好,手动按钮上应有完整的铅封。

b)目测压力表指针,应指示在绿色区域。

c)检查驱动介质储存容器的铭牌标志牌,应标明对应防护区的编号、介质名称,核对实际对应的防护区名称、编号,不应存在标识错误。

d)各组件应无碰撞变形及其他机械性损伤。

⑤选择阀

a)检查选择阀的外观,应无锈蚀,无碰撞变形及其他机械性损伤。

b)检查选择阀设置的标志牌,应标明防护区或保护对象名称或编号,并应便于观察,不应被遮挡。

⑥喷头

a)检查设置在有粉尘、油雾等防护区的喷头,其设置的防护装置应完好有效,并应不影响灭火剂喷放且能自动开合。

b)检查各喷头表面,应无脏物,无堵塞,无锈蚀,无碰撞变形及其他机械性损伤。

⑦管道及附件

a)检查系统组件及管道的支架、框架,应固定牢靠,外观无锈蚀。

b)检查灭火剂输送管道、储存容器和集流管的外表面,应涂红色油漆,漆层应完好、无脱落。

c)检查管道上的连接管,应无变形、裂纹及老化等问题;管道应无损伤。

(2)功能测试

气体灭火控制器的功能测试和保养参照火灾报警控制的方法与要求进行。

(3)系统联动试验

①将消防联动控制器设置在自动状态下,使用专用工具人为触发一个感烟火灾探测器、其他类型火灾探测器或手动火灾报警按钮的首次报警信号,应启动设置在该防护区内的火灾声光警报器,然后触发同一防护区域内与首次报警的火灾探测器或手动火灾报警按钮相邻的感温火灾探测器、火焰探测器或手动火灾报警按钮的报警信号,系统应启动,并发出相关设备联动控制信号。

联动控制信号包括:

a)关闭防护区域的送(排)风机及送(排)风阀门。

b)停止通风和空气调节系统及关闭设置在该防护区域的电动防火阀。

c)联动控制防护区域开口封闭装置的启动,包括关闭防护区域的门、窗。

d)启动气体(泡沫)灭火装置,气体(泡沫)灭火控制器可设定不大于 30 s 的延迟喷射时间。

②平时无人工作的防护区,可设置为无延迟的喷射,气体(泡沫)灭火控制器在接收到满足联动逻辑关系的首个联动触发信号后,执行以下操作:

a)关闭防护区域的送(排)风机及送(排)风阀门。

b)停止通风和空气调节系统及关闭设置在该防护区域的电动防火阀。

c)联动控制防护区域开口封闭装置的启动,包括关闭防护区域的门、窗。

d)在接收到满足联动逻辑关系的后续联动触发信号后,启动气体(泡沫)灭火装置。

③气体灭火防护区出口外上方应设置表示气体喷洒的火灾声光警报器,指示气体释放的

声信号应与该保护对象中设置的火灾声警报器的声信号有明显区别。启动气体(泡沫)灭火装置的同时,应启动设置在防护区入口处表示气体喷洒的火灾声光警报器。组合分配系统应首先开启相应防护区域的选择阀,然后启动气体(泡沫)灭火装置。

(4)保养

气体灭火控制器的保养参照火灾报警控制的方法与要求进行。

4. 系统维护管理周期及项目

气体灭火系统维护管理周期及项目内容如表4.1所示

表4.1　气体灭火系统维护管理周期及项目

周期	部位	检查内容
检查	气体灭火控制器	工作状态是否正常,盘面紧急启动按钮保护措施有效,检查电源是否正常
	预制、柜式装置喷口前2 m内不应有阻碍气体释放的障碍物	
	低压二氧化碳储存装置	运行情况、储存装置的设备状态进行检查记录
月	低压二氧化碳灭火系统储存装置	灭火剂损失10%时应及时补充
	灭火剂和驱动气体储存容器内的压力,不得小于设计储存压力的90%	
	预制灭火系统的设备	状态和运行状况应正常
季	可燃物的种类、分布情况、防护区的开口情况	
	储存装置间的设置、灭火剂输送管道支架、吊架的固定,应无松动	
	连接管	无变形、裂纹及老化
	喷嘴孔口	无堵塞
年	高压二氧化碳储存容器逐个进行称量检查	灭火剂净量大于等于设计储存量的90%
	泄漏报警装置	报警定量功能试验,检查比例100%
	主用量切换为备用量的模拟切换操作试验	检查比例为20%,最少一个分区
	灭火剂输送管道有损伤与堵塞	进行严密性试验和吹扫
5 a后的维保	5 a后,每3 a对金属软管进行水压强度试验和气密性试验	
	5 a后对释放过灭火剂的储瓶,相关阀门等进行水压强度和气压严密性试验	

5. 系统常见问题分析与处置

气体灭火系统常见问题及处置措施见表4.2。

表4.2　气体灭火系统常见问题及处置措施

常见问题	原因	处置措施
保护区着火无报警信号	1. 电源未插或有关线端子松脱 2. 指示灯和报警器失效 3. 火灾探测器表面有积尘或脏物,或被遮挡 4. 火灾探测器失灵 5. 检测控制器控制开关和隔离开关未调定到接通位置(即正常工作位置)或检测控制器损坏(元件损坏或接线松脱) 6. 火灾探测器安装位置不正确	1. 插好电源或固定好接线端子 2. 更换指示灯和报警器 3. 擦拭火灾探测器表面,清除遮挡物 4. 修理或更换探测器 5. 按使用说明书调定开关到接通位置或修理检测控制器 6. 检查保护对象是否在火灾探测器的保护范围内

续表

常见问题	原因	处置措施
保护区着火无报警信号	7. 火灾探测器与控制器之间接线松脱 8. 探测器编号被隔离屏蔽或该探测器没有被注册 9. 报警控制器主机故障	7. 检修电气线路 8. 解除隔离屏蔽或对该探测器进行注册 9. 测试其他探测器，如仍不能报警，联系厂家检修主机
报警器误报	1. 火灾探测器的灵敏度过高 2. 保护区出现人为或偶然误报因素（如阳光直接照射光敏管，在装有烟雾探测器的保护区内吸烟等） 3. 控制器主机故障 4. 线路绝缘不好（线间或对地）或系统中存在损坏的报警器材造成整个回路或系统无规律误报	1. 检修或更换探测器火灾探测器 2. 排除人为或偶然误报因素 3. 联系厂家检修主机 4. 分段排查线路，使整个系统绝缘良好，分段筛选，找出导致系统乱报的器材并及时更换
保护区着火，系统只报警不自动灭火	1. 控制器隔离开关和控制开关，两者之一或同时处于断开位置 2. 控制器与电磁阀接线端子松脱 3. 电磁阀活动铁芯锈蚀或卡阻 4. 活动铁芯端部橡胶垫松脱或橡胶硬度过低 5. 电磁阀上线圈短路，吸力不够 6. 电磁阀上的压力表指针在"0"位，而启动瓶储气量符合要求 7. 电磁阀上的压力表指针在"0"位或指示压力过低 8. 启动瓶无气 9. 先导阀、气动阀上阀体活塞"○"形密封圈变形、损伤或活塞与上阀体内腔锈蚀、卡阻、配合过松 10. 先导阀、气动阀活塞杆变形或与之配合的"○"形密封圈失效 11. 选择阀打不开	1. 应调定隔离开关和控制开关，使其处于接通（即工作）位置 2. 固定好接线端子 3. 检修或更换电磁阀 4. 更换活动铁芯或电磁阀 5. 更换电磁阀线圈 6. 调节电磁阀与先导阀配合的顶杆长度，使压力表显示压力 7. 检查启动瓶是否泄漏，压力表是否失灵，检修或更换压力表 8. 更换启动瓶或修复后重灌驱动气体 9. 更换"○"形密封圈，清洗上阀体，活塞与上阀体配合面加润滑油，使其配合松紧适当 10. 更换活塞杆或"○"形密封圈 11. 检修或更换选择阀
保护区没有着火而系统气体喷洒	1. 报警控制器误报警，值班人员慌乱中未确认火灾就按下控制器上的紧急启动按钮 2. 现场紧急启动按钮被人误按下 3. 系统接地电阻达不到要求，控制器抗雷击性能不好，运行不稳定，遭受雷击或其他干扰时控制器误动作 4. 紧急启动线和紧急停止线接反，未防误动作按下紧急停止，却造成气体喷洒	1. 加强值班人员培训，减少误报率 2. 加强人员管理，在现场紧急启动按钮旁粘贴明显标志 3. 检查系统接地，提高系统抗干扰能力 4. 检查线路，纠正接线错误
手动操作灭火按钮无灭火剂释放	1. 电源未插，连接导线端子松脱 2. 电磁阀失灵 3. 启动瓶无气或压力不够	1. 插上电源或固定好连接导线端子 2. 同上 3. 更换启动瓶或重灌驱动气体

常见问题	原因	处置措施
手动操作灭火按钮无灭火剂释放	4. 先导阀、气动阀上阀体活塞"〇"形密封圈变形，损伤或活塞与上阀体内腔锈蚀、卡阻、配合过松 5. 先导阀、气动阀活塞变形或与之配合的密封圈失效 6. 选择阀打不开 7. 手动操作机构(即启动瓶瓶头阀上的手动开启机构)锈蚀、卡阻	4. 更换"〇"形密封圈，清洗上阀体，活塞与上阀体配合面加润滑油，使其配合松紧合适 5. 变更活塞杆或"〇"形密封圈 6. 检修或更换选择阀 7. 检修手动操作装置
手动操作启动瓶手动开启装置，无灭火剂释放	1. 活塞与上阀体内腔锈蚀、卡阻 2. 活塞杆变形 3. 启动瓶无气或压力不够 4. 部分储气瓶储气量不够或瓶空	1. 检修后加润滑油 2. 更换活塞杆 3. 查明原因后重灌气体或更换启动瓶 4. 查明原因后重灌灭火剂
灭火剂释放强度不够	1. 部分储气瓶未打开 2. 储气瓶内虹吸管脱落、变形或过短 3. 部分管道或喷嘴堵塞 4. 管道系统个别单向阀装反 5. 管路太长，转弯多、储气瓶组在建筑底层管道向上伸出太高或管径太细 6. 选择阀流量太小 7. 选择阀未完全打开或不止一个同时打开	1. 检查气动阀上阀体活塞，活塞杆部分有否故障并排除 2. 检修或更换虹吸管 3. 卸下喷嘴，用压缩空气或二氧化碳对管道分段喷扫、清除杂物 4. 查明后重新安装 5. 设计不合理的应修改设计，论证后施工 6. 更换选择阀 7. 检修或更换选择阀
灭火剂释放出来，但火灾未扑灭或扑灭后复燃	1. 全淹没系统关闭机构未起封闭作用 2. 局部应用系统喷嘴分布不合理 3. 灭火剂用量不够	1. 检修关闭机构 2. 按设计要求合理安装喷嘴位置 3. 按标准核算灭火剂用量
启动气瓶压力值低于绿线区压力	1. 压力表损坏 2. 气瓶有微小泄漏	1. 放空气瓶，更换压力表，更换膜片重充 2. 检查并排除泄漏，及时补充灭火剂
无法用电气自动打开启动气瓶	1. 无开阀电信号或信号太弱 2. 连接线路断路 3. 启动气瓶电磁阀故障	1. 检修(报警)灭火控制器 2. 检修线路 3. 放空气瓶，更换启动气瓶故障气瓶交维修厂维修
无法手动打开启动气瓶	1. 止动挡销未拆除 2. 止动簧片未拆除	1. 拆除止动挡销 2. 拆除止动簧片
气体灭火剂储瓶压力示值高于绿线区	环境温度超过50℃	降低环境温度
启动气体释放后，瓶头阀不动作	1. 启动管路未安装完毕或有泄漏	1. 检查启动管路，安装好启动管路，当该故障发生在出现火灾释放灭火剂时，应由专业人员立即手动打开相应瓶组

常见问题	原因	处置措施
启动气体释放后,瓶头阀不动作	2. 启动管路单向阀反向安装 3. 瓶头阀固定套未拆除 4. 固定套瓶头阀驱动气缸顶杆卡死	2. 正确安装该单向阀 3. 拆除瓶头阀固定套 4. 放空启动管路中气体后,更换驱动气缸
释放灭火剂时,瓶头阀不动作	1. 软管断裂或泄漏 2. 未将软管安装牢固	1. 更换金属软管 2. 将软管安装牢固

第5章 其他灭火设施

5.1 泡沫灭火系统

泡沫灭火系统是通过泡沫比例混合器将泡沫灭火剂与水按比例混合成泡沫混合液，再经泡沫产(发)生装置制成泡沫并释放到着火对象上实施灭火的系统。该系统主要由消防水泵、泡沫灭火剂储存装置、泡沫比例混合装置、泡沫产(发)生装置及管道等组成。泡沫灭火系统具有安全可靠、灭火效率高的特点，主要用于扑救非水溶性可燃液体和一般固体火灾，适用于商品油库、煤矿、大型飞机库等场所。

5.1.1 泡沫灭火系统的分类

1. 按发泡倍数分类

(1)低倍数泡沫灭火系统

低倍数泡沫灭火系统是指发泡倍数低于20的系统。低倍数泡沫液有普通蛋白泡沫液、氟蛋白泡沫液、水成膜泡沫液(轻水泡沫液)、成膜氟蛋白泡沫液及抗溶性泡沫液等几种类型。其主要用于扑救原油、汽油、煤油、柴油、甲醇、丙酮等B类火灾，适用于炼油厂、化工厂、油田、油库、为铁路油槽车装卸油的鹤管栈桥、码头、飞机库、机场等。

(2)中倍数泡沫灭火系统

中倍数泡沫灭火系统是指发泡倍数在20～200的系统，中倍数泡沫灭火系统主要适用于油罐灭火。对着火的物体(或设备)附近其他设施有降低热辐射的作用。对着火设备流散到地面的甲、乙、丙类液体的初期火灾能起到扑救或控制作用。中倍数泡沫灭火系统一般不适合用于深度超过25 mm厚的水溶性甲、乙、丙类液体。

(3)高倍数泡沫灭火系统

高倍数泡沫灭火系统是指发泡倍数在高于200的系统。高倍泡沫灭火系统的应用形式主要有全淹没式和局部应用式。高倍数泡沫灭火系统适用于扑救A类火灾和B类火灾中的非水溶性液体火灾，特别适用于以全淹没的方式扑救有限空间内的火灾，如地下街道、地下室等。高倍数泡沫灭火系统也适用于扑救储油罐和运输设备泄漏所造成的大面积液体火灾，在室外施用时，要采取一定的措施，如利用防火堤或用铁丝网把泡沫覆盖在所需要的范围内。高倍数泡沫灭火系统不用于扑救立式油罐内的火灾，也不适于扑救遇水燃烧物质的火灾、气体火灾和带电设备火灾。

2. 按照喷射方式分类

(1)液上喷射系统。液上喷射泡沫系统的泡沫产生器安装在油罐壁的上端，喷射出的泡沫由反射板反射在罐内壁，沿内壁向液面上覆盖，直至盖住燃烧的液面，达到灭火的目的。如图 5.1 所示。

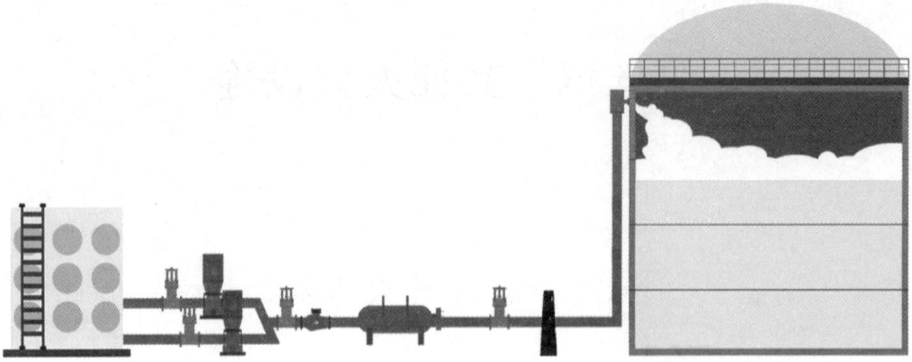

图 5.1　采用压力式比例混合器的液上喷射系统

(2)液下喷射系统。液下喷射系统是指将高背压泡沫产生器产生的泡沫通过泡沫喷射管从燃烧液体液面下输送到储罐内，泡沫在初始动能和浮力的作用下浮到燃烧液面实施灭火的系统。如图 5.2 所示。

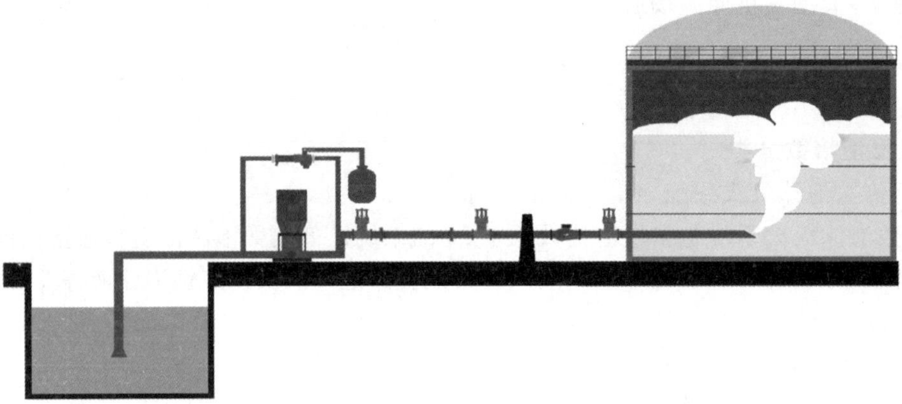

图 5.2　采用环泵式比例混合器的液下式喷射系统

(3)半液下喷射系统是将一轻质软带卷存于液下喷射管上的软管筒内，当使用时，在泡沫压力和浮力的作用下软管漂浮到燃液表面使泡沫从燃液表面上施放出来实现灭火。如图 5.3 所示。

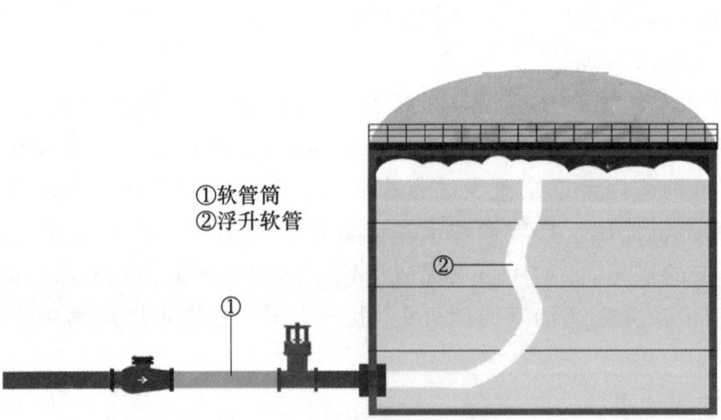

图 5.3　半液下喷射系统

3. 按照设备与管道的安装方式分类

(1)固定式

固定液上喷射式灭火系统是消防水源、消防水泵(如果安装的话)、泡沫比例混合装置、泡沫产生器等设备或组件通过固定钢制(或合金)管道连接起来,永久安装在使用场所,当被保护的储罐发生火灾需要使用时,无须其他临时设备配合的液上喷射式泡沫灭火系统。固定液上喷射系统如图 5.4 所示。

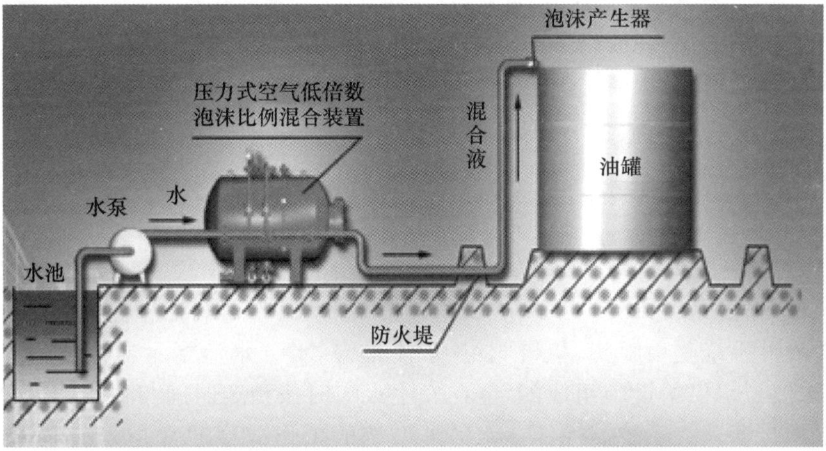

图 5.4　固定式泡沫灭火系统示意图

(2)半固定式

半固定式系统是将泡沫产生器(液上喷射)永久性安装在储罐上,通过固定管道连接并引到防火堤外的安全处,且安装上固定接口。发生火灾时,用消防水带将泡沫消防车或其他泡沫供给设备与固定接口连接起来,通过泡沫消防车或其他泡沫供给设备向储罐内供给泡沫实施灭火。半固定液上喷射系统图 5.5 所示。

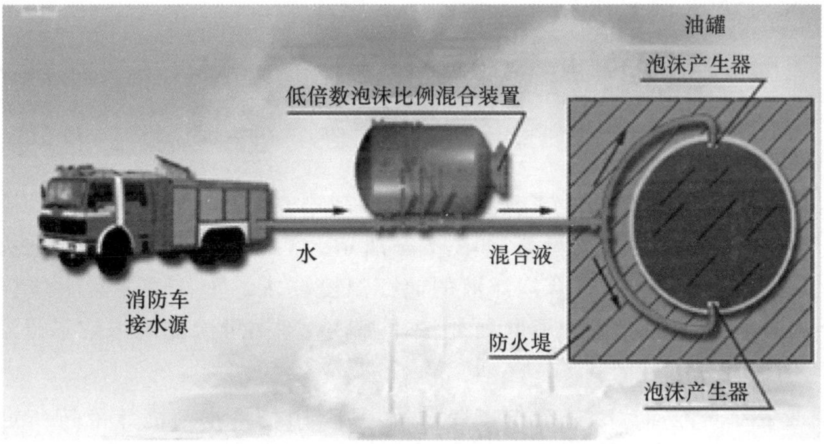

图 5.5　半固定式泡沫灭火系统示意图

(3)移动式

移动式系统由消防车或机动消防泵、泡沫比例混合器、移动式泡沫产生装置,用水带连接组成的灭火系统为移动式液上喷射泡沫灭火系统,如图 5.6 所示。

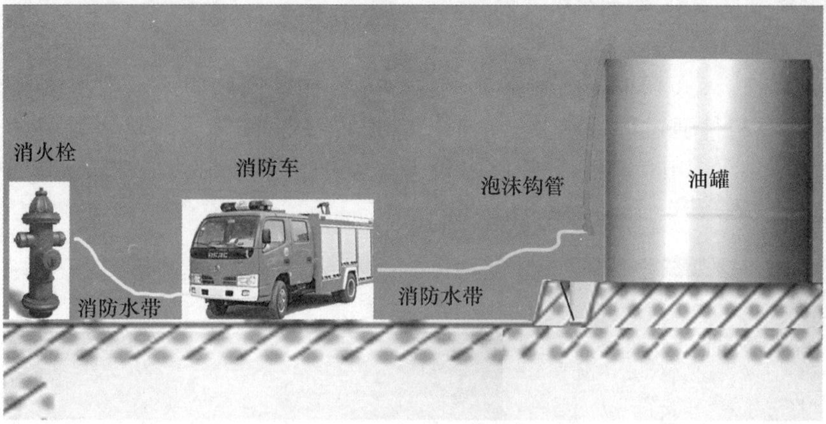

图 5.6　移动式泡沫灭火系统示意图

4. 泡沫—水喷淋系统和泡沫喷雾系统

(1)泡沫—水喷淋系统

泡沫—水喷淋系统是由喷头、报警阀组、水流报警装置(水流指示器或压力开关)等组件，以及管道、泡沫液与水供给设施组成的，能在发生火灾时按预定时间与供给强度向防护区依次喷洒泡沫与水的自动灭火系统。泡沫—水喷淋系统的工作次序通常是先喷泡沫灭火，然后喷水冷却。依据自动喷水灭火系统的分类方式，泡沫—水喷淋系统可分为雨淋系统和闭式系统两大类。其中闭式系统又可进一步细分为预作用系统、干式系统、湿式系统 3 种形式。

(2)泡沫喷雾系统

泡沫喷雾系统采用泡沫喷雾头，在发生火灾时按预定时间与供给强度喷洒泡沫。泡沫喷雾系统主要应用于面积不大于 200 m^2 的非水溶性液体室内场所，如燃油锅炉房、油泵房、变电站油浸变压器、小型车库、可燃液体阀门控制室等小型场所。

5.1.2　设备及设置要求

泡沫灭火系统的专用设备主要有泡沫液储罐、泡沫比例混合器、空气泡沫产生器、泡沫喷头和泡沫炮(枪)。

1. 泡沫液储罐

泡沫液储罐是储存泡沫液的卧式或立式圆柱形储罐，上有液面计、进料孔、排渣孔、入孔、取样口、呼吸阀或带控制阀的通气管等，如图 5.7 所示。泡沫液储罐不得安装在火灾及爆炸危险环境中，其安装场所的温度应符合泡沫液的储存温度要求。泡沫液储罐上应标明泡沫液种类、型号、出厂及灌装日期的标志。不同种类、不同牌号、不同批次的泡沫液不得混存。

2. 泡沫比例混合器

泡沫比例混合器是泡沫灭火系统的主要设备，其作用是将水与泡沫液按一定比例自动混合，形成泡沫混合液。泡沫比例混合器有压力式空气泡沫比例混合器、平衡压力式泡沫比例混合器、管线式泡沫比例混合器等类型、环泵式泡沫比例混合器。如图 5.8 所示。

3. 空气泡沫产生器

空气泡沫产生器可将输送来的混合液与空气充分混合形成灭火泡沫喷射覆盖于燃烧物表面。液上喷射空气泡沫产生器，固定安装于油罐及各类烃类液体储存容量的器壁上部。

如图 5.9 所示。

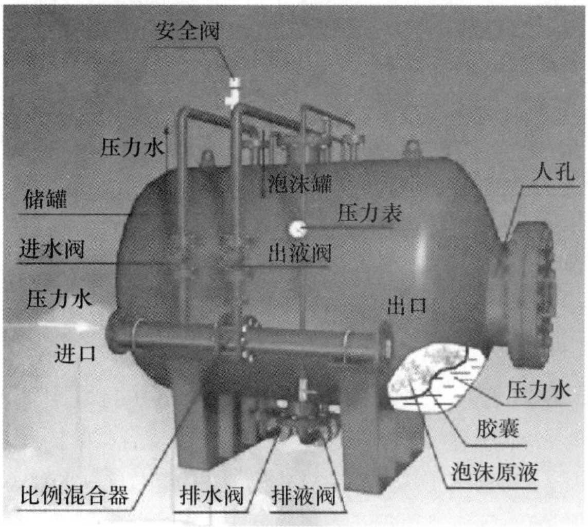

(a) 卧式储罐

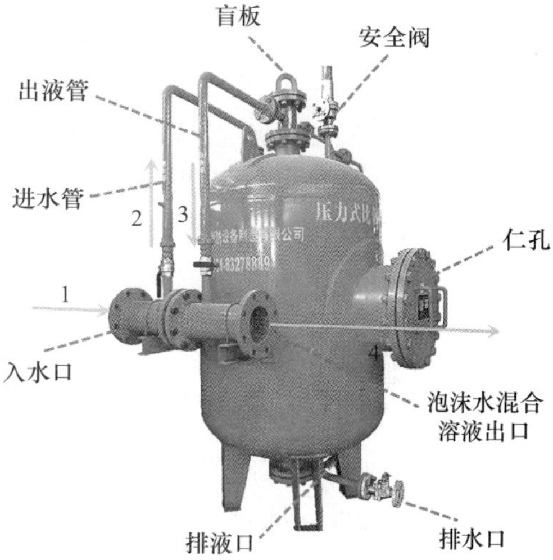

(b) 立式储罐

图 5.7　泡沫液储罐(压力式泡沫比例混合装置)

(a) 压力式泡沫比例混合器

(b) 平衡压力式比例混合器

(c) 管线式泡沫比例混合器

(d) 环泵式比例混合器

图 5.8　常见的泡沫比例混合器

图 5.9　空气泡沫产生器及在油罐上的应用

4. 泡沫喷头

泡沫喷头用于泡沫喷淋系统，如图 5.10 所示。按照喷头是否能吸入空气分为吸气型和非吸气型。吸气型可采用蛋白、氟蛋白或水成膜泡沫液，通过泡沫喷头上的吸气孔吸入空气，形成空气泡沫灭火。非吸气型只能采用水成膜泡沫液，不能用蛋白和氟蛋白泡沫液，并且这种喷头没有吸气孔，不能吸入空气，通过泡沫喷头喷出的是雾状的泡沫混合液滴。

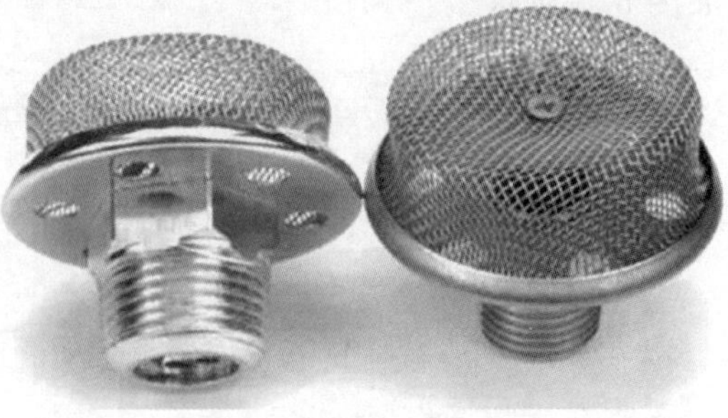

图 5.10　泡沫喷头

5. 泡沫炮、泡沫枪

泡沫混合液流量大于 16 L/s，以射流形式喷射泡沫的装置称为泡沫炮，是用于远距离扑救甲、乙、丙类液体火灾的消防设备。泡沫枪是一种小流量的泡沫产生与喷射装置，主要用来辅助扑救一些小面积的甲、乙、丙类液体流散火灾。泡沫炮从安装方式分为固定式与移动式 2 种。图 5.11 为固定式泡沫炮。图 5.12 为泡沫枪。

图 5.11　固定式泡沫炮

图 5.12　泡沫枪

5.1.3　泡沫灭火系统的运行与维护

1. 系统的运行条件

(1)手动灭火系统应配有专门的值班人员及制定操作规程，火灾时由专门人员按操作规程进行操作。

(2)泡沫灭火系统投入使用后应保证其处于正常运行或准工作状态，不得擅自断电、停运或长期带故障运行。

(3)泡沫全淹没系统与火灾自动报警系统组成自动控制灭火系统，并与防护区的门窗关闭装置、排气口的开启装置以及生产、照明切断装置等联动控制。火灾时由火灾自动报警控制系统发出声光报警，自动关闭门窗、排气口，切断生产、照明电源，并自动启动灭火装置实施灭火，但同时也应设立手动和应急操作启动程序，紧急情况下由值班人员按规程操作实现。

(4)消防控制室应能显示消防水泵、泡沫液泵电源的工作状态。应能显示系统的手动、自动工作状态及故障状态。应能显示消防水泵、泡沫液泵、管网电磁阀的正常工作状态和动作状态。应能自动和手动控制消防水泵、泡沫液泵的启动和停动，并接收和显示动作反馈信号。

2. 系统的控制与操作

(1)中倍和高倍灭火系统

全淹没系统或固定式局部应用系统应设置火灾自动报警系统，并应符合下列规定：

全淹没系统应同时具备自动、手动和应急机械手动启动功能；

①自动控制的固定式局部应用系统应同时具备手动和应急机械手动启动功能；手动控制的固定式局部应用系统尚应具备应急机械手动启动功能。

②消防控制中心（室）和防护区应设置声光报警装置。

③消防自动控制设备宜与防护区内门窗的关闭装置、排气口的开启装置以及生产、照明电源的切断装置等联动。

当系统以集中控制方式保护2个或2个以上的防护区时，其中一个防护区发生火灾不应危及其他防护区；泡沫液和水的储备量应按最大一个防护区的用量确定；手动与应急机械控制装置应有标明其所控制区域的标记。

（2）泡沫—水喷淋系统

泡沫—水喷淋系统是由火灾自动报警系统控制启动的自动灭火系统。为了保证在报警系统故障条件下能启动灭火系统，其消防泵、相关控制阀等应同时具备手动启动功能，并且报警控制阀等尚应具备应急机械手动开启功能。

在系统启动后，为尽快向保护场所供给泡沫实施灭火，尽可能少向保护场所喷水，泡沫液供给控制装置快速响应是必须的。响应方式可能随选用的泡沫比例混合装置的不同而不同，可为随供水主控阀动作而动作的从动型，也可为与供水主控阀同时动作的主动型。

3. 系统的维护管理

（1）外观检查

①泡沫消防水泵、泡沫混合液泵泡沫消防水泵应涂绿色，泡沫混合液泵应涂红色。

②泡沫液储罐。

a）检查泡沫液储罐设置的铭牌，应清晰地标明储量、泡沫液类型、出厂及灌装日期等信息，出厂及灌装日期应在有效期内。

b）检查泡沫液储罐附件，应齐全、无损坏。

c）检查泡沫液储罐，应涂红色，且油漆完好无脱落。

③泡沫比例混合器（装置）。

a）检查泡沫比例混合器（装置）外观，应安装牢固、无锈蚀。

b）检查泡沫比例混合器（装置）标注的流向，应清晰完好。

④泡沫产生器：检查泡沫产生器附件，应齐全、完好、安装牢固、无锈蚀。

（2）功能测试

对系统功能进行测试：

a）低倍数（含高背压）泡沫产生器应进行喷水试验，其进口压力应符合设计要求。

b）对于固定式泡沫灭火系统，泡沫消防水泵或泡沫混合液泵启动后，泡沫混合液或泡沫输送到保护对象的时间不应大于5 min。

c）采用压力表对最不利和最有利的2个防护区或储罐进行喷水试验。对储罐或不允许进行喷水试验的防护区，喷水口可设在靠近储罐或防护区的水平管道上。

d）关闭非试验储罐或防护区的阀门，压力应符合设计要求；采用秒表测量泡沫消防水泵或泡沫混合液泵启动后泡沫混合液或泡沫到达最远保护对象试验接口的时间，应符合设计要求。

4. 系统维护管理周期及项目

泡沫灭火系统维护管理周期及项目要求如表5.1所示。

表 5.1　泡沫灭火系统维护管理周期及项目要求

周期	部位	检查内容
日常检查	查看消防泵剂控制柜的工作状态	
	泡沫液储罐	罐体、铭牌及配件
	相关阀门	启闭性能、压力表状态
	泡沫产生装置	吸气孔、发泡网及暴露的泡沫喷射口是否有堵塞
周	消防泵和备用动力	手动或自动进行一次启动试验，看其是否启动正常，试验时泵可以打回流，也可空转，但空转时运转时间不可大于 5 s，试验后恢复原状
月	固定式泡沫炮的回旋机构、仰俯机构或电动操作机构	性能要达到标准要求
	泡沫消火栓和阀门	自由开启关闭，不能有锈蚀
	压力表、管道过滤器、金属软管、管道及管件	不能有损伤
	遥控功能或自动控制设施及操纵机构	性能要符合设计要求
	储罐上的低、中倍数泡沫混合液立管	消除锈渣（注意与半年区分）
	动力源和电气设备	工作状况良好
	水源及水位指示装置	正常
半年	储罐上泡沫混合液立管	可不冲洗，但要清除锈渣
	防火堤内泡沫管道	可不冲洗，也可不清除锈渣
	进口端控制阀后的管道	可不冲洗和清除锈渣（管材不锈钢）
两年	对于低倍数泡沫灭火系统、泡沫喷淋、固定式泡沫炮和中倍数泡沫灭火系统进行喷泡沫试验，并对系统所有组件、设施、管道及管件进行全面检查	
	对于高倍数泡沫灭火系统，可在防护区内进行喷泡沫试验	
	系统检查和试验完毕，要对涉及装置用清水冲洗后放空，复原系统	

5. 泡沫灭火系统常见故障分析与处置措施

泡沫灭火系统常见故障分析与处置措施见表 5.2。

表 5.2　泡沫灭火系统常见故障分析

设备	常见故障	处置措施
1. 泡沫比例混合器	1. 泡沫比例混合器转动不灵活	1. 泡沫比例混合器每半年检查一次，每月转动一次，保证转动灵活
	2. 混合器、调节球阀孔腐蚀或堵塞	2. 每次使用后首先要立即关闭进液阀，用清水将泡沫比例混合器吸管道冲洗干净，不用时将调节手柄指向“关”的位置上
	3. 在保养涂漆时将指示读数盘涂漆，造成指示读数无法看清	3. 泡沫比例混合器保养刷漆时不要将指针读数盘涂上油漆
2. 泡沫液储罐	1. 泡沫液储量不足	1. 补充泡沫液，使其储量满足扑救罐区泡沫混合液用量最大的单罐火灾和扑救该罐流散火灾用量之和的要求
	2. 泡沫液储罐内壁锈蚀严重，产生锈蚀堵塞吸液管	2. 泡沫液储罐应做防腐处置

续表

设备	常见故障	处置措施
2. 泡沫液储罐	3. 泡沫液往储罐中倒时(或泵打时),没有在罐口上加过滤网,将杂质一同倒入泡沫液储罐 4. 储罐没有标出泡沫液的类型、混合比、生产厂名及购进泡沫液的日期,难以判别泡沫液的有效日期 5. 在打扫卫生或冲洗时,将其他杂质和水混入泡沫液储罐内,影响泡沫液的质量	3. 加注泡沫液时应在进口部加滤网 4. 应设置标牌,标出泡沫液的类型、混合物、生产厂家及生产日期;不同类型的泡沫液或者是同一类型而不同工艺制成的泡沫液不能混合 5. 平时管理中防止杂质或水混入储罐内,以免影响使用
3. 泡沫液输送管线	1. 泡沫灭火系统管道锈蚀、渗水 2. 泡沫管线未涂红白相间标示;管线、阀门未有检修标示铭牌 3. 消防泡沫液输送管线使用后没有按规定时间用清水冲洗管道,管道中长期存有沟渠混合液,易造成管道腐蚀,使管道寿命降低 4. 泡沫液管道用清水冲洗后不放空,造成水(油)顶泡沫现象 5. 阀门、单向阀关闭不严,造成油罐的气体顶向管线	1. 发生锈蚀、渗水应及时处置,始终保持管线的良好 2. 管线加涂红白相间标示,管线、阀门设置标示铭牌 3. 泡沫液输送管线使用后应用清水清洗 4. 管线平时不应有水,应放空 5. 每季度检查一次阀门单向阀,管路中的取样阀和备用阀平时应关闭
4. 泡沫产生器/泡沫喷头	1. 没有定期检查密封玻璃片 2. 玻璃片破碎没有及时更换,以致储罐(浮顶油罐例外)内油蒸气向外泄漏,存在隐患 3. 泡沫产生器滤网或泡沫喷头堵塞 4. 泡沫喷头被遮挡	1. 每季度应检查密封玻璃片 2. 发现破碎的应及时更换,以免储油罐内气体外漏 3. 每次使用后应用清水将泡沫产生器或泡沫喷头清洗干净 4. 清除遮挡物
5. 系统	1. 泡沫灭火系统消防水压力低,不能满足泡沫灭火系统的压力要求 2. 泡沫灭火系统与自动报警系统不能联动,消防控制室远程不能操作控制泡沫灭火系统 3. 泡沫灭火剂过期、发酵问题	1. 更换消防水泵或增设稳压装置,使其供水压力满足泡沫灭火系统的水压需要 2. 检查泡沫灭火系统的联动控制及消防控制手动控制盘的控制线路和控制装置 3. 泡沫液储存2 a后,如有异常应取样检验合格可继续使用,若过期或已发酵,应及时更换泡沫灭火剂

5.2 干粉灭火系统

5.2.1 干粉的灭火机理及应用

1. 干粉的灭火机理

干粉在动力气体(氮气、二氧化碳或燃气、压缩空气)的推动下以粉雾状射向火焰灭火。在灭火过程中,粉雾与火焰接触、混合,发生一系列物理和化学作用,其灭火机理有化学抑制、窒息、冷却和稀释可燃气体。

干粉灭火剂中的无机盐在燃烧区与火焰混合时，可以同时捕获 OH^- 和 H^+；当 OH^- 和 H^+ 被干粉灭火剂消耗的速度大于其生成速度时，那么 OH^- 和 H^+ 很快被耗尽，链式反应被终止，火焰即告熄灭。以磷酸铵盐为基料的干粉灭火剂不仅可以扑灭有焰燃烧，而且还能扑灭一般固体物质的表面燃烧。以磷酸二氢铵为例，其晶体粉粒落到灼热的燃烧物表面时，反应生成偏磷酸(HPO_3)和聚磷酸盐，在固体表面高温作用下被熔化并形成一个玻璃状覆盖层，并渗透到燃烧物表面的细孔中。这层玻璃状覆盖层将固体表面与周围空气中的氧隔开，使燃烧窒息。干粉灭火剂在高温作用下会发生一系列分解反应，在燃烧区吸收大量的热量，并放出大量水蒸气和二氧化碳气体，起到冷却和稀释可燃气体的作用。

2. 干粉灭火剂的应用

干粉灭火剂应用范围较广，可以用于扑救易燃、可燃液体和可熔化的固体火灾；可燃气体和可燃液体以压力形式喷射的火灾，如输油管、输气管、液化石油气站等火灾；各种电气火灾，如室内外变压器、油浸开关等火灾；木材、纸张、纺织等 A 类火灾的明火。干粉灭火系统不得用于扑救硝化纤维、炸药等无空气仍能迅速氧化的化学物质与强氧化剂；钾、钠、镁、钛、锆等活泼金属及其氢化物火灾。根据干粉灭火剂可分为：磷酸铵盐干粉灭火器(又称 ABC 干粉灭火剂)，仅适用 A、B、C 这 3 类火灾，不适用于 D 类火灾；有碳酸氢钠干粉灭火剂(又称 BC 类干粉灭火剂)，适用于 B 类火灾和 C 类火灾；氯化钠、氯化钡、碳酸钠等为基料的灭火剂(又称 D 类干粉灭火剂或金属干粉灭火剂)，主要用来扑救钾、钠、镁等金属火灾。

特定的干粉与其他灭火剂可能具有不相容性，不能同时使用。干粉灭火剂的不相容性见表 5.3。

表 5.3　干粉灭火剂的不相容性

类型	不相容的灭火剂	
干粉与干粉	磷酸铵盐	碳酸氢钾、碳酸氢钠
干粉与泡沫	碳酸氢钾、碳酸氢钠	蛋白泡沫、化学泡沫

5.2.2　系统分类及工作原理

干粉灭火系统是使用干粉作为灭火剂，依靠高压氮气或二氧化碳气体提供动力，驱动干粉进行灭火的系统。按照应用形式主要分为悬挂式干粉灭火装置和储罐式干粉灭火系统。

1. 悬挂式干粉灭火装置

悬挂式干粉灭火装置由罐体、感温玻璃喷头、压力表和吊环等部件组成。罐体内装干粉灭火剂，充以适量的驱动气体(通常为氮气)。在喷口部位装有感温玻璃喷头，起火时温度升高，玻璃球内液体受热膨胀使玻璃泡胀碎，干粉灭火剂在驱动气体作用下喷出，进行自动灭火。

悬挂式干粉自动灭火装置无管路、无线路，结构简单，特别适用于油库、油漆仓库、配电室、船舶和各种试验室等局部防护，是室内有效的自动灭火设备之一。如图 5.13 为悬挂式干粉灭火装置及其应用场所。

2. 储罐式干粉灭火系统

储罐瓶式干粉灭火系统由干粉储罐、动力气瓶、启动瓶、减压阀、输粉管道、喷嘴、报警控制器、火灾探测器等组成。如图 5.14 所示。

图 5.13　悬挂式干粉灭火装置

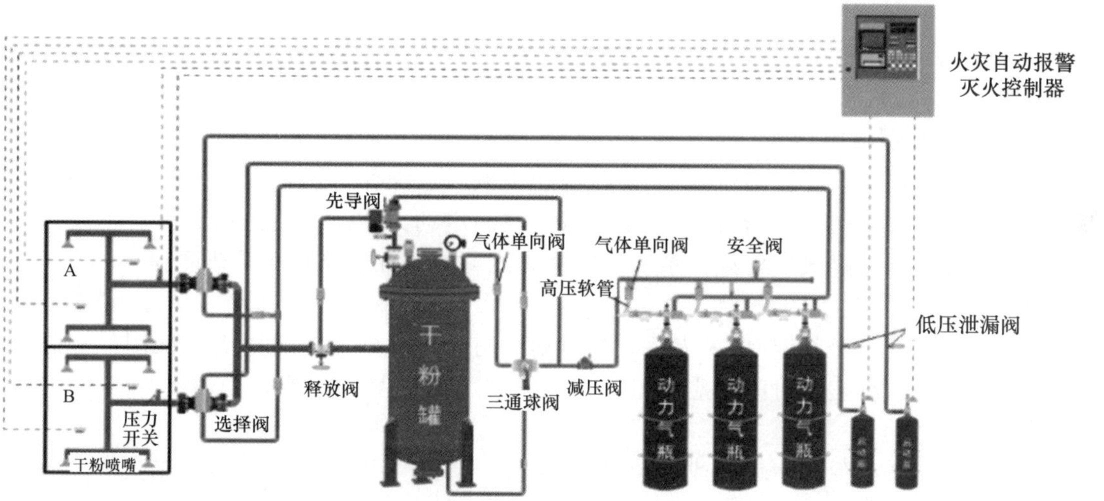

图 5.14　储罐式组合分配式干粉灭火系统

储罐式干粉灭火系统通常由火灾自动报警系统，依据防护区内设置的感烟探测器、感温探测器与逻辑进行启动联动。当保护对象着火后，储罐式干粉灭火控制器接收到感烟探测器报警信号后，驱动防护区内警报装置，待接收到同一防护区的感温探测器报警信号后，发出气动控制信号给启动机构。当启动机构接收到控制器的启动信号后将启动瓶打开，启动瓶中的氮气将通过管道打开高压驱动气瓶组的瓶盖阀，瓶中的高压驱动气体进入集气管，经过高压阀进入减压阀，减压至规定压力后，通过进气阀进入干粉储罐内，搅动罐中干粉灭火剂，使罐中干粉灭火剂疏松形成便于流动的气粉混合物。当干粉罐内的压力上升到规定压力数值时，定压动作装置开始动作，打开干粉罐出口球阀，干粉灭火剂则经过总阀门、选择阀、输粉管和喷嘴喷向着火对象，或者经喷枪射到着火对象的表面，进行灭火。

启用紧急停止装置后，虽然系统控制装置停止了后继动作，但干粉储罐增压仍然继续，系统处于蓄势待发的状态，若再次启动，仍可释放灭火剂。

5.2.3　系统的运行与维护

1. 防护区维护安全要求

(1)采用全淹没灭火系统的防护区，不能自动关闭的开口部位总面积不应大于该防护区总表面积的15%，且开口不应设在底面；防护区的围护结构及门、窗的耐火极限不应小于0.5 h，吊顶的耐火极限不应小于0.25 h；围护结构及门、窗的允许压力不宜小于1200 Pa。

(2)采用局部应用灭火系统的保护对象：保护对象周围的空气流动速度不应大于2 m/s，必要时，应采取挡风措施；在喷头和保护对象之间，喷头喷射角范围内不应有遮挡物。当保护对象为可燃液体时，液面至容器缘口的距离不得小于150 mm。

(3)当系统管道设置在有爆炸危险的场所时，管网等金属件应设防静电接地。当防护区或保护对象为有爆炸危险的场所，或有可燃气体，易燃、可燃液体供应源时，启动干粉灭火系统之前或同时，必须切断气体、液体的供应源。

(4)防护区的门应向疏散方向开启，并应能自动关闭，在任何情况下均应能在防护区内打开。防护区的走道和出口，必须保证人员能在30 s内安全疏散。防护区内及入口处应设火灾声光警报器，防护区入口处应设置干粉灭火剂喷放指示门灯及干粉灭火系统永久性标志牌。局部应用灭火系统，应设置火灾声光警报器。

(5)地下防护区和无窗或设固定窗扇的地上防护区，应设置独立的机械排风装置，排风口应通向室外。

2. 系统的控制与操作

干粉灭火系统应设有自动控制、手动控制和机械应急操作3种启动方式。当局部应用灭火系统用于经常有人的保护场所时，可不设自动控制启动方式。预制灭火装置可不设机械应急操作启动方式。储罐式干粉灭火系统的启动方式可分为自动控制和手动控制。

(1)自动启动控制

设有火灾自动报警系统时，灭火系统的自动控制应在收到2个独立火灾探测信号后才能启动，并应延迟喷放，延迟时间不应大于30 s，且不得小于干粉储存容器的增压时间。

(2)手动控制

手动启动装置是保护区域内或保护对象附近的人员在发现火灾危险时启动灭火系统的一种方式，手动启动装置一般在靠近防护区或保护对象附近能够确保操作人员安全的位置。手动启动装置的安装高度宜使其中心位置距地面1.5 m。所有手动启动装置都应明显地标示出其对应的防护区或保护对象的名称，避免操作人员在紧急情况下错按其他按钮。

在紧靠手动启动装置的部位应设置手动紧急停止装置，其安装高度应与手动启动装置相同。手动紧急停止装置应确保灭火系统能在启动后和喷放灭火剂前的延迟阶段中止。在使用手动紧急停止装置后，应保证手动启动装置可以再次启动。

(3)机械应急操作

系统还设有机械应急操作启动方式。机械应急操作可以是直接手动操作，也可以利用系统压力或机械传动装置等进行操作。

3. 系统的维护与保养

干粉灭火系统设备及控制安装完成后，长期待用。若不定期检查，维修保养，就可能存在隐患。因此，应做好检查和维护管理，以确保装置处于正常工作状态。

(1)外观检查

①要经常检查系统安装装配部分有无松动、破裂、移位、变动；检查干粉管路，气体管路有无损坏和腐蚀，干粉罐附属部件是否正常，安全阀、进气阀、出口阀等有无锈死等，定期清扫各部分标志及警告牌。

②检查干粉罐内阀件有无裂纹、防护油漆是否完好，法兰连接螺栓是否齐全完好；出粉球

阀动作是否灵活;罐内出粉管有无堵塞、脱落,内部表面是否完好。

③检查启动瓶外观是否完好。压力表是否完好,压力指示值是否正常;气动控制回路管道连接有无松动、脱落、破坏现象:减压阀定位是否正确,表压是否正常接线有无松动,连接是否正确,回路动作是否正常。

④选择阀控制阀手动操作、自动操作状况是否良好,检查标志状况手动操作是否灵活,阀件是否齐全,自动操作是否可靠,响应时间是否符合要求。

⑤检查管道有无松动、移位、锈蚀、坏裂现象,管内有无堵塞,喷嘴有无堵塞、角度是否正确、固定是否牢固。

⑥检查干粉喷嘴的安装位置、距离、方向,能否对保护对象实施有效保护,喷嘴上有无积存的污物,密封是否完好,喷嘴有无堵塞现象。

(2)压力容器、电气控制回路检查

①2～3 a 做一次压力容器、电器控制回路细检,每次检查应将检查的原因、内容详细记录。

②动力气瓶组一般 2～3 a 要拆下来称重,检查是否漏气。

测定气体压力和重量是否在规定范围内,低于规定数值时,要找出漏气原因,立即更换或修复。气瓶阀是否动作灵活。对减压阀应定期进行动作试验,观察二次压力是否符合规定。

③系统内附有干粉卷车的要检查卷筒转动灵活情况,手提式干粉喷枪的开关是否正常。

④对干粉罐要按照压力容器规程定期检验;对气瓶要按照气瓶监察规程定期检验;安全阀每年校验一次。

⑤用一个系统保护多个防护区时,在动力气瓶、手动装置处,要标识对应所保护的防护区的名称。

(3)干粉灭火剂的检查

干粉灭火剂要按照生产商提供的使用说明书的要求,严格管理检查。使用 2～3 a 后,应打开干粉罐的装粉盖,检查干粉是否结块,发现结块要立即更换。同时也要取样送专业机构检测,合格可以继续使用,若性能不合格,即使不结块也要更换。

(4)功能检测

①模拟启动试验

a)动力气源启动检查。抽检一只动力瓶,关闭其他瓶头阀、断开通向干粉罐管道,用电动控制启动瓶启动方式,检查动力瓶开启状况,启动瓶瓶头动作情况,同时检查系统压力变化情况;查验声光报警装置及联动设备动作信号状态。

b)手动启动测试。插上保险销(启动瓶头阀和动力瓶瓶头阀),在现场手动启动按钮,检查各部分瓶头阀启动动作状况;查验声光报警装置及联动设备动作信号状态。

c)自动启动测试。插上保险销(启动瓶头阀和动力瓶瓶头阀),模拟火灾状态,查验声光报警装置及联动设备动作信号状态。

②模拟喷射试验

a)采用氮气进行模拟喷气试验,氮气储存容器的储存压力应与干粉罐的工作压力相等。用火灾探测器试验器向火灾探测器施加模拟火灾信号并使其报警,用秒表测量延时时间,观察每个喷嘴喷出气体情况。

b)观察灭火启动装置和报警控制器的声光报警信号是否正确,试验气体是否喷射正常。

c)观察联动设备动作情况,查看系统管路有无明显晃动和机械损伤。

4. 检查项目及频率

干粉灭火系统维护管理周期及项目要求见表5.4。

表5.4 干粉灭火系统维护管理周期及项目

周期	检查内容
日常巡查	喷头、驱动气体储瓶、灭火剂储存装置、干粉输送管道、选择阀、阀驱动装置外观
	灭火控制器工作状态
	紧急启/停按钮、释放指示灯外观
	选择阀操作手柄安装在操作面一侧且便于操作，高度不超过1.7 m
日	干粉储存装置外观
	灭火控制器运行情况
	启动气体储瓶和驱动气体储瓶压力
月	干粉储存装置部件
	驱动气体储瓶充装量
年	防护区及干粉储存装置间
	管网、支架及喷放组件
	模拟启动检查

5. 常见故障分析与处置

干粉灭火系统常见问题原因及处置措施见表5.5。

表5.5 干粉灭火系统常见问题原因及处置措施

常见问题	原因	处置措施
1. 干粉灭火系统不动作	1. 内涨式的压杆或穿刺式的刀杆过短或变形，或刀杆的刀口不锋利 2. 压把变形或刀杆装配位置不符合要求 3. 气瓶瓶头阀操作装置不灵活，有卡阻现象	1. 换掉不合格的压杆或刀杆 2. 调整好压把和刀杆的装配位置，达到配合要求 3. 对变形的压把应进行更换
2. 不喷射灭火剂	1. 储气瓶未充足 2. 进气管、出粉管、喷嘴等系统堵塞不通畅 3. 间歇喷射装置锈蚀或不通 4. 干粉结块堵住各通路系统，影响灭火剂喷射 5. 干粉灭火剂不符合要求	1. 给气瓶充灌合格的二氧化碳 2. 清理杂物，疏通堵塞通道 3. 检修间歇喷射装置 4. 清理更换不合格的灭火器部件 5. 换用符合要求的干粉灭火剂
3. 操作时气多粉少	1. 外装式储气瓶和筒体连接部位漏气 2. 器头内有砂眼或气孔 3. 出粉管固定不牢固，有脱落现象	1. 应修理漏气部位 2. 更换不合格的器头 3. 把出粉管按要求固定好
4. 操作时产生漏粉现象	灭火器头与筒体连接处、压杆或刀杆和器头部分密封装置、喷嘴或喷管与器头密封部分、喷嘴或间歇喷射装置与喷管连接部分出现泄漏情况	更换各连接部位损坏和失效的密封装置，并拧紧松动的连接螺栓
5. 喷射强度达不到要求，喷射和滞后时间太长	1. 贮气瓶瓶头阀结构不合理或阀的开启度未达到最大值 2. 气瓶气量满足不了要求，使压力降低	1. 将瓶头阀开启到最大程度，结构有问题应进行更换 2. 储气瓶应按要求充足气量，以保持使用压力的要求

续表

常见问题	原因	处置措施
5. 喷射强度达不到要求，喷射和滞后时间太长	3. 外装式贮气瓶和筒体连接部位不严密或有堵塞现象 4. 器头内存在气孔或砂眼 5. 出粉管堵塞、变形或固定不牢固，进气管不通畅，有堵塞处 6. 喷嘴系统堵塞 7. 干粉中有小结块，影响干粉顺利流动	3. 不合格筒体应及时进行修整或更换，修整漏气部位，疏通堵塞处 4. 更换不符合要求的器头 5. 调整、疏通出粉管、进气管，保持通畅 6. 疏通喷嘴 7. 换用合格的新干粉，保证其良好的流动性能
6. 喷射过程中出粉少、剩余粉多	1. 筒体内出粉管过短或变形，使出粉受阻 2. 喷粉管的防潮膜爆破压力不符合规定 3. 其它原因，见本表第 5 项(1)～(7)的内容	1. 更换出粉管，使其达到操作要求 2. 更换合格的防潮膜，使其达到操作要求 3. 其它处理方法，见第 5 项(1)～(7)的内容
7. 储气瓶未充气或充气后压力太低	1. 充气量达不到要求 2. 瓶头阀部位和钢瓶有泄漏现象 3. 阀芯密封垫变形与阀体密封口接 4. 阀体结合面有赃物或密封口有缺陷 5. 内涨式瓶头阀压杆或穿刺式瓶头阀刀杆不标准等	1. 充装灭火气体至达到容积要求 2. 更换不合格的压杆或刀杆 3. 密封垫片或阀体，排除脏物 4. 处置有缺陷的阀体密封口和泄漏部位 5. 换掉不合格的钢瓶

5.3　自动跟踪定位射流灭火系统

5.3.1　系统的分类和组成

自动跟踪定位射流灭火系统是以水为射流介质，利用探测装置对初期火灾进行自动探测、跟踪、定位，并运用自动控制方式来实现射流灭火的固定灭火系统，包括灭火装置、探测装置、控制装置、水流指示器、模拟末端试水装置以及管网、供水设施等主要组件。自动跟踪定位射流灭类系统可分为自动消防炮灭火系统(灭火装置的流量大于 16 L/s)、喷射型自动射流灭火系统(灭火装置的流量不大于 16 L/s 且不小于 5 L/s，射流方式为喷射型)和喷洒型自动射流灭火系统(灭火装置的流量不大于 16 L/s 且不小于 5 L/s，射流方式为喷洒型)。

自动消防炮灭火系统将计算机技术、红紫外传感技术、热成像技术、机械传动技术和图像传输技术集于一体，全天候自动对所监测范围进行主动探测，一旦发现火灾，及时启动，迅速完成定位，同时发出报警信号，联动电磁阀、水泵对火源实施射水灭火；灭火后自动停止，如有复燃，重新启动。

自动消防水炮灭火系统具有流量大、射程远、定位准确等优点，主要用于商贸中心、展览中心、大型博物馆、高大厂房等室内大空间的火灾重点保护场所。自动消防炮由前智能探测器组件、智能灭火装置控制器、高空消防炮、消防联动设备组成，如图 5.15 所示。

1. 智能探测组件

自动消防炮的前端探测部分进行火灾探测，并将采集到的现场信息送给系统的控制中心。通常采用先进的双波段红外火灾探测器、线型光束感烟探测器、图像型火灾探测器 3 种火灾探测器。双波段红外火灾探测器、线型光束感烟火灾探测器和图像型火灾探测器可以单独使用，也可以混合使用，应根据被防护场所的实际情况适当选择，以达到对防护空间全方位防护、合理布置的目的。

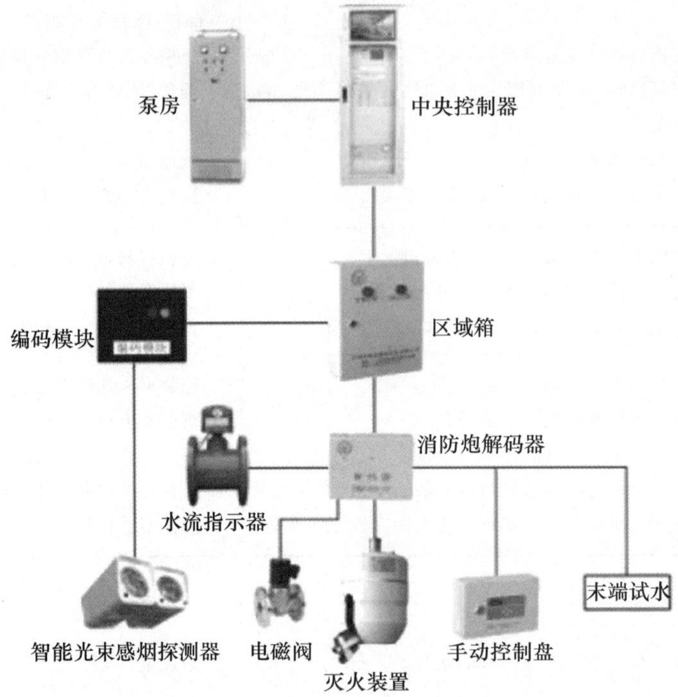

图 5.15　自动消防水炮灭火系统图

2. 控制中心部分

智能灭火装置控制器消防炮的控制中心部分一般设置在消防控制室内，包括火灾监控管理主机、视频处理设备、硬盘录像机以及火灾报警设备。该部分主要实现监控现场的设备运行管理、火灾信息提取、火灾报警、火灾现场图像监控等功能。智能灭火装置控制器消防炮的中央控制主机如图 5.16 所示。

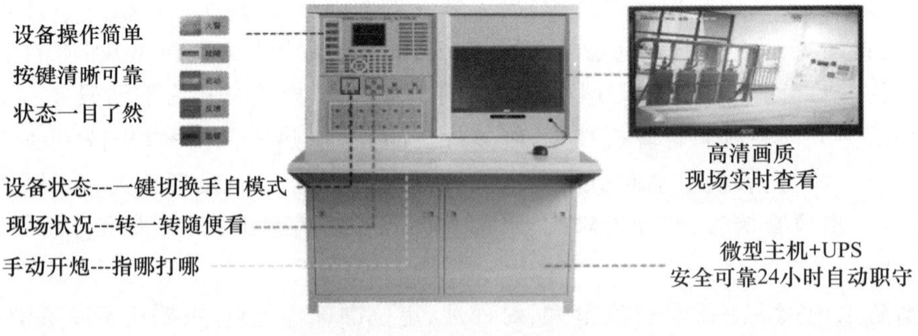

图 5.16　自动跟踪定位射流灭火装置的中央控制主机

对于确认为真实火情的信息，由信息处理主机驱动相关位置的消防炮进行扫描并锁定着火点；在无人状态下，主机自动启动消防泵、电磁阀门等设备，进行喷水灭火；自动显示对应报警区域的现场图像，并自动启动硬盘录像机进行记录；通过联动控制器启动消防联动设备，自动声光报警和自动拨打火警电话。

3. 高空消防炮部分

高空消防炮接到控制主机命令后，炮体承载红外火焰定位装置在水平方向上做大角度扫描，当它回转中发现火源后即发出火情信号，控制器马上进行垂直方向大角度扫描，同样在运行中发现火源后即发出火情信号，炮口立即停止转动，接着再通过图像火焰定位装置的微调定位，实现对着火点的精确瞄准。锁定火源后，消防炮按照事先约定好的自动调整和补偿程序，进行喷水灭火。如图 5.17 所示

图 5.17 自动跟踪定位射流灭火装置及在高大厂房中应用

4. 消防联动设备

系统报警后，联动控制器动作：声光报警、自动实时录像、自动拨打报警电话。系统可以与根据需要启动消防联动设备(如消防广播、排烟风机、防火卷帘门、气体灭火系统等)。

5.3.2 系统的工作原理

自动消防炮的火灾监控如图 5.18 所示。

自动消防水炮的工作过程如下：

一旦发生火灾，现场布设的火灾探测器马上把火警信息通知系统主机，主机确定着火点位置后，立即驱动相关位置的消防炮进行扫描并锁定着火点。消防炮对准着火点后，系统开启消防水泵及电磁阀门进行喷水灭火。同时前端水流指示器和水泵房压力继电器的动作反馈信号均在控制室操作台上显示。主机结束警报后，自动(手动)关闭消防水泵及电磁阀门。

5.3.3 系统的与运行与维护

1. 系统运行条件

自动跟踪定位射流灭火系统应有管理、检测、维护规程，并应保证系统处于准工作状态。

(1)维护管理人员应经过消防专业培训，并应熟悉自动跟踪定位射流灭火系统的原理、性能和维护规程。

(2)系统发生故障并需停用进行维修时，应经消防责任人批准并在采取相应的防范措施后进行。

(3)当改变建筑物的使用性质、几何特征或可燃物特性等可能影响系统的灭火有效性时，应对系统进行校核或重新设计。

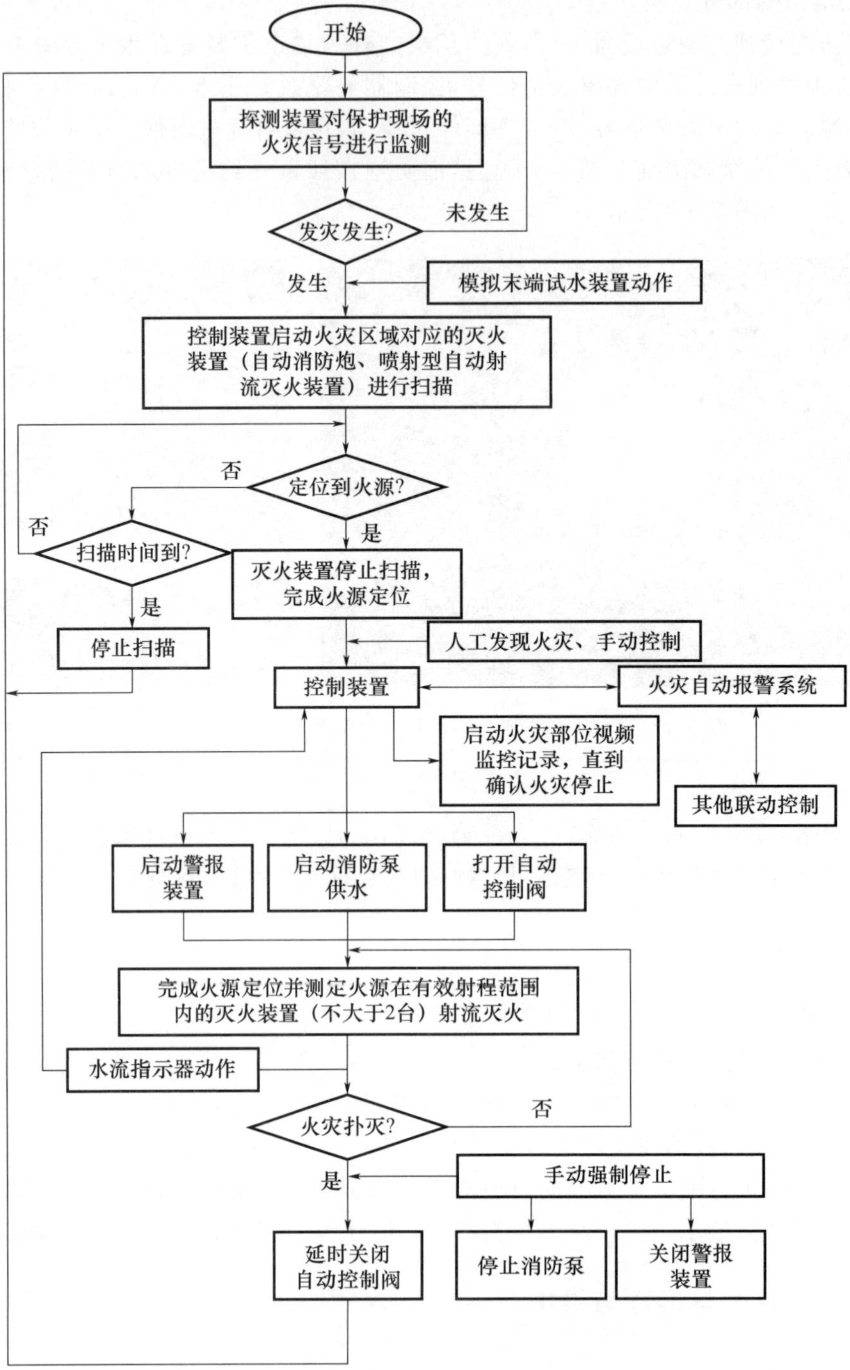

图 5.18　智能消防炮的工作原理

2. 系统的操作与控制

(1)系统的启动

系统应具有自动控制、消防控制室手动控制和现场手动控制 3 种控制方式。

自动消防炮灭火系统和喷射型自动射流灭火系统在自动控制状态下，控制主机在接到火警信号，确认火灾发生后，应能自动启动消防水泵(稳压泵的启动、停止应由压力开关控制)，打开自动控制阀、启动系统射流灭火，并应同时启动声光警报器和其他联动设备。当探测到火源后，应至少有 2 台灭火装置对火源扫描定位，并应至少有 1 台且最多 2 台灭火装置自动开启射流，且其射流应能到达火源进行灭火。

消防控制室手动控制系统在手动控制状态下，应人工确认火灾后手动启动系统射流灭火。可通过现场控制装置现场操作控制消防水泵的启动、停止，并能手动控制设备的启动、停止。在控制器上远程操作水炮上、下、左、右，射流装置回转机构启动水炮，上、下、左、右，消防控制室手动控制和现场手动控制相对于自动控制应具有优先权。

(2)系统的停止

系统自动启动后应能连续射流灭火。当系统探测不到火源时，对于自动消防炮灭火系统和喷射型自动射流灭火系统应连续射流不小于 5 min 后停止喷射，对于喷洒型自动射流灭火系统应连续喷射不小于 10 min 后停止喷射。系统停止射流后再次探测到火源时，应能再次启动射流灭火。也可通过消防控制室的手动操作装置和现场控制装置停止。

3. 系统的维护与保养

(1)外观检查

①智能灭火装置控制器

a)外观应整洁完好，电源标志完好。

b)控制器应安装牢固，不应倾斜。

②智能探测组件

a)探测器表面应无腐蚀、涂覆层脱落等机械损伤，标志应清晰，安装应牢固。

b)探测器周围应无遮挡物或干扰源。

③高空水炮

a)高空水炮表面应无腐蚀，无机械损伤，安装应牢固。

b)高空水炮周围应无遮挡物或障碍物。

④现场手动控制盘

a)现场手动控制盘钥匙锁(或密码锁)应正常。

b)外观应整洁完好，电源标志完好。

c)控制盘应安装牢固，不应倾斜。

(2)功能测试

①智能灭火装置控制器

a)火灾报警功能：结合探测器报警功能测试，查看报警控制器显示的报警部位、类型，应与现场情况一致；手动消音后，再次模拟一个火灾报警信号，报警主机应能再次启动。

b)故障报警功能：现场模拟一个故障报警信号，控制器应能接收故障信号并发出不同于火警的声光信号；核实故障部位、类型，应与现场一致。

c)自检功能：触发自检键，观察控制器面板上所有的指示灯、显示器和扬声器应正常，同时查看其受控设备不应动作。自检时间超过 1 min 或其不能自动停止自检功能时，消防联动控制器的自检功能应不影响非自检部位的正常功能。

d)消音、复位功能：当报警控制器处于报警状态时，启动消音键，应能消除声报警信号；启动复位键，系统应能恢复正常状态。

e)电源转换功能：切断主电源，能自动转换到备用电源；主电源恢复时，能自动转换到主电源；应有主、备电源工作状态指示。

f)记忆功能:查看报警控制器,应具有存储或打印报警信息时间和部位的功能。

g)观察检查控制器,应具有显示屏蔽信息的功能。

h)观察检查控制器,应具有信息显示功能。

i)手动控制功能:在控制器上按下消防水泵对应的启动、停止按钮,应能直接手动控制设备的启动、停止。在控制器上远程操作水炮上、下、左、右,射流装置回转机构启动和停止灵活,安全可靠,转向准确。远程手动开启、关闭控制阀门,检查阀门动作应正常;

②现场手动控制盘

a)利用现场控制装置现场操作水炮上、下、左、右,射流装置回转机构启动和停止灵活,安全可靠,转向准确。

b)检查现场手动控制盘与控制器通讯应正常。

c)现场手动开启、关闭控制阀门,检查阀门动作应正常。

③智能探测组件

模拟测试火焰探测器和图像型火灾探测器火灾报警功能:在火灾探测器监测视角范围内,打开专用试验仪器(条件允许时可以使用打火机或点燃酒精灯),探测器响应发出火灾报警信号。

④试水阀

a)打开自动跟踪灭火装置对应区域试水阀,应能正常出水。

b)消防控制室收到对应防火分区水流指示器报警信号。

c)消防泵启动,并反馈动作信号。

(4)系统联动试验

关闭自动跟踪灭火装置供水控制阀,将控制器设置在自动状态下,使用专用工具在其保护范围内模拟发生火灾,查看相关设备联动状态,应符合下列要求:

a)自动跟踪灭火装置应自动扫描着火点。

b)火灾确认后,跟踪定位完成,应能发出声光报警信号,并向火灾报警系统或其他联动控制设备传送报警和控制信号。

c)对应电磁阀打开,并反馈动作信号。

d)射水装置在复位、扫描过程中应转动均匀、灵活。

4. 维护管理周期及项目

自动跟踪定位射流灭火系统维护管理周期及项目内容见表 5.6.

表 5.6 自动跟踪定位射流灭火系统维护管理周期及项目

周期	部位	项目
每日	供电电源	检查主电源、备用电源接通情况
	控制装置	检查控制装置、水泵控制柜的控制面板及显示信号状态
	系统供水管网	检查管网内的水压是否正常
	消防储水设施、设备	检查水位是否正常
每周	消防水泵	消防水泵自动巡检运转情况
每月	消防水泵	检查启动运转情况
	气压稳压装置	检查工作状态是否正常
	系统组件	检查灭火装置、控制装置、探测装置、模拟末端试水装置等主要组件的工作状态是否正常

续表

周期	部位	项目
每月	阀门	检查开闭状态是否正常
	管道及附件	检查外观及标识是否正确
每季	模拟末端试水装置	检查出水和压力是否正常
	灭火装置	检查外观应良好、回转机构动作应正常
	消防水泵	检查消防水泵出水流量和压力是否正常，消防水泵启动、主备泵切换是否正常
	管道及支架和吊架	检查管道和支架和吊架是否松动，管道连接件是否变形，老化或有裂纹
	水泵接合器	检查水泵接合器是否完好
每年	系统组件、管道与阀门	全面检查系统组件、管道与阀门状态是否正常完好
	消防储水设施、过滤器	检查和清洗
	模拟末端试水装置	检查模拟末端试水装置的系统启动功能
	联动设备	检查系统联动控制功能应正常
不定期	消防水池、水箱、消防气压给水设备内的消防水	模拟当地环境、气候条件进行更换

5.4　灭火器

5.4.1　灭火器的分类及选型

1. 灭火器的分类

灭火器是扑救初起火灾的主要消防器材，具有轻便灵活、可移动、易操作使用的特点，灭火器的种类较多，按其移动方式可分为：手提式和推车式，如图 5.19 所示。按所充装的灭火剂则又可分为：水基型灭火器、干粉灭火器、二氧化碳灭火器、洁净气体灭火器等。

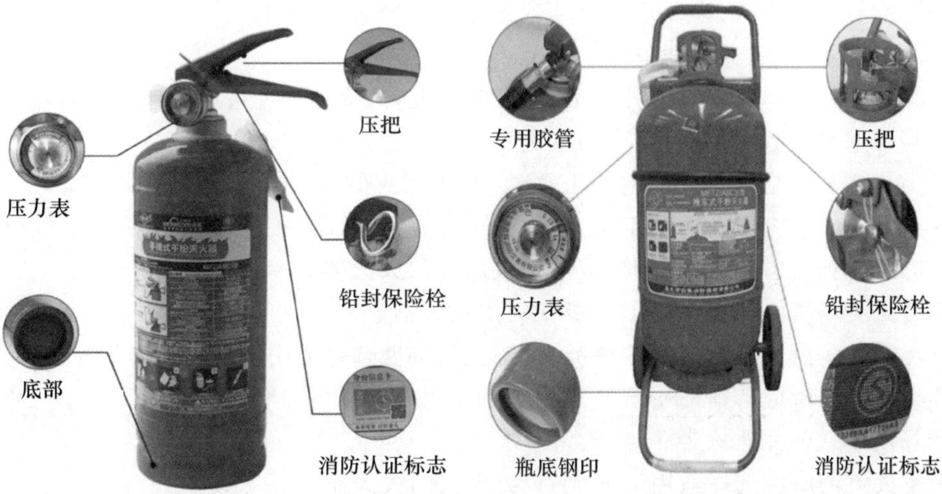

(a) 手提式灭火器　(b) 推车式灭火器

图 5.19　灭火器

(1)水基型灭火器

水基型灭火器是指内部充入的灭火剂是以水为基础的灭火器,常用的水基型灭火器有清水灭火器、水基型泡沫灭火器和水基型水雾灭火器3种。水基型(水雾)灭火器在喷射后,成水雾状,瞬间蒸发火场大量的热量,迅速降低火场温度,抑制热辐射,表面活性剂在可燃物表面迅速形成一层水膜,隔离氧气,降温、隔离双重作用,同时参与灭火,从而达到快速灭火的目的。水基型灭火器适用于扑救易燃固体或液体的初起火灾,广泛应用于油田、油库、轮船、工厂、商店等场所。

(2)干粉灭火器

除扑救金属火灾的专用干粉化学灭火剂外,干粉灭火剂一般分为BC干粉灭火剂和ABC干粉灭火剂2大类。主要有:磷酸铵盐、碳酸氢钠、氯化钠、氯化钾干粉灭火剂等。干粉灭火器可扑灭一般可燃固体火灾,还可扑灭油、气等燃烧引起的火灾。主要用于扑救石油、有机溶剂等易燃液体、可燃气体和电气设备的初期火灾,广泛用于油田、油库、炼油厂、化工厂、化工仓库、船舶、飞机场以及工矿企业等。

(3)二氧化碳灭火器

二氧化碳是一种不燃烧的惰性气体,在灭火时具有窒息和冷却作用。二氧化碳灭火器的容器内充装的是二氧化碳气体,靠自身的压力驱动喷出进行灭火。二氧化碳灭火器具有流动性好、喷射率高、不腐蚀容器和不易变质等优良性能,用来扑灭图书、档案、贵重设备、精密仪器、600 V以下电气设备及油类的初起火灾。

(4)洁净气体灭火器

洁净气体灭火器是将洁净气体(如IG541、七氟丙烷、三氟甲烷等)灭火剂直接加压充装在容器中,使用时,灭火剂从灭火器中排出形成气雾状射流射向燃烧物,当灭火剂与火焰接触时发生一系列物理化学反应,使燃烧中断,达到灭火目的。洁净气体灭火器适用于扑救可燃液体、可燃气体和可融化的固体物质以及带电设备的初期火灾,可在图书馆、宾馆、档案室、商场、企事业单位以及各种公共场所使用。

2. 灭火器选型

在实际配置过程中,灭火器选型应综合考虑多种因素的影响。

(1)火灾种类与灭火器的适应性

每一类灭火器都有其特定的扑救火灾类别,因此,灭火器的配置类型应与配置场所的火灾种类和危险等级相适应,并应符合下列规定:

①A类火灾场所应选择同时适用于A类、E类火灾的灭火器。

②B类火灾场所应选择适用于B类火灾的灭火器。B类火灾场所存在水溶性可燃液体(极性溶剂)且选择水基型灭火器时,应选用抗溶性的灭火器。

③C类火灾场所应选择适用于C类火灾的灭火器。

④D类火灾场所应根据金属的种类、物态及其特性选择适用于特定金属的专用灭火器。

⑤E类火灾场所应选择适用于E类火灾的灭火器。带电设备电压超过1 kV,且灭火时不能断电的场所不应使用灭火器带电扑救。

⑥F类火灾场所应选择适用于E类、F类火灾的灭火器。

⑦当配置场所存在多种火灾时,应选用能同时适用扑救该场所所有种类火灾的灭火器。

灭火器类型的选择可参考表5.7。

表 5.7　各类场所选用灭火器参考原则

火灾种类	可选择的灭火器类型
A 类火灾	水型灭火器、磷酸铵盐干粉灭火器或泡沫灭火器
B 类火灾	泡沫灭火器、碳酸氢钠干粉灭火器、磷酸铵盐干粉灭火器、二氧化碳灭火器或 B 类火灾的水型灭火器
C 类火灾	磷酸铵盐干粉灭火器、碳酸氢钠干粉灭火器、二氧化碳灭火器
D 类火灾	扑灭金属火灾的专用灭火器
E 类火灾	磷酸铵盐干粉灭火器、碳酸氢钠干粉灭火器或二氧化碳灭火器，但不得选用装有金属喇叭喷筒的二氧化碳灭火器

(2)灭火器的灭火效能和通用性

尽管几种类型的灭火器均适应于灭同一种类的火灾，但它们在灭火程度上有明显的差异。因此选择灭火器时应充分考虑灭火器的灭火有效程度。

在同一场所，宜选用相同类型和操作方法的灭火器，以便于人员培训以及灭火器的使用与维护。当同一场所存在不同火灾种类时，首先应选用通用型灭火器。当同一配置场所选用 2 种或 2 种以上类型灭火器时，应选用灭火剂相容的灭火器，以便充分发挥各自灭火器的作用。灭火剂不相容性见表 5.8。

表 5.8　不相容性的灭火剂举例

类型	相互间不相容灭火剂	
干粉与干粉	磷酸铵盐	碳酸氢钠、碳酸氢钾
干粉与泡沫	碳酸氢钾、碳酸氢钠	蛋白泡沫、化学泡沫
泡沫与泡沫	蛋白泡沫、氟蛋白泡沫	水成膜泡沫

(3)灭火剂对保护物品的污渍损失程度

泡沫、水、干粉灭火器灭火引起的污渍损失较严重，而气体灭火器引起的污渍损失很小。为了免受不必要的污渍损失，灭火器选型时应充分考虑其对保护物品的污渍损失程度。

(4)灭火器设置点的环境温度

环境温度过低会显著降低灭火器的喷射性能，而环境温度过高会导致灭火器内压剧增而爆炸。因此，灭火器的选型应适合特定场所的环境温度。

(5)使用人员的体能

为特定场所配置灭火器时，应对该场所中人员的体能(包括年龄、性别、体质和身手敏捷程度等)进行分析，以使选择的灭火器适合该场所人员的操作。

(6)配置设计的特殊需求

配置灭火器时，宜在手提式或推车式灭火器中选用，因为这 2 类灭火器有完善的配置设计方法。其他类型的灭火器可作为辅助灭火器使用。

5.4.2　灭火器的操作

1. 手提式灭火器

使用手提式干粉灭火器使用时，应手提灭火器的提把或肩扛灭火器到火场。在距燃烧处 5 m 左右，放下灭火器，先拔出保险销，一手握住开启把，另一手握在喷射软管前端的喷嘴处。如灭火器无喷射软管，可一手握住开启压把，另一手扶住灭火器底部的底圈部分。先将喷嘴对准燃烧处，用力握紧开启压把，对准火焰根部扫射。在使用干粉灭火器灭火的过程中要注意，如果在室外，应尽量选择在上风方向。

灭火时只要将灭火器提到火场，在距燃烧物 3 m 左右放下灭火器，拔出保险销，一手握住喇叭筒根部的手柄，另一只手紧握启闭阀的压把。对没有喷射软管的二氧化碳灭火器，应把喇叭筒往上扳 70°～90°。灭火时，当可燃液体呈流淌状燃烧时，使用者将二氧化碳灭火剂的喷流由近而远向火焰喷射。如果可燃液体在容器内燃烧时，使用者应将喇叭筒提起。从容器的一侧上部向燃烧的容器中喷射。但不能将二氧化碳射流直接冲击可燃液面，以防止将可燃液体冲出容器而扩大火势，造成灭火困难。使用二氧化碳灭火器扑救电气火灾时，如果电压超过 600 V，应先断电后灭火。

注意事项：使用二氧化碳灭火器时，在室外使用的，应选择在上风方向喷射，使用时宜佩戴手套，不能直接用手抓住喇叭筒外壁或金属连接管，防止手被冻伤。在室内狭小空间使用的，灭火后操作者应迅速离开，以防窒息。

2. 推车式灭火器

推车式灭火器一般由 2 人配合操作，使用时 2 人一起将灭火器推或拉到燃烧处，在离燃烧物 10 m 左右停下，一人快速取下喷枪（二氧化碳灭火器为喇叭筒）并展开喷射软管后，握住喷枪（二氧化碳灭火器为喇叭筒根部的手柄），另一人快速按逆时针方向旋动手轮，并开到最大位置。灭火方法和注意事项与手提式灭火器基本一致。

5.4.3 灭火器的维护与保养

1. 外观检查

(1)灭火器箱

a)检查灭火器箱的标识及使用说明，应清晰完好。

b)检查灭火器箱的外观，应无明显缺陷和机械损伤，组件应完好。

c)灭火器箱应开启灵活。

d)灭火器箱应无障碍物遮挡、阻塞。

(2)灭火器

a)检查灭火器压力指示器的指针，应在绿区范围内。

b)检查灭火器的铭牌、生产日期和维修日期等标志，应齐全、清晰，应无超期使用现象。

c)检查灭火器的喷嘴及软管，应无变形、裂纹及老化等问题。

d)检查灭火器筒体，不应存在机械损伤、明显锈蚀、灭火剂泄露等异常情况。

e)灭火器的保险装置应完好。

f)检查推车式灭火器的行驶机构，应完好，移动顺畅。

(3)其他组件

a)检查挂钩、托架，不应出现松动、脱落、断裂和明显变形。

b)检查灭火器的发光指示标志，应无明显缺陷和损伤，指示应准确。

c)检查灭火器设置点的环境温度，不得超出灭火器的使用温度范围，且环境温度宜在－5～45 ℃。

2. 维修与报废

灭火器的维护管理周期及项目内容见表 5.9。

表 5.9　灭火器维护管理周期及项目

周期	检查内容
每日	灭火器外观；灭火器数量；灭火器压力表、维修指示；设置位置状况
半月	下列场所配置的灭火器，应按要求每半月进行一次检查。 1. 候车(机、船)室、歌舞厅等人员密集的公共场所 2. 堆场、罐区、石油化工装置区、加油站、锅炉房、地下室等场所
月	灭火器的配置、外观等应按要求每月进行一次检查
年	每年需要核对选型、压力和有效期对同批次的灭火器随机抽取一定数量进行灭火、喷射等性能试验

当存在机械损伤、明显锈蚀、灭火剂泄漏、被开启使用过或符合其他维修条件的灭火器应及时进行维修。

当存在下列情况之一的灭火器应报废：

(1)筒体严重锈蚀(锈蚀面积大于等于筒体总面积的 1/3，表面有凹坑)。

(2)筒体明显变形，机械损伤严重。

(3)器头存在裂纹，无泄压机构。

(4)筒体为平底等结构不合理。

(5)没有间歇喷射机构的手提式。

(6)没有生产厂名称和出厂年月，包括铭牌脱落，或虽有铭牌，但已看不清生产厂名称，或出厂年月、钢印无法识别。

(7)筒体有锡焊、铜焊或补缀等修补痕迹。

(8)被火烧过。

灭火器报废后，应按照等效替代的原则进行更换。灭火器维修和报废期限见表 5.10。

表 5.10　灭火器维修和报废期限表

灭火器类型	报废期限/a	维修期限
水基灭火器	6	出厂期满 3 a，首次维修以后每满 1 a
干粉灭火器	10	出厂期满 3 a，首次维修以后每满 1 a
洁净气体灭火器		
二氧化碳灭火器	12	

第 6 章 防烟与排烟系统

6.1 防烟与排烟系统的组成及工作原理

6.1.1 防烟系统

1. 设置场所

当建筑物发生火灾时，疏散楼梯间和避难层等安全区域是人员疏散的唯一通道，也是消防员进行灭火救援的主阵地，因此，必须设置防烟设施控制烟气不进入上述安全区域。

建筑的下列场所或部位应设置防烟设施：

(1)防烟楼梯间及其前室。

(2)消防电梯间前室或合用前室。

(3)避难走道的前室、避难层(间)。

2. 防烟方式及原理

防烟系统是通过采用自然通风方式，防止火灾烟气在楼梯间、前室、避难层(间)等空间内积聚，或通过采用机械加压送风方式阻止火灾烟气侵入楼梯间、前室、避难层(间)等空间的系统。

(1)自然通风

自然通风是利用建筑物本身的采光通风开口起到防止烟气进入安全区域的作用。通常采取在防烟楼梯间的前室或合用前室设置全敞开的阳台或凹廊，或者在其内部聚集符合面积要求的可开启外窗的方式实现自然通风。

自然通风依靠室外风力造成的风压和火灾时室内外空气温度差造成的热压，促使烟气流动。如果室内温度高于室外，建筑物的上部将会有较高的压力，而下部存在较低的压力。当这些位置存在孔口时，空气通过较低的开口进入，从上部流出。当楼梯间或前室靠外墙设置时，可在外墙上设可开启外窗，使欲进入楼梯间的烟，能在楼梯间前室就自然排出，一定程度可以防止火灾烟气在楼梯间、前室、避难层(间)等空间内积聚，让人顺利逃生。

(2)机械加压送风系统

机械加压送风系统由加压送风机、送风井(管)道、送风口(阀)以及风机控制柜等组成。如图 6.1 所示。

在建筑发生火灾时，起火部位所在防火分区内的 2 个独立火灾探测器的报警信号或 1 个火灾探测器与 1 个手动火灾报警按钮的报警信号被发送至火灾报警控制器后，火灾报警控制器确认火灾，并以这 2 个信号的“与”逻辑，联动开启该防火分区内着火层及相邻上下两层前室及合用前室的常闭送风口及相应的加压送风机，同时开启该防火分区楼梯间的全部加压送风机。

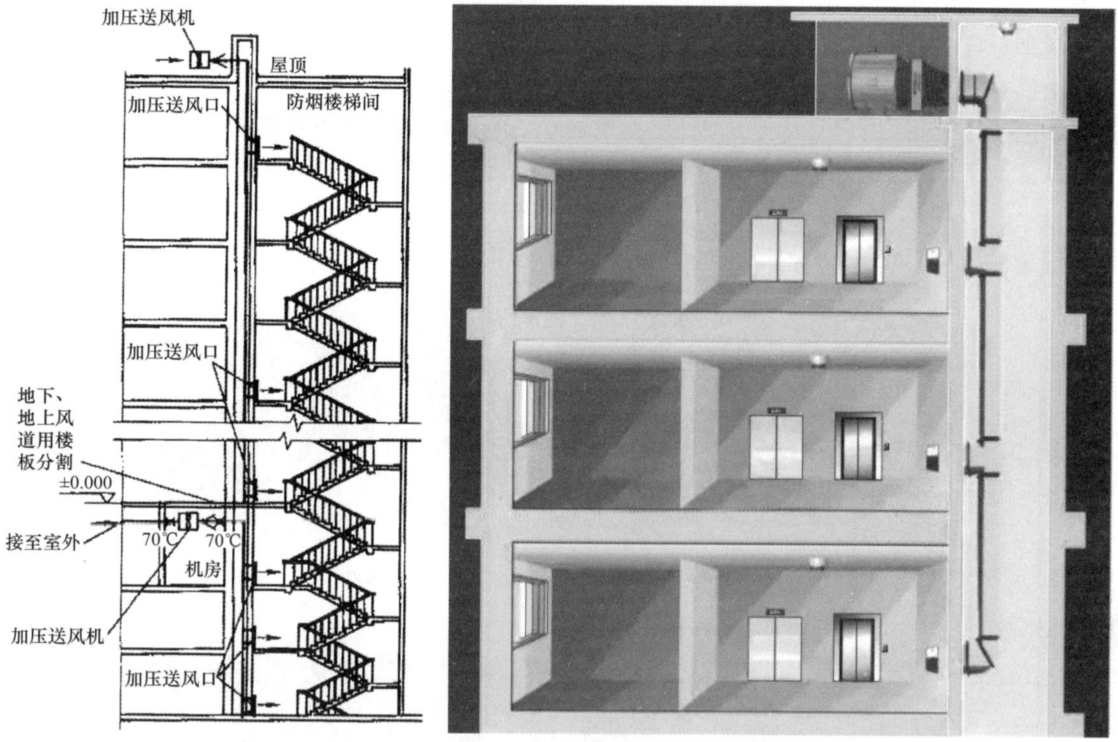

图 6.1　机械加压送风系统的组成及场景图

机械加压送风系统打开，向需要防烟的楼梯间、前室、避难层（间）等区域加注有压新鲜空气，使这些区域内形成正压，并形成“防烟楼梯间压力＞前室压力＞走道压力＞房间压力”的递减压力分布，从而把着火区域产生的烟气堵截于防烟部位之外。

6.1.2　排烟系统

1. 系统设置场所

建筑排烟的目的是排除起火部位或房间产生的大量烟气和热量，起到控制烟气和火势蔓延的作用。民用建筑的下列场所或部位应设置排烟设施：

（1）设置在一、二、三层且房间建筑面积大于 100 m^2 的歌舞、娱乐、放映、游艺场所，设置在四层及以上楼层、地下或半地下的歌舞、娱乐、放映、游艺场所。

（2）中庭。

（3）公共建筑内建筑面积大于 100 m^2 且经常有人停留的地上房间。

（4）公共建筑内建筑面积大于 300 m^2 且可燃物较多的地上房间。

（5）建筑内长度大于 20 m 的疏散走道。

（6）地下或半地下建筑（室）、地上建筑内的无窗房间，当总建筑面积大于 200 m^2 或 1 个房间建筑面积大于 50 m^2，且经常有人停留或可燃物较多时，应设置排烟设施。

2. 防烟分区

（1）防烟分区及挡烟设施

为了确保火场中产生的高温烟气在一定时间内迅速排出，首先应利用建筑自身的内部结构或人为地将需要排烟的场所，划分为若干个区域，把高温烟气控制在一定的区域范围之内，然后采取合理的排烟方式进行排烟。

防烟分区就是在设置排烟系统的场所或部位采用挡烟垂壁、从顶棚下突出不少于 0.50 m 的结构梁(隔板)及隔墙等划分的限制烟气向其他区域蔓延的空间。图 6.2 为挡烟梁，图 6.3 为挡烟隔墙。其中，挡烟垂壁是用钢板、夹丝玻璃、钢化玻璃、玻璃纤维防火布等不燃烧材料制成的固定或活动的挡烟设施，其从顶棚下垂高度不小于 0.50 m。图 6.4 为挡烟垂壁。敞开楼梯和自动扶梯穿越楼板的开口部应设置挡烟垂壁等设施。活动挡烟壁应由烟感探测器控制，或与排烟口联动，或受消防控制中心控制，但同时应能就地手动控制。

图 6.2 挡烟梁

图 6.3 挡烟隔墙

(a) 固定玻璃挡烟垂壁　(b) 活动玻璃纤维防火布挡烟垂壁

图 6.4 挡烟垂壁

(2)防烟分区划分原则

设置排烟系统的场所或部位应划分防烟分区。防烟分区不应跨越防火分区，公共建筑、工业建筑防烟分区的最大允许面积及其长边最大允许长度应符合表 6.1 的规定，当工业建筑采用自然排烟系统时，其防烟分区的长边长度不应大于建筑内空间净高的 8 倍。

表 6.1 公共建筑、工业建筑防烟分区的最大允许面积及其长边最大允许长度

空间净高/m	最大允许面积/m^2	长边最大允许长度/m
$H \leqslant 3.0$	500	24
$3.0 < H \leqslant 6.0$	1000	36
$H > 6.0$	2000	60 m；具有自然对流条件时，不应大于 75 m

注：①公共建筑、工业建筑中的走道宽度不大于 2.5 m 时，其防烟分区的长边长度不应大于 60 m。

②当空间净高大于 9 m 时，防烟分区之间可不设置挡烟设施。

③汽车库防烟分区的划分及其排烟量应符合现行国家规范《汽车库、修车库、停车场设计防火规范 GB 50067》的相关规定。

3. 排烟方式及工作原理

排烟系统是采用自然排烟或机械排烟的方式，将房间、走道等空间的火灾烟气排至建筑物外的系统。

(1)自然排烟系统

自然排烟是利用火灾热烟气流的浮力和外部风压作用,通过建筑开口将建筑内的烟气直接排至室外的排烟方式。

具备自然排烟条件的场所宜采用自然排烟方式,建筑的开口部位可以是敞开的阳台、凹廊,也可以是建筑结构型孔洞、固定的百叶口等常开固定的自然排烟口或平时可处于关闭状态,火灾时可通过自动、手动、温控释放等方式开启的自然排烟窗。如图 6.5 所示。

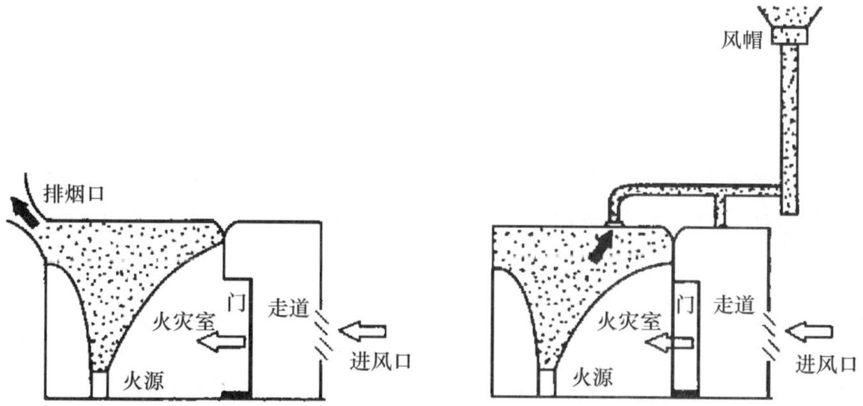

(a) 窗口排烟方式　　(b) 竖井排烟方式

图 6.5　自然排烟

(2)机械排烟系统

机械排烟系统一般由挡烟垂壁(或挡烟隔墙、挡烟梁)、排烟口、排烟防火阀、排烟道、排烟风机、排烟出口及排烟机控制柜等组成。如图 6.6 所示。

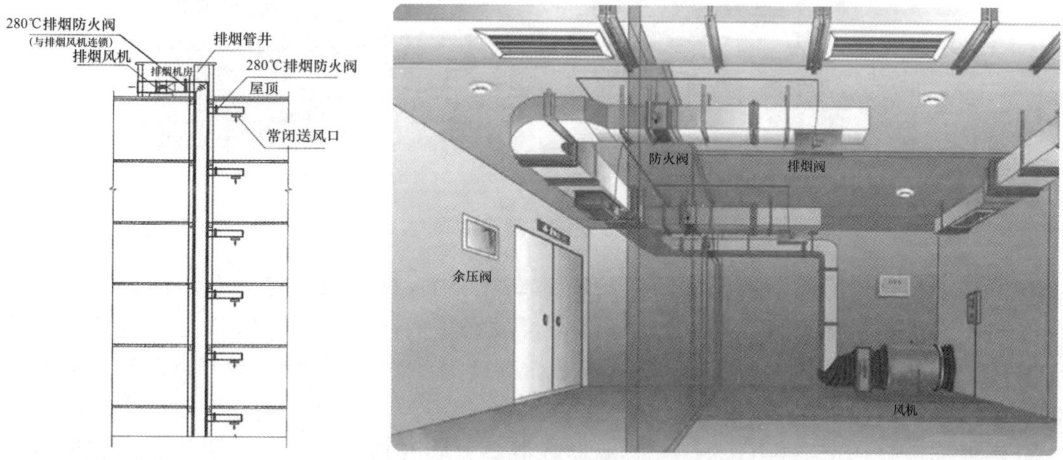

图 6.6　机械排烟系统的组成及场景图

当火灾发生时,起火部位所在防烟分区内的 2 个独立火灾报警探测器的报警信号作为开启排烟口、排烟窗或排烟阀的触发信号,同时停止该防烟分区的空气调节系统。当排烟口排烟窗或排烟阀开启时,其开启动作信号作为排烟风机启动的联动触发信号,即消防联动控制器在接收到排烟口、排烟窗或排烟窗开启信号后,联动启动排烟风机。机械排烟系统通过排烟风机运转所产生的气体流动和压力差，在排烟口处形成局部负压将烟气吸入，并利用排烟管道将烟气排出。

为了形成理想的气流组织，迅速排除烟气，排烟系统排烟时，除地上建筑的走道或建筑面积小于 500 m^2 的房间外，设置排烟系统的场所应设置补风系统。补风系统可采用疏散外门、手动或自动可开启外窗等自然进风方式或机械送风方式直接从室外引入空气，防火门、窗不得用作补风设施。补风量不应小于排烟量的 50%。这样才能够进行有效的排烟。

6.2 防烟与排烟系统的组件及设置要求

6.2.1 自然排烟窗(口)

具有自然排烟条件的场所宜选择自然排烟方式，同一空间不宜同时使用自然排烟窗和机械排烟系统进行排烟。同一防烟分区不应同时使用自然排烟窗和机械排烟系统进行排烟。采用自然排烟系统的场所应具有自然排烟窗(口)。

常见的自然排烟窗(口)包括：可开启外窗、可自动控制的自然排烟窗(口)、百叶窗(口)、滑动顶盖、在屋面上增设可熔性采光带(窗)等。自然排烟窗(口)的开启形式应有利于火灾烟气的排出，设置在屋面上的自动排烟窗宜采用对开式或百叶式；设置在外墙上的单开式自动排烟窗，宜采用下悬外开式。如图 6.7 所示。

(a) 屋顶对开式　　(b) 外墙下悬式

图 6.7　自然排烟窗

自然排烟窗(口)应设置在排烟区域的顶部或外墙上，且应设在储烟仓以内。对于走道和室内净高不大于 3 m 的空间，自然排烟窗(口)可设在室内净高度的 1/2 以上。设置在高位不便于直接开启的自然排烟窗(口)，应设置距地面高度 1.3～1.5 m 的手动开启装置。自然排烟窗(口)服务半径不应大于 30 m。

自然排烟窗(口)可通过自动、手动、温控释放等方式开启。当采用与火灾自动报警系统自动启动时，自动排烟窗应在 60 s 内或小于烟气充满储烟仓时间内开启完毕。带有温控功能的自动排烟窗，其温控释放温度应大于环境温度 30 ℃，且小于 100 ℃。

6.2.2 机械加压送风风机和排烟风机、补风机

机械加压送风风机和排烟风机应分别设置在专用风机房内，风机房应采用耐火极限不低

于 2.0 h 的隔墙和 1.5 h 的楼板与其他部位隔开，开向建筑内的门应采用甲级防火门。机械加压送风风机和排烟风机宜采用轴流风机或中、低压离心风机。

加压送风机宜设置在系统的下部，送风机的进风口宜设在机械加压送风系统的下部，并应直通室外且采取防止烟气被吸入的措施，当送风机出风管或进风管上安装单向风阀或电动风阀时，应采取火灾时自动开启阀门的措施。

排烟风机宜设置在排烟系统的最高处，烟气出口宜朝上，并应高于加压送风机和补风机的进风口。如图 6.8 所示。

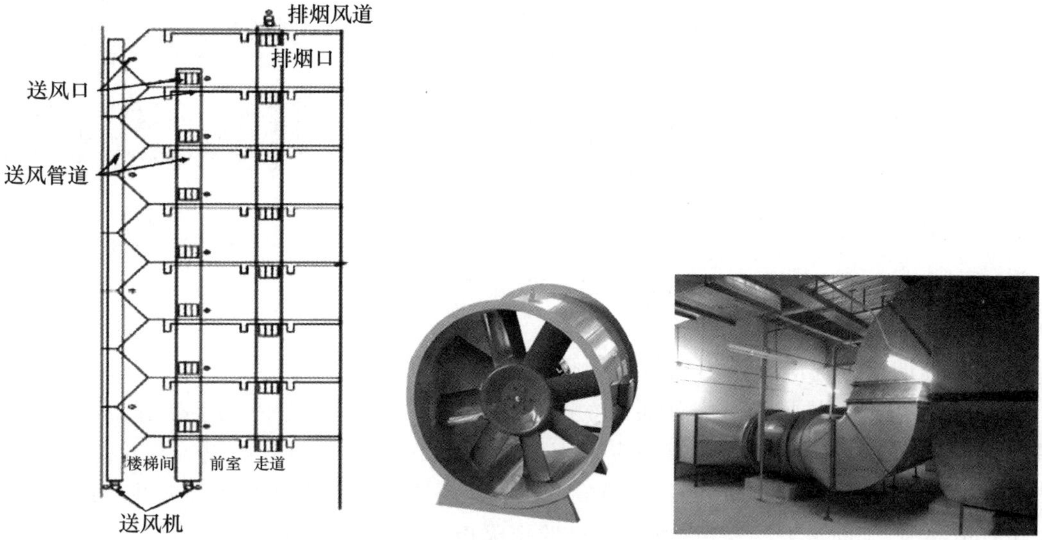

图 6.8　加压送风和排烟风设置位置示意图

排烟风机的出风口与送风机的进风口不应设在同一面上。当确有困难时，排烟风机的出风口与送风机的进风口应分开布置，且竖向布置时，送风机的进风口应设置在排烟出口的下方，其两者边缘最小垂直距离不应小于 6.0 m；水平布置时，两者边缘最小水平距离不应小于 20.0 m。如图 6.9 所示。

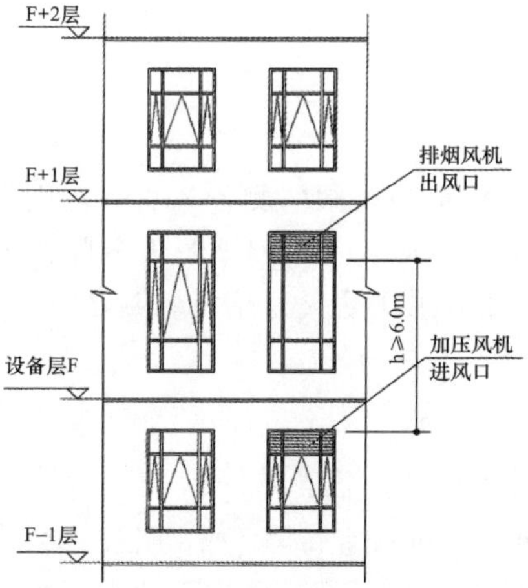

(a) 竖向布置的要求

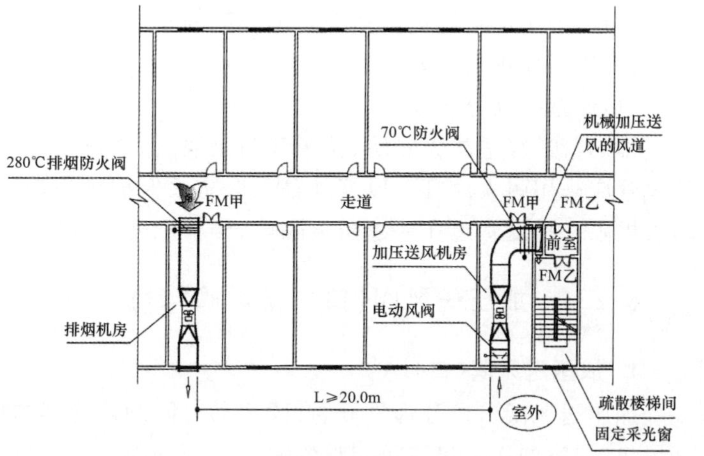

(b) 水平布置的要求

图 6.9　加压送风机进风口和排烟风机出风口在同一侧面上布置的要求

排烟风机入口处应设置能自动关闭的 280 ℃排烟防火阀，当排烟风道内烟气温度达到 280 ℃时，烟气中已带火，280 ℃排烟防火阀应关闭，并连锁关闭排烟风机停止排烟，防止高温烟火扩散到其他部位造成新的危害，如图 6.10 所示。排烟风机满足 280 ℃时连续工作 30 min 的要求。

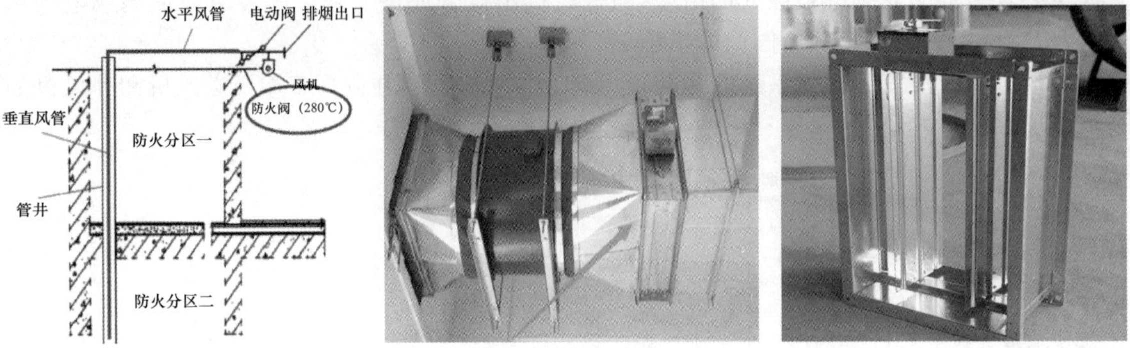

图 6.10　排烟风机及 280 ℃排烟防火阀现场图

6.2.3　送风管道和排烟管道

送风和排烟管道均应采用不燃材料制作，且内壁应光滑。

竖向设置的送风、排烟管道应分别独立设置在管道井内，水平设置的送风、排烟管道宜设置在吊顶内。送、排风管道的竖向管道井应采用耐火极限不低于 1.00 h 的隔墙与相邻部位分隔，当墙上必须设置检修门时应采用乙级防火门。当确有困难时，不能设置在管道井内或与其他管道合用管道井时，竖向设置的送风、排烟管道的耐火极限不应低于 1.00 h。当设置在吊顶内时，水平设置的送风、排烟管道，耐火极限不应低于 0.50 h；当未设置在吊顶内时，其耐火极限不应低于 1.00 h。当吊顶内有可燃物时，为了防止排烟管道本身的高温引燃吊顶中的可燃物，吊顶内的排烟管道应采用不燃烧材料进行隔热，并应与可燃物保持不小于 150 mm 的距离。补风管道耐火极限不应低于 0.50 h，当补风管道跨越防火分区时，管道的耐火极限不应小于 1.50 h。

排烟管道下列部位应设置排烟防火阀，防止火灾通过排烟管道蔓延到其他区域。

(1)垂直风管与每层水平风管交接处的水平管段上。

(2)一个排烟系统负担多个防烟分区的排烟支管上。

(3)排烟风机入口处。

(4)穿越防火分区处。

排烟管道穿过防火隔墙、楼板和防火墙时，穿越处管道上排烟防火阀两侧各 2.0 m 范围内的风管应采用耐火风管或风管外壁采取防火保护措施，且耐火极限不应低于该防火分隔体的耐火极限。排烟管道在穿越防火隔墙、楼板和防火墙处的孔隙应采用防火封堵材料封堵。

6.2.4　加压送风阀(口)、排烟阀(口)

1. 加压送风阀(口)

加压送风阀(口)分为常开、常闭 2 种。防烟楼梯间的加压送风口宜每隔 2～3 层设一个常开风口，前室的送风口应每层设置一个常闭的加压送风口，如图 6.11 所示，楼梯间的常开风口常采用自垂式百叶风口或常开百叶式风口，如图 6.12。图 6.13 为常闭加压送风口在前室设置的场景图。

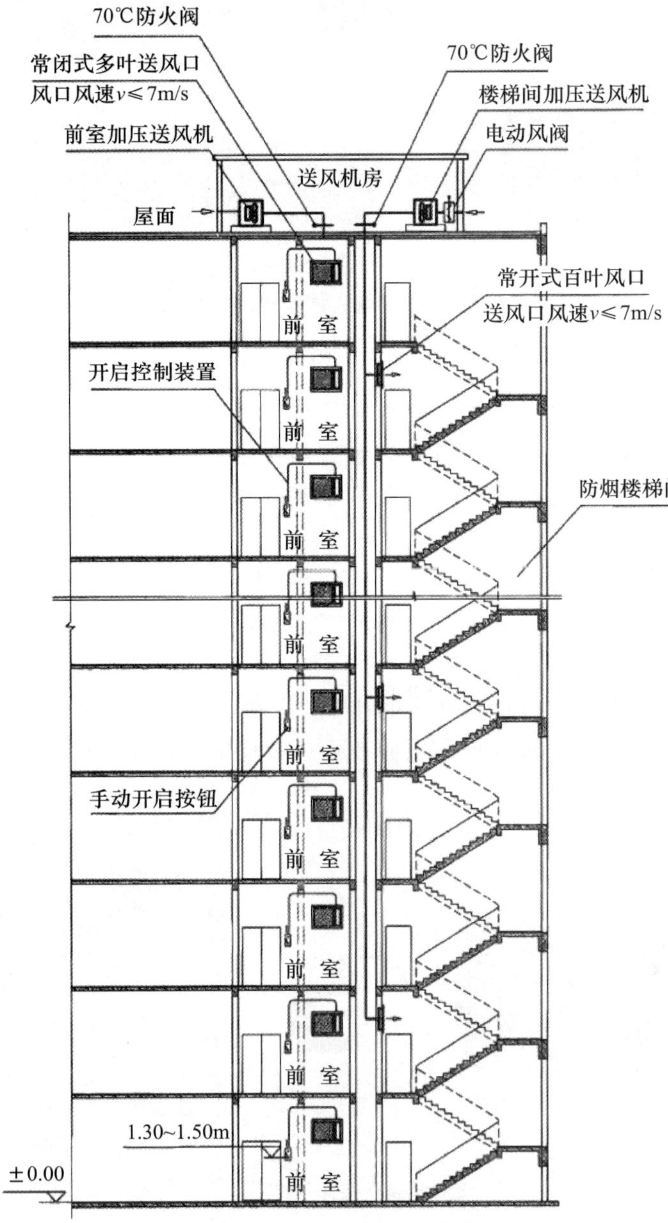

图 6.11　加压送风口在防烟楼梯间及前室的设置图

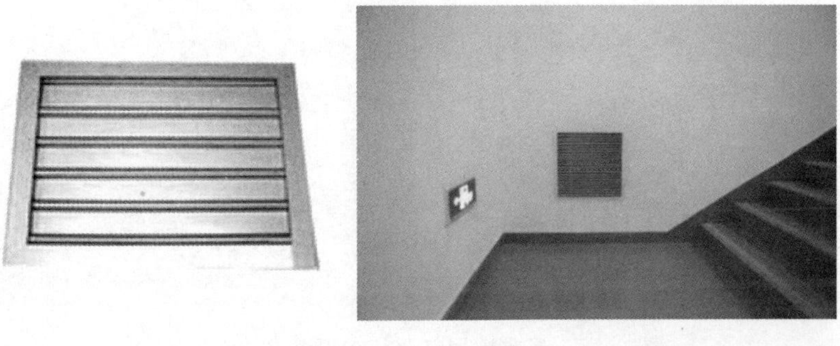

图 6.12　自垂式百叶风口及其在楼梯间中的设置现场图

图 6.13　常闭加压送风口及其在前室中的设置现场图

发生火灾时，只联动开启着火层及上下层前室的送风口，风口应设手动和自动开启装置，并应与加压送风机的启动装置联锁，手动开启装置宜设在距地面 1.3～1.5 m 处；送风口的风速不宜大于 7 m/s；送风口不宜设置在被门挡住的部位；送风口不宜设置在影响人员疏散的部位。

2. 排烟阀(口)

排烟阀(口)平时应一直保持锁闭状态，火灾时应由火灾自动报警系统联动开启排烟区域的排烟阀或排烟口，并应设置消防控制中心远距离控制的开启装置以及现场手动开启装置。图 6.14 为排烟阀及远距离执行装置。

常见的排烟口主要有板式排烟口和多叶排烟口，为了将起火区域产生的烟气有效、快速地排出，以利于安全疏散，排烟口宜设置在顶棚或靠近顶棚的墙面上，如图 6.15 和图 6.16 所示。

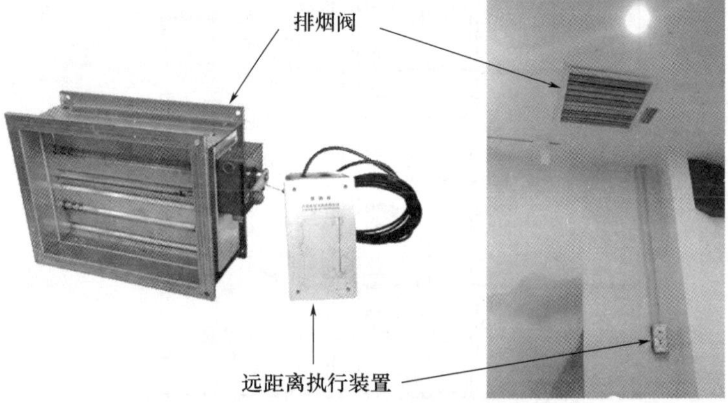

图 6.14　排烟阀及远距离执行装置

图 6.15　板式排烟口及其在顶喷上的设置

图 6.16　多叶排烟口及其在靠近顶棚的墙壁上设置

对走道和室内空间净高不大于 3 m 的区域，其排烟口可设置在其净空高度的 1/2 以上；当设置在侧墙时，吊顶与其最近边缘的距离不应大于 0.5 m。排烟口的设置应保证防烟分区内任一点与最近的排烟口之间的水平距离不应大于 30 m。排烟口与附近安全出口相邻边缘之间的水平距离不应小于 1.5 m。排烟口风速不宜大于 10 m/s。每个排烟口的排烟量不应大于最大允许排烟量。

3. 补风口

补风口与排烟口设置在同一空间内相邻的防烟分区时，补风口位置不限。当补风口与排烟口设置在同一防烟分区时，补风口应设在储烟仓下沿以下，这样才不会扰动烟气，也不会使冷热气流相互对撞，造成烟气的混流。补风口与排烟口水平距离不应少于 5 m。机械补风口的风速不宜大于 10 m/s，人员密集场所补风口的风速不宜大于 5 m/s；自然补风口的风速不宜大于 3 m/s。如果风速太大会影响人员的疏散。

6.2.5　防火阀、排烟防火阀

1. 防火阀

防火阀是安装在通风、空气调节系统的送、回风管道上的阀门，平时呈开启状态，火灾时，当管道内烟气温度达到 70 ℃时，防火阀由温控装置自动启动关闭，并在一定时间内能满足漏烟量和耐火完整性要求，起隔烟阻火作用。如图 6.17 所示。

而在一些特殊场所，比如厨房的排油烟管道，当设置防火阀时，应设置动作温度为 150 ℃的防火阀。

通风、空气调节系统的风管，在下列部位应设置公称动作温度为 70 ℃的防火阀：

(1)穿越防火分区处。

(2)穿越通风、空气调节机房的房间隔墙和楼板处。

(3)穿越重要或火灾危险性大的场所的房间隔墙和楼板处。

(4)穿越防火分隔处的变形缝两侧。

(5)竖向风管与每层水平风管交接处的水平管段上。

注：当建筑内每个防火分区的通风、空气调节系统均独立设置时，水平风管与竖向总管的交接处可不设置防火阀。

2. 排烟防火阀

排烟防火阀是安装在机械排烟系统的排烟管道或排烟风机入口管道上的阀门，平时呈开启状态，火灾时当排烟管道内烟气温度达到 280 ℃时关闭，并在一定时间内能满足漏烟量和耐火完整性要求，起隔烟阻火作用。和防火阀相比，排烟防火阀结构基本相同(由阀体、叶片、执行机构和温感器等部件组成)，但安装的系统不同，动作温度也不同，排烟防火阀是安装在机械排烟系统管道上的阀门，其动作温度是 280 ℃。设置在排烟风机入口处的排烟防火阀关闭，应连锁关闭排烟风机停止排烟。

图 6.17　防火阀

根据规范要求，排烟管道下列部位应设置排烟防火阀，如图 6.18 所示：

①垂直风管与每层水平风管交接处的水平管段上。

②一个排烟系统负担多个防烟分区的排烟支管上。

③排烟风机入口处。

④穿越防火分区处。

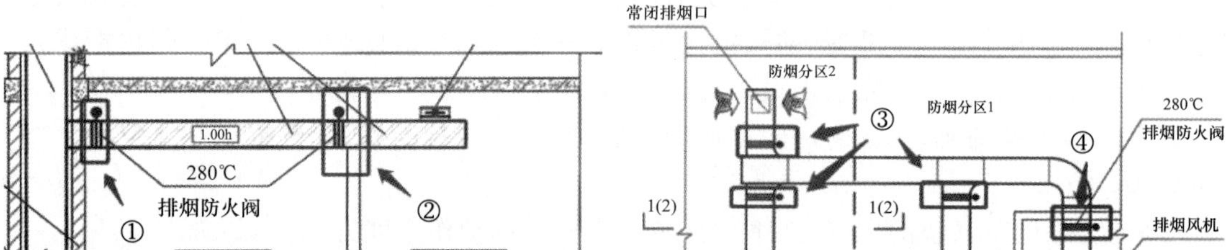

图 6.18　排烟防火阀在排烟管道中的设置位置

6.2.6　余压阀/余压传感器

建筑防烟系统在加压送风时，为了促使电梯前室和楼梯间内的加压空气向走道流动，阻止有害烟气侵入，应使走廊至前室至楼梯间的压力呈递增分布，即要求楼梯间的空气压力大于前室的空气压力，而电梯前室的空气压力大于走道的空气压力。但是由于加压送风作用力的方向与楼梯间及前室的疏散门开启方向相反，如果压力过高，就容易造成疏散门开启困难，影响人员顺利疏散逃生。因此，为了对着火层烟气起阻挡作用，又保证防火门的正常开启，应使前室和楼梯间相对于走廊形成正压，且满足前室与走道之间的压差应为 25～30 Pa；楼梯间与走道之间的压差应为 40～50 Pa。在防烟楼梯间的机械加压送风系统中，通常通过楼梯间与前室和前室与走道的隔墙上应设置余压阀，或者在楼梯间和前室设置余压传感器，通过余压监控系统，保证加压送风区域余压值稳定。

1. 余压阀

余压阀是一个单向开启的风量调节装置，按静压差来调整开启度，重锤式余压阀用重锤的位置来平衡风压。余压阀通常设置在需要保持一定压差的两个空间的隔墙上。当防烟楼梯间正压风机开启后，楼梯间和前室，或前室和走道之间空气存在一定压差，当压差达到余压阀的设定值时，余压阀就会开启泄压，当压差低于设定值时，阀门恢复关闭状态，从而起到平衡气压的作用。图 6.19 为余压阀及其设置位置的示意图。

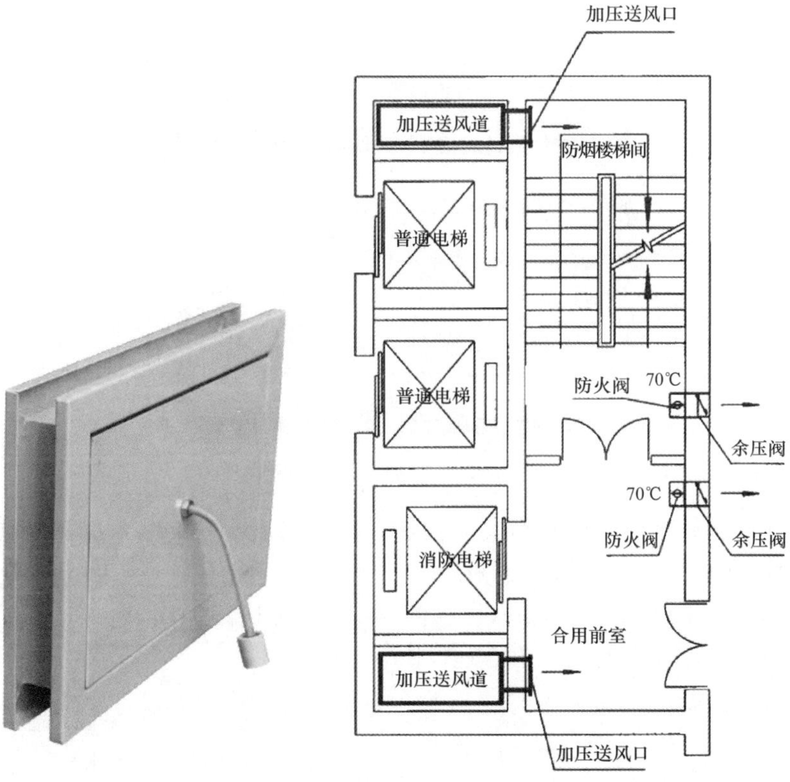

图 6.19　余压阀及其设置位置示意图

2. 余压监控系统

余压监控系统的组成及工作原理如图 6.20 所示。

发生火灾时，消防控制模块开启着火层前室及着火层相邻两层前室送风口，启动前室及楼梯间正压风机，为前室和楼梯间进行送风。

余压监控系统通过余压探测器实时监测余压值(前室/走道或楼梯间/走道气压差值)，

当余压值超过报警设定值(前室 30 Pa,楼梯间 50 Pa),余压探测器将发出报警信号,同时联动余压控制器控制旁通阀开启,减少正压风机前室或楼梯间的送风量,降低前室或楼梯间余压值。

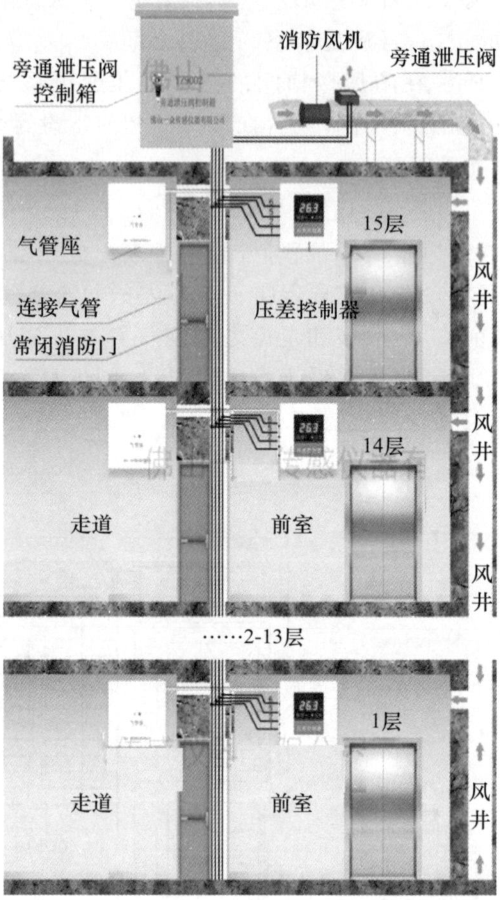

图 6.20　余压监控系统

当余压值恢复到合理范围(前室:25～30 Pa,楼梯间:40～50 Pa),旁通阀停止开启,并保持开启角度,维持送风量与泄压风量平衡。

当余压值低于最小值(前室 25 Pa,楼梯间 40 Pa),旁通阀关闭,增加送风量,以保证前室或楼梯间始终处于规范规定的余压值合理范围。

6.3　防烟与排烟系统的运行与维护

6.3.1　系统的运行条件

建筑防烟与排烟系统应保证自然通风和自然排烟设施的有效通风和排烟面积满足设计要求,不能随意变更。机械防烟、排烟系统应始终保持正常运行,不得随意断电或中断。

正常工作状态下,正压送风机、排烟风机等受控设备应处于自动控制状态,严禁将受控的正压送风机、排烟风机、通风空调风机等电控柜设置在手动位置。

消防控制室应能显示系统的手动、自动工作状态及系统内的防烟排烟风机、防火阀、排烟防火阀的动作状态；应能控制系统的启、停及系统内的防烟、排烟风机、防火阀、排烟防火阀、常闭送风口、排烟口、电控挡烟垂壁的开、关，并显示其反馈信号；应能停止相关部位正常通风的空调，并接收和显示通风系统内防火阀的反馈信号。

6.3.2　系统的控制与操作

1. 加压送风机的控制

加压送风机可通过以下方式控制：

(1)现场手动启动。

(2)通过火灾自动报警系统自动启动。

(3)消防控制室手动启动。

(4)系统中任一常闭加压送风口开启时，加压风机自动启动。

2. 排烟风机的控制

排烟风机可通过以下方式控制：

(1)现场手动启动。

(2)通过火灾自动报警系统自动启动。

(3)消防控制室手动启动。

(4)系统中任一排烟阀或排烟口开启时，排烟风机自动启动。

(5)排烟防火阀在 280 ℃自行关闭，连锁关闭排烟风机和补风机。

3. 挡烟垂壁的控制

挡烟垂壁可通过以下方式控制：

(1)挡烟垂壁接收到消防控制中心的控制信号后下降至挡烟工作位置。

(2)当配接的烟感探测器报警后，挡烟垂壁自动下降至挡烟工作位置。

(3)现场手动操作。

(4)系统断电时，挡烟垂壁自动下降至设计位置。

4. 自动排烟窗的控制

自动排烟窗可通过以下方式控制：

(1)通过火灾自动报警系统自动启动。

(2)消防控制室手动操作。

(3)现场手动操作。

(4)通过温控释放装置启动，释放温度应大于环境温度 30 ℃，且小于 100 ℃。

5. 排烟防火阀的控制

排烟防火阀可通过以下方式关闭：

(1)温控自动关闭。

(2)电动关闭。

(3)手动关闭。

6. 排烟口、常闭送风口的控制

排烟口、常闭送风口可通过以下方式控制：

(1)通过火灾自动报警系统自动启动。

(2)消防控制室手动操作。

(3)现场手动操作。

排烟口的开启信号应与排烟风机联动。

7. 防烟系统的联动控制

(1)当防火分区内火灾确认后,火灾自动报警系统应能在 15 s 内联动开启常闭加压送风口和加压送风机。并应符合下列规定:

a)应开启该防火分区楼梯间的全部加压送风机。

b)应开启该防火分区内着火层及其相邻上下层前室及合用前室的常闭送风口,同时开启加压送风机。

(2)消防控制设备应显示防烟系统的送风机、阀门等设施启闭状态。

8. 排烟系统的联动控制

(1)当火灾确认后,火灾自动报警系统应在 15 s 内联动开启相应防烟分区的全部排烟阀、排烟口、排烟风机和补风设施,并应在 30 s 内自动关闭与排烟无关的通风、空调系统。担负 2 个及以上防烟分区的排烟系统,应仅打开着火防烟分区的排烟阀或排烟口,其他防烟分区的排烟阀或排烟口应呈关闭状态。

(2)火灾自动报警系统应在 15 s 内联动相应防烟分区的全部活动挡烟垂壁,60 s 以内挡烟垂壁应开启到位。

(3)火灾自动报警系统联动的自动排烟窗应在 60 s 内或小于烟气充满储烟仓时间内开启完毕。

(4)消防控制设备应显示排烟系统的排烟风机、补风机、阀门等设施启闭状态。

(5)排烟防火阀在 280 ℃时应自行关闭,并应连锁关闭排烟风机和补风机。

6.3.3 系统的维护与保养

1. 外观检查

(1)正压风机、排烟风机、补风机

a)检查风机外观,应安装牢固、无明显锈蚀。

b)检查风机标识及铭牌,应清晰。

c)检查风机接头、防护罩、皮带等组件,应完好、无破损。

(2)送风口、排烟口、排烟阀

a)检查常闭送风口、排烟阀或排烟口的手动驱动装置,应安装牢固、明显可见,应无遮挡、便于操作,且操作应灵活。

b)检查送风口、排烟阀或排烟口,应固定牢靠,表面平整、不变形,调节灵活。

c)检查排烟口 1.5 m 范围内,不应存在可燃物或可燃构件。

(3)风道

a)检查风道连接,应无破损、漏风等异常情况,风管表面应整洁、无锈蚀。

b)检查吊顶内的排烟管道,应采用不燃材料隔热,并应与可燃物保持不小于 150 mm 的距离。

c)当防烟排烟系统采用无机玻璃钢风管时,风管表面应光洁,无明显泛霜、结露和分层现象。

(4)挡烟垂壁

a)检查挡烟垂壁表面,应平整、涂层均匀、整洁美观。

b)检查挡烟垂壁安装情况,应牢固、无脱落、无错位、无缺失。

2. 功能测试

(1)正压风机、排烟风机、补风机

a)在风机控制柜上手动开启风机,风机应正常运转,叶轮旋转方向应正确、运转平稳、无异常振动与声响;通过对讲机与消防控制室人员联系,消防控制室应能接收其反馈信号。

b)应能在消防控制室手动控制风机的启动、停止。通过对讲机与消防控制室人员联系,风机的启动、停止状态信号应能反馈至消防控制室。

c)应能在消防控制室远程启动排风排烟双速风机。通过对讲机与消防控制室人员取得联系,风机应能切换至高速排烟状态。

(2)排烟防火阀

a)进行手动关闭、复位试验,阀门动作应灵敏、可靠,关闭应严密。

b)阀门关闭后的状态信号应能反馈至消防控制室。

c)阀门关闭后应能联动相应的风机停止。

(3)常闭送风口、排烟阀或排烟口

a)进行手动开启、复位试验,阀门动作应灵敏、可靠。

b)操作就地控制机构进行开启、复位试验,阀门动作应灵敏、可靠,就地控制机构的脱扣钢丝连接不应松弛、脱落。

c)阀门开启后的状态信号应能反馈至消防控制室。

d)阀门开启后应能启动相应的风机。

e)测量送风口、排烟口的风向及风速,应符合设计要求。

(4)活动挡烟垂壁

a)手动操作挡烟垂壁按钮进行开启、复位试验,挡烟垂壁应灵敏、可靠地启动与到位后停止,下降高度应符合设计要求。

b)挡烟垂壁下降到设计高度后应能将状态信号反馈至消防控制室。

3. 系统的联动试验

(1)防烟系统的联动试验

a)将消防联动控制器设置在自动状态下,使用专用工具人为触发加压送风口所在防火分区内的 2 个独立的火灾探测器或 1 个火灾探测器与 1 个手动火灾报警按钮的报警信号,现场查看送风口应开启、加压送风机应启动。

b)将消防联动控制器设置在自动状态下,使用专用工具人为触发同一防烟分区内且位于电动挡烟垂壁附近的 2 个独立的感烟火灾探测器的报警信号,通知人员现场查看电动挡烟垂壁应降落。

(2)排烟系统的联动试验

将消防联动控制器设置在自动状态下,使用专用工具人为触发同一防烟分区内的 2 个独立的火灾探测器的报警信号,现场查看排烟口、排烟窗或排烟阀应开启,该防烟分区的空气调节系统应关闭,同时联动控制排烟风机启动。

4. 保养

(1)风机机房

a)对风机房进行卫生清洁,应做到无杂物、蜘蛛网,物品摆放整齐,地面打扫干净,不影响设备正常使用。

b)用吹尘器吹扫或用拧干的湿抹布轻轻擦拭房间内设备的表面,如消防配电柜、电机等设施顶部。

(2)正压风机、排烟风机、补风机

a)清洁风机表面,清理进、出风口的杂物。

b)清除风机及管内的灰尘等杂物。

c)清除叶轮上的积尘、污垢等杂质。

d)检查叶轮的磨损、腐蚀及变形情况,严重时应更换叶轮。

(3)常闭送风口、排烟防火阀、排烟阀、排烟口

a)对常闭送风口、排烟防火阀、排烟阀、排烟口的执行机构进行开启、复位操作,加注润滑油,保持其灵活。

b)对常闭送风口、排烟防火阀、排烟阀、排烟口的表面进行除锈、防锈处理。

6.3.4 系统维护管理周期和项目

防烟排烟系统维护周期和项目内容如表 6.2 所示。

表 6.2 防烟排烟系统维护管理周期和检查内容表

周期	部位	检查内容
每周	风管(道)及风口等部件	目测巡检完好状况,无异物变形
	室外进风口、排烟口	巡检进风口,出风口是否通畅
	巡查电源状态、电压	系统电源
每季度	防烟、排烟风机	手动或自动启动试运转,检查有无锈蚀、无螺丝松动
	挡烟垂壁	手动或自动启动、复位试验,有无升降障碍
	排烟窗	手动或自动启动、复位试验,有无升降障碍
	供电线路	检查供电线路有无老化、双回路自动切换电源功能等
每半年	排烟防火阀	手动或自动启动、复位试验检查、有无变形、锈蚀及弹簧性能确认性能可靠
	送风阀或送风口	手动或自动启动、复位试验检查、有无变形、锈蚀及弹簧性能确认性能可靠
	排烟阀或排烟口	手动或自动启动、复位试验检查、有无变形、锈蚀及弹簧性能确认性能可靠
年	系统联动试验	检验系统的联动控制功能及主要技术性能参数

6.3.5 系统常见问题分析与处置

建筑防烟、排烟系统常见问题主要集中在设计和使用维护两个方面。例如,应设置隔烟设施的位置,未设置挡烟垂壁等设施或挡烟垂壁失效,不能形成防烟分区;正压送风机和排烟风机不能定期检查、运转,完好率很低;防烟楼梯间内的送风口破坏现象在各建筑中也十分普遍;消防控制室对系统的遥控启动和联动操作存在着不同步和不能联动的情况。机械加压送风和机械排烟系统常见问题原因分析及处置措施见表 6.3。

表 6.3　防排烟系统常见故障原因及处置措施

常见故障	故障原因	处置措施
排烟阀打不开	1. 排烟阀控制机械失灵 2. 电磁铁不动作或机械锈蚀引起排烟阀打不开	1. 经常检查操作机构是否锈蚀，是否有卡住的现象 2. 检查电磁铁是否工作正常
排烟阀手动打不开	手动控制装置卡死或拉筋线松动	检查手动操作机构
排烟机不启动	1. 排烟机控制系统器件失灵或连线松动 2. 风机机械故障	1. 检查机械系统及控制部分各器件系统连线 2. 风机常见故障见表 6.4

表 6.4　风机常见故障

常见故障	故障原因	处置措施
风量不足	1. 管道内阀门未打开 2. 吸风管不够大或风机进风口未安装变接口 3. 皮带松弛 4. 电源电压低或接反 5. 吸风管过长，弯头多或配用风机风量过小 6. 叶轮油污过多 7. 风管连接口漏气	1. 打开阀门 2. 更换吸风管及安装变接口 3. 调整皮带轮中心距，张紧皮带 4. 检查电源调换两相接线 5. 更换风量大的风机 6. 清洗叶轮 7. 用胶片或玻璃胶封好接口
风机振动剧烈	1. 叶轮变形或不平衡 2. 轴承重磨损，叶轮同轴度偏差过大 3. 基础螺栓松动，引起共振 4. 叶轮定位螺栓或夹轮螺栓松动	1. 更换叶轮 2. 更换轴承，调整同轴度 3. 紧固地脚螺栓 4. 紧固定位螺栓或夹轮螺栓
电动机温度过高	1. 风机输送气体密度过大，使压力增加，电动机超负荷 2. 输入电压过高或过低 3. 流量过大或负压过高 4. 供电线路电线平方截面过小	1. 增大电动机功率 2. 装设过载保护装置 3. 重新设计安装风管 4. 更换供电线路电线
轴承温度过高	1. 润滑油脂变质或缺油 2. 轴与轴承不同心，安装歪斜 3. 轴承磨损严重	1. 清洗轴承更换油脂 2. 调整轴承提高同轴度 3. 更换轴承
皮带跳动及打滑	1. 皮带过松弛 2. 两皮带轮位置偏斜不在同一直线上	1. 调整皮带轮距离以张紧皮带 2. 调整皮带轮位置，使其在同一直线上

第7章　消防应急照明和疏散指示系统

7.1　消防应急照明和疏散指示的设置场所

消防应急照明和疏散指示系统是为人员疏散和发生火灾时仍需工作的场所提供照明和疏散指示的系统。

7.1.1　消防应急照明

消防应急照明是指发生火灾时，因正常照明的电源失效而启用的照明。消防应急照明包括消防疏散照明和消防备用照明。

消防疏散照明主要设置在人员安全疏散必须经过的安全出口、疏散出口、疏散走道、疏散楼梯间等重要部位，和建筑内人员相对集中、人员疏散时易出现拥堵情况的场所，是确保疏散通道和安全出口被有效辨认和使用的照明。

消防备用照明是在火灾事故中确保照明功能持续进行而设置的应急照明。如消防控制室、消防水泵房、自备发电机房、配电室、防排烟风机机房等在建筑发生火灾时继续保持正常工作的部位，以及建筑避难层(间)和屋顶直升机停机坪，均应设置备用照明，并保证作业面的最低照度不应低于正常照明的照度。

7.1.2　疏散指示标志

疏散指示标志是在疏散通道、疏散门、安全出口等疏散必经的关键部位设置的以显眼的文字、鲜明的标记指明疏散方向和位置的灯光指示标志。发生火灾时，疏散指示标志可以有效帮助人们在黑暗或浓烟弥漫的情况下，确定疏散方向和路径，迅速顺利疏散。

依据《建筑设计防火规范》规定，公共建筑、建筑高度大于54 m的住宅建筑、高层厂房(库房)和甲、乙、丙类单、多层厂房，应在安全出口和人员密集场所的疏散门的正上方，及疏散走道设置的墙面或地面上设置疏散指示标志。

此外，展览建筑、商店、歌舞娱乐放映游艺场所、电影院、剧场和体育馆等大空间或人员密集场所的内部疏散走道和主要疏散路线的地面上，还应增设能保持视觉连续的疏散指示标志或蓄光疏散指示标志，以帮助人们依靠行走路线上的疏散指示标志，可以及时识别疏散位置和方向，缩短到达安全出口的时间。但这些疏散指示标志是辅助疏散指示标志，不能作为主要的疏散指示标志。

7.2　消防应急照明与疏散指示系统的分类和组成

7.2.1　系统的分类及组成

消防应急照明和疏散指示系统按照消防应急灯具的控制方式可分为集中控制型系统和非集中控制型系统。设置消防控制室的场所应选择集中控制型系统。设置火灾自动报警系统，但未设置消防控制室的场所宜选择集中控制型系统，其他场所可选择非集中控制型系统。

1. 集中控制型系统

集中控制型系统设置应急照明控制器，由应急照明控制器集中控制并显示应急照明集中电源或应急照明配电箱及其连接的消防应急灯具工作状态。根据消防应急灯具蓄电池电源供电方式的不同，集中控制型系统分为以下 2 种：

(1)灯具采用集中电源供电方式的集中控制型系统

灯具的蓄电池电源采用应急照明集中电源供电方式的集中控制型系统，由应急照明控制器、应急照明集中电源、集中电源集中控制型消防应急灯具及其相关附件组成。系统组成如图 7.1 所示。

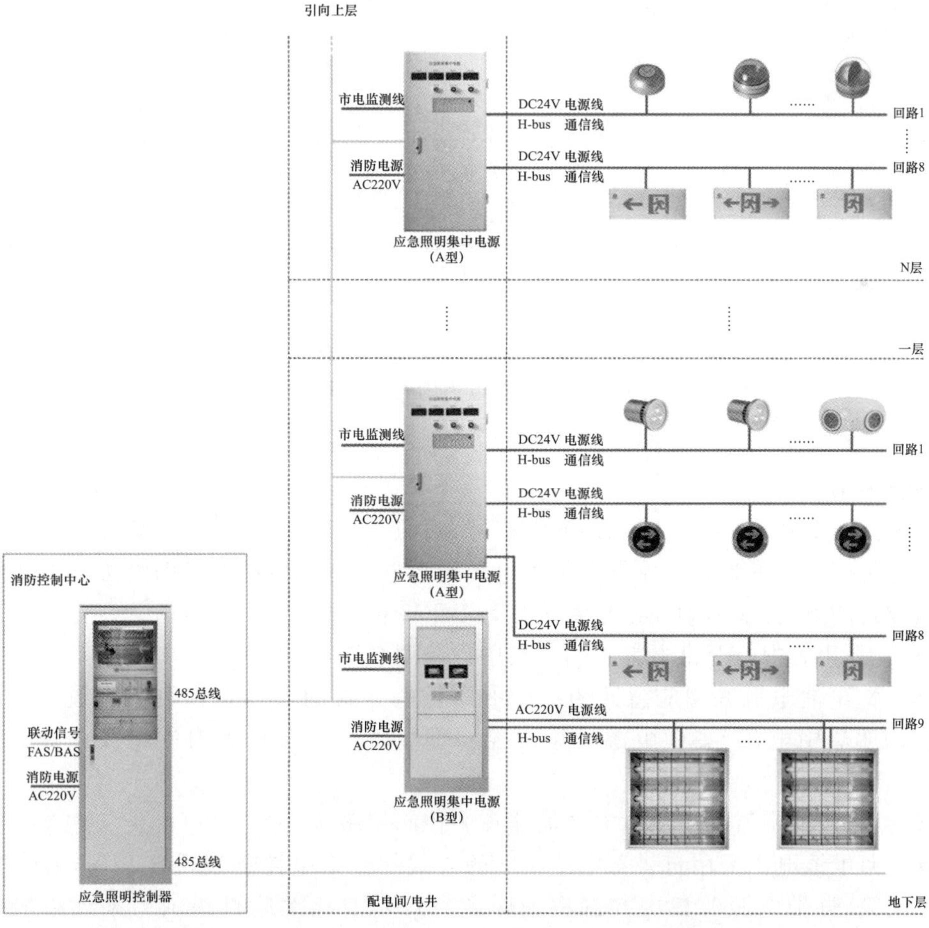

图 7.1　灯具采用集中电源供电方式的集中控制型系统

http://www.hyopto.com/index.php? ac=article&at=list&tid=17

(2)灯具采用自带蓄电池供电方式的集中控制型系统

灯具的蓄电池电源采用自带蓄电池供电方式的集中控制型系统,由应急照明控制器、应急照明配电箱、自带电源集中控制型消防应急灯具及相关附件组成。系统组成如图 7.2 所示。

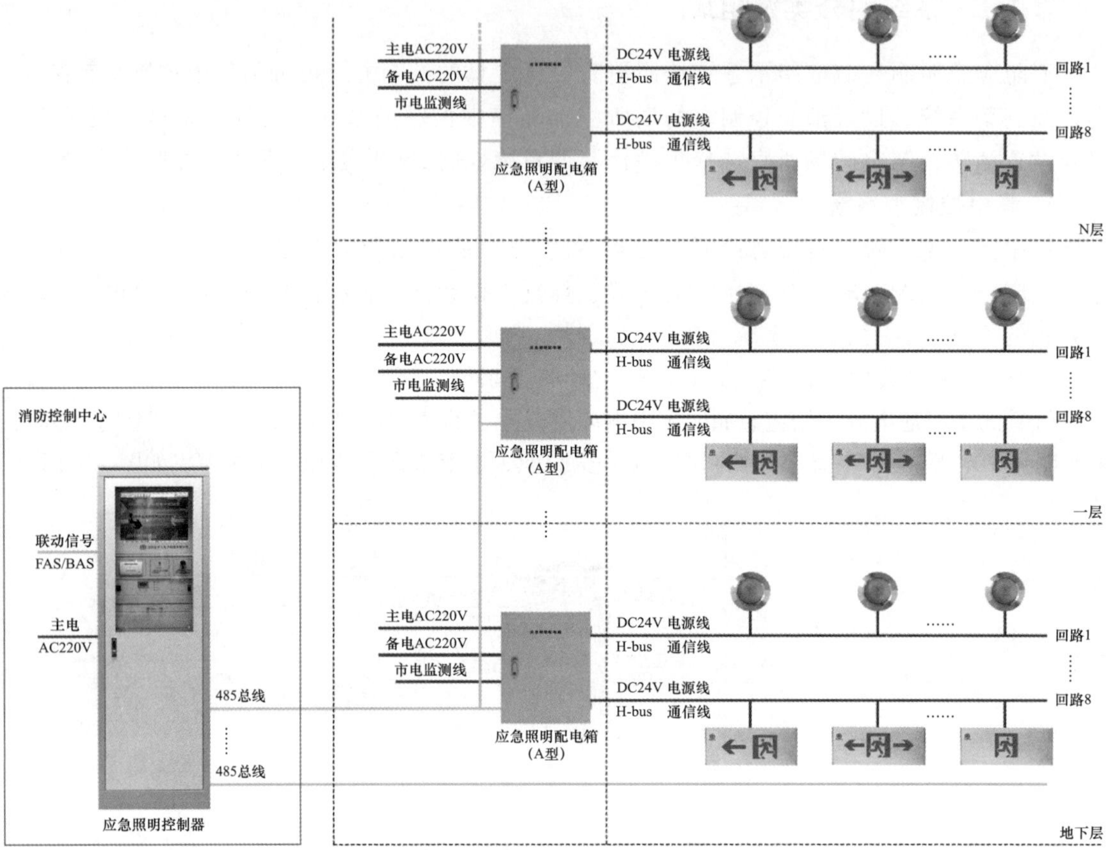

图 7.2 灯具采用自带蓄电池供电方式集中控制型系统

http://www.hyopto.com/index.php? ac=article&at=list&tid=17

2. 非集中控制型系统

非集中控制型系统未设置应急照明控制器,由应急照明集中电源或应急照明配电箱控制其配接的消防应急灯具光源工作状态及主电源和蓄电池电源转换。根据消防应急灯具蓄电池电源供电方式的不同,非集中控制型系统分为以下 2 种:

(1)灯具采用集中电源供电方式的非集中控制型系统

灯具的蓄电池电源采用应急照明集中电源供电方式的非集中控制型系统,由非集中控制型应急照明集中电源、集中电源非集中控制型应急灯具及相关附件组成。系统如图 7.3 所示。

(2)灯具采用自带蓄电池供电方式的非集中控制型系统

灯具的蓄电池电源采用自带蓄电池供电的方式的非集中控制型系统,由非集中控制型应急照明配电箱、自带电源非集中控制型消防应急灯具及相关附件组成。系统组成如图 7.4 所示。

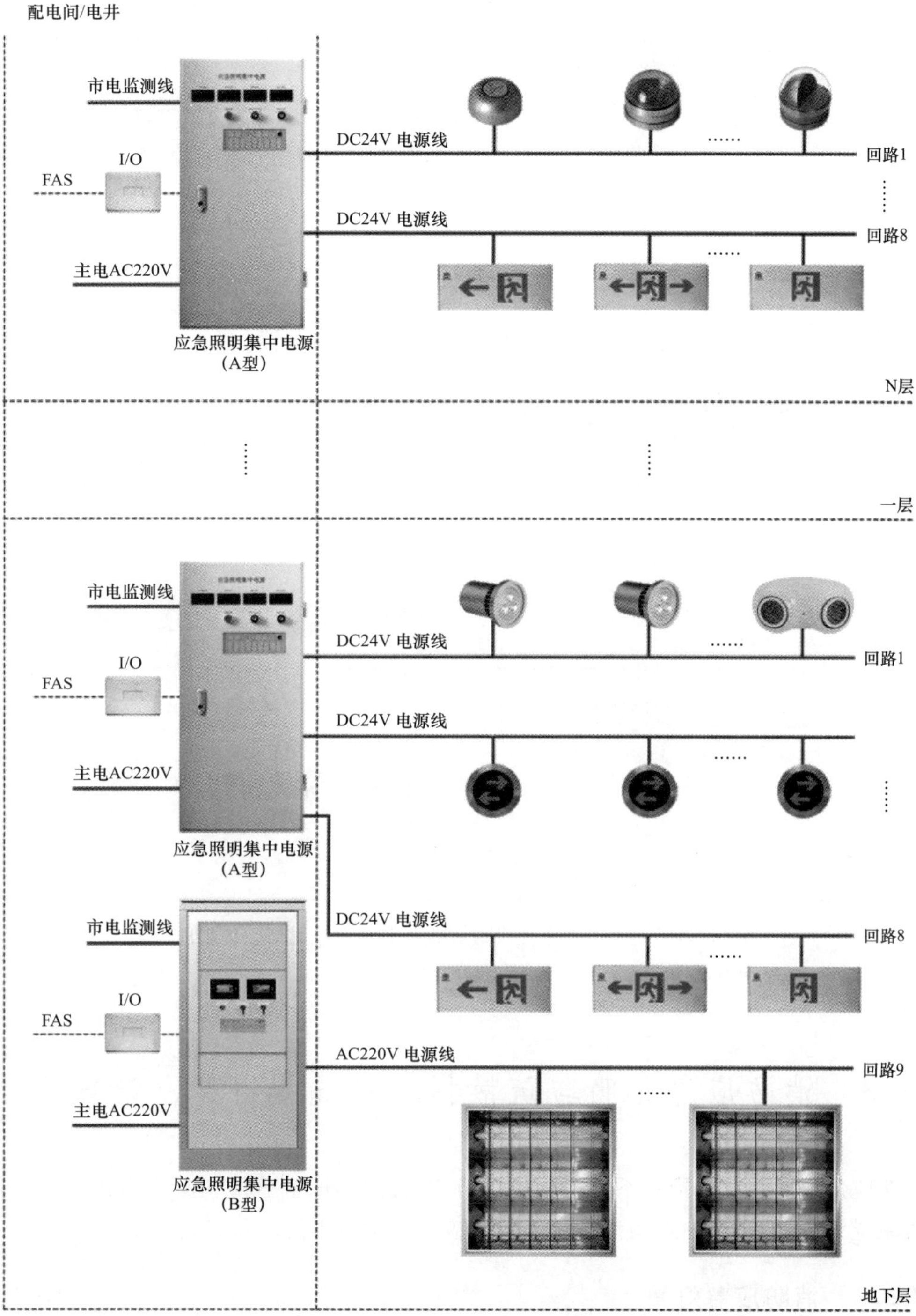

图 7.3　灯具采用集中电源供电方式的非集中控制型系统

http://www.hyopto.com/index.php? ac=article&at=list&tid=17

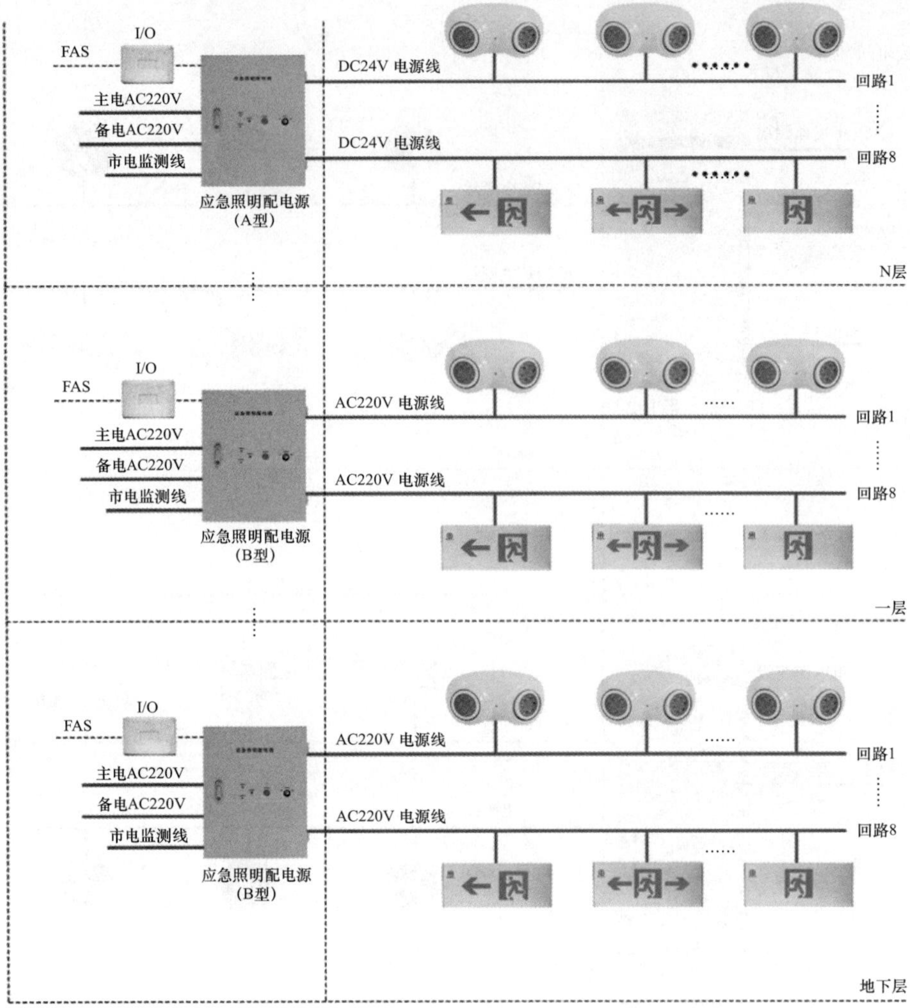

图 7.4　灯具采用自带蓄电池供电方式的非集中控制型系统组成示意图

http://www.hyopto.com/index.php?ac=article&at=list&tid=20

7.3　消防应急照明与疏散指示系统的组件及设置要求

消防应急照明与疏散指示系统主要包括消防应急灯具、应急照明集中电源或应急照明配电箱等系统设备,其中集中控制型系统还包括应急照明控制器。

7.3.1　消防应急灯具

1. 分类

消防应急灯具是为人员疏散、消防作业提供照明和指示标志的各类灯具。包括消防应急照明灯具和消防应急疏散标志灯具。图 7.5 为常见的消防应急照明灯具,包括应急手电,图 7.6 消防应急疏散标志灯具。

图 7.5　消防应急照明灯具

图 7.6　消防应急疏散标志灯具

按电源额定工作电压等级分为：A 型灯具和 B 型灯具。A 型消防应急灯具是主电源和蓄电池电源额定工作电压均不大于 DC36 V 的消防应急灯具，主要用于应急照明灯具设置在距地面 8 m 及以下高度的场所，防止人体直接触电和自动喷水灭火系统、消火栓系统等灭火时导致灯具外壳导电引起人体间接触电。B 型消防应急灯具的主电源或蓄电池电源额定工作电压大于 DC36 V 或 AC36 V 的消防应急灯具，主要用于应急照明灯具设置在距地面 8 m 以上高度的场所，未设置消防控制室的住宅建筑，疏散走道、楼梯间等场所可选择自带电源 B 型灯具。

按蓄电池电源供电方式分为：自带电源型灯具和集中电源型灯具。自带电源型消防应急灯具是主电源由应急照明配电框的配电回路供电，蓄电池电源由灯具自带蓄电池供电的消防应急灯具。集中电源型消防应急灯具是主电源和蓄电池电源均由应急照明集中电源供电的消防应急灯具。

按适用系统类型分为：集中控制型灯具和非集中控制型灯具。集中控制型消防应急灯具用于集中控制型系统，由应急照明控制器集中控制并显示其工作状态。非集中控制型消防应急灯具用于非集中控制型系统，由应急照明集中电源（灯具采用集中电源的非集中控制型系统）或应急照明配电箱（灯具采用自带蓄电池供电方式的非集中控制型系统）控制其应急启动。

按工作方式分为：持续型灯具和非持续型灯具。持续型消防应急灯具在正常工作状态下光源处于节电点亮模式，在火灾或其他紧急状态下控制光源转入应急点亮模式。非持续型消防应急灯具在正常工作状态下光源处于熄灭模式，在火灾或其他紧急状态下控制光源转入应急点亮模式。消防应急灯具的分类如图 7.7 所示。

2. 设置要求

（1）安装要求

应急灯具应固定安装在不燃性墙体或不燃性装修材料上，不应安装在门、窗或其他可移动的物体上。灯具安装后不应对人员正常通行产生影响，灯具周围应无遮挡物，并应保证灯具上的各种状态指示灯易于观察。

照明灯宜安装在顶棚上，可采用嵌顶、吸顶和吊装式安装。当条件限制时，照明灯可安装在走道侧面墙上在距地面 1 m 以下侧面墙上安装时，应保证光线照射在灯具的水平线以下。

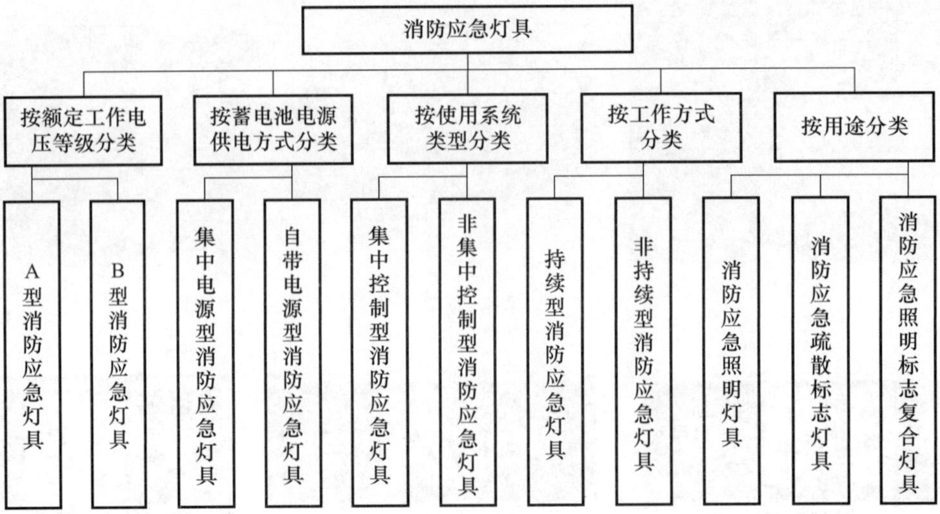

图 7.7　消防应急灯具分类示意图

标志灯应选择持续型灯具，可采用吸顶和吊装式安装。标志灯的标志面宜与疏散方向垂直。在疏散走道、楼梯内设置时，方向标志灯应设置在走道、楼梯两侧距地面、梯面高度 1 m以下的墙面、柱面上；安全出口或疏散门在疏散走道侧边设置时，应在疏散走道上方增设指向安全出口或疏散门的方向标志灯；方向标志灯的标志面与疏散方向垂直时，灯具的设置间距不应大于 20 m；方向标志灯的标志面与疏散方向平行时，灯具的设置间距不应大于 10 m。

(2)性能要求

①应急照明灯具

a)水平照度值

应急照明灯据的设置应保证为人员在疏散路径及相关区域的疏散提供最基本的照度；消防应急照明灯具投射到其设置场所地面的光通量称为地面水平照度。疏散路径、场地的地面水平照度值直接影响人员的疏散速度和消防救援活动的开展。应急照明灯具在不同部位或场所的水平照度应满足表 7.1 规定。

表 7.1　应急照明灯的部位或场所及其地面水平最低照度表

设置部位或场所	地面水平最低照度
I-1 病房楼或手术室的避难间 I-2 老年人照料设施 I-3 人员密集场所、老年人照料设施、病房楼或手术部内的楼梯间、前室或合用前室、避难走道 I-4 逃生辅助装置存放处等特殊区域 I-5 屋顶直升机停机坪	不应低于 10.0 lx
II-1 除 I-3 规定的敞开楼梯间、封闭楼梯间、防烟楼梯间及其前室，室外楼梯 II-2 消防电梯间的前室或合用前室 II-3 除 I-3 规定的避难走道 II-4 寄宿制幼儿园和小学的寝室、医院手术室及重症监护室等病人行动不便的病房等需要救援人员协助疏散的区域	不应低于 5.0 lx

续表

设置部位或场所	地面水平最低照度
III-1 除 I-1 规定的避难层(间) III-2 观众厅,展览厅,电影院,多功能厅,建筑面积大于 200 m^2 的营业厅、餐厅、演播厅,建筑面积超过 400 m^2 的办公大厅、会议厅等人员密集场所 III-3 人员密集厂房内的生产场所 III-4 室内步行街两侧的商铺 III-5 建筑面积大于 100 m^2 的地下或半地下公共活动场所	不应低于 3.0 lx
IV-1 除 I-2、II-4,III-2～III-5 规定场所的疏散走道、疏散通道 IV-2 室内步行街 IV-3 城市交通隧道两侧、人行横通道和人行疏散通道 IV-4 宾馆、酒店的客房 IV-5 自动扶梯的上方或侧上方 IV-6 安全出口的外面及附近区域、连廊的连接处两端 IV-7 进入屋顶直升及停机坪的途径 IV-8 配电室、消防控制室、消防水泵房、自备发电机房等火灾时仍需工作、值守的区域	不应低于 1.0 lx

b)色温

消防应急照明灯具的色温与人体视觉感受有很大的关联,高色温的光源可以提高兴奋程度,使人的注意力更加集中,增快其对周围事件的反应。照明灯具光源发光色温应在 2700～8000 K,疏散用手电筒的发光色温应该在 2700～6500 K。

c)光通量

消防应急照明灯具的光通量是根据辐射对标准光度观察者的作用处的光度量,单位为 lm。通常消防应急照明灯具的光通量数值越大,所提供的照明性能越好。基于节能环保的考虑,系统在正常工作模式下,持续型消防应急照明灯具的光源可以处于节电点亮模式,其节电点亮模式下的光通量不应低于其标称的节电光通量,且不小于 30 lm。持续型或非持续型应急照明灯具的光源应急点亮后,灯具的光通量不应低于其标称的节电光通量,且不小于 100 lm。消防应急照明灯具兼用日常照明时,灯具在应急启动后的光通量指标不应小于 100 lm。

应急疏散标志灯具的设置应保证人员能够清晰地辨识疏散路径、疏散方向、安全出口的位置、所处的楼层位置。

亮度是人眼从一个方向观察光源,在这个方向上的光强与人眼所"见到"的光源面积之比,定义为该光源的亮度,即单位投影面积上的发光强度。表面亮度是表征消防应急疏散标志灯具性能的重要指标。消防应急疏散标志灯具在光源处于节电点亮模式时,灯具的最小表面亮度和最大表面亮度应分别低于应急点亮模式时的最小表面亮度和最大表面亮度。仅用绿色或红色图形形成标志的标志灯具,光源处于节电点亮模式时其标志表面最小亮度不应小于 15 cd/m^2,光源处于应急点亮模式时,其标志表面最小亮度不应小于 50 cd/m^2,最大亮度不应大于 500 cd/m^2;仅用白色或绿色组合或白色与红色组合构成的图像作为标志的标志灯具,光源处于应急点亮模式时,其标志表面最小亮度不应小于 15 cd/m^2,最大亮度不应大于 500 cd/m^2。

(3)应急响应时间

系统火灾状态下,灯具光源应急点亮、熄灭的响应时间应满足:高危险场所灯具光源应急点亮的响应时间不应大于 0.25 s;其他场所灯具光源应急点亮的响应时间不应大于 5 s;具有 2

种及以上疏散指示方案的场所，标志灯光源点亮、熄灭的响应时间不应大于 5 s。

(4)蓄电池供电时间

系统应急启动后，在蓄电池电源供电时的持续工作时间应满足下列要求：

①建筑高度大于 100 m 的民用建筑，不应小于 1.5 h。

②医疗建筑、老年人照料设施、总建筑面积大于 100000 m^2 的公共建筑和总建筑面积大于 20000 m^2 的地下、半地下建筑，不应少于 1.0 h。

③其他建筑，不应少于 0.5 h。

④城市交通隧道应符合下列规定：

a)一、二类隧道不应小于 1.5 h，隧道端口外接的站房不应小于 2.0 h。

b)三、四类隧道不应小于 1.0 h，隧道端口外接的站房不应小于 1.5 h。

⑤本条①～④规定的场所中，在非火灾状态下，系统主电源断电后，集中电源或应急照明配电箱应连锁控制其配接的非持续型照明灯的光源应急点亮、持续型灯具的光源由节电点亮模式转入应急点亮模式；灯具持续应急点亮时间应符合设计文件的规定，且不应超过 0.5 h；因此持续工作时间应在规定的持续工作时间基础上分别增加设计文件规定的灯具持续应急点亮时间。

⑥集中电源的蓄电池组和灯具自带蓄电池达到使用寿命周期后标称的剩余容量应保证放电时间满足本条①～⑤规定的持续工作时间。

7.3.2　应急照明集中电源

1. 分类与功能

应急照明集中电源，是以蓄电池为储能装置，为集中电源型消防应急照明灯具进行主电源和蓄电池电源供电的电源。应急照明集中电源如图 7.8 所示。

图 7.8　应急照明集中电源

按额定输出电压等级，应急照明集中电源分为 A 型应急照明集中电源（主电源和蓄电池电源额定工作电压均不大于 DC 36 V）和 B 型应急照明集中电源（主电源或蓄电池电源额定工作电压大于 AC 36 V 或 DC 36 V）。按适用系统类型，分为集中控制型应急照明集中电源和非集中控制型应急照明集中电源。集中控制型应急照明集中电源由应急照明控制器集中控制并显示其工作状态，非集中控制型应急照明集中电源配接消防应急灯具并控制其应急启动。

应急照明集中电源具有应急启动功能、系统复位功能、系统自检功能、故障报警功能等。集中控制型应急照明集中电源还具有电源转换手动测试功能、主电源断电、正常照明电源断电和通信故障连锁控制功能；用于配接指示状态可变标志灯具的集中控制型应急照明集中电源还具有指示状态改变功能。应急照明集中电源的操作应由专业人员完成，可以通过操作级别的状态钥匙、操作号码等的设置实现不同级别的功能操作。

2. 设置要求

(1)集中电源的选择

①应根据系统的类型及规模、灯具及其配电回路的设置情况、集中电源的设置部位及设备散热能力等因素综合选择适宜电压等级与额定输出功率的集中电源；集中电源额定输出功率不应大于 5 kW；设置在电缆竖井中的集中电源额定输出功率不应大于 1 kW。

②蓄电池电源宜优先选择安全性高、不含重金属等对环境有害物质的蓄电池(组)。

③在隧道场所、潮湿场所，应选择防护等级不低于 IP65 的产品；在电气竖井内，应选择防护等级不低于 IP33 的产品。

(2)集中电源的设置

①应综合考虑配电线路的供电距离、导线截面、压降损耗等因素，按防火分区的划分情况设置集中电源；灯具总功率大于 5 kW 的系统，应分散设置集中电源。

②应设置在消防控制室、低压配电室、配电间内或电气竖井内；设置在消防控制室内时；集中电源的额定输出功率不大于 1 kW 时，可设置在电气竖井内。

③设置场所不应有可燃气体管道、易燃物、腐蚀性气体或蒸汽。

④酸性电池的设置场所不应存放带有碱性介质的物质；碱性电池的设置场所不应存放带有酸性介质的物质。

⑤设置场所宜通风良好，设置场所的环境温度不应超出电池标称的工作温度范围。

(3)集中电源的供电

①集中控制型系统中，集中设置的集中电源应由消防电源的专用应急回路供电，分散设置的集中电源应由所在防火分区、同一防火分区的楼层、隧道区间、地铁站台和站厅的消防电源配电箱供电。

②非集中控制型系统中，集中设置的集中电源应由正常照明线路供电，分散设置的集中电源应由所在防火分区、同一防火分区的楼层、隧道区间、地铁站台和站厅的正常照明配电箱供电。

(4)集中电源的输出回路

①集中电源的输出回路不应超过 8 路。

②沿电气竖井垂直方向不同楼层的灯具供电时，集中电源的每个输出回路在公共建筑中的供电范围不宜超过 8 层，在住宅建筑的供电范围不宜超过 18 层。

7.3.3　应急照明配电箱

1. 分类与功能

应急照明配电箱是为自带电源型消防应急灯具进行主电源配电的装置，如图 7.9 所示。按照适用系统分为集中控制型应急照明配电箱和非集中该控制性应急照明配电箱。集中控制型应急照明配电箱由应急照明控制器集中控制并显示其工作状态，非集中控制型应急照明配电箱配接消防应急灯具并控制其应急启动。按照额定输出电压等级分为A型应急照明配电箱（额定输出电压不大于DC 36 V）和B型应急照明配电箱（额定输出电压大于DV 36 V或AC 36 V）。

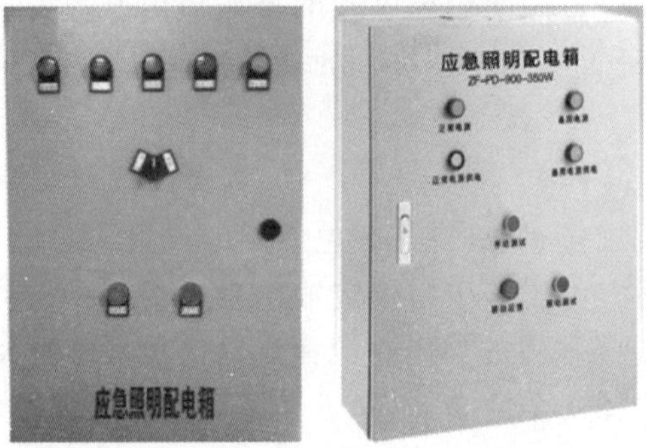

图7.9　应急照明配电箱

应急照明配电箱具有应急启动功能、系统复位功能、系统自检功能、故障报警功能等。集中控制型应急照明配电箱还具有主电源输出关断测试功能、主电源断电、正常照明电源断电和通信故障连锁控制功能；用于配接指示状态可变标志灯具的集中控制型应急照明配电箱还具有指示状态改变功能。应急照明配电箱的操作应由专业人员完成，可以通过操作级别的状态钥匙、操作号码等的设置实现不同级别的功能操作。

2. 设置要求

（1）应急照明配电箱的选择

①应选择进、出线口分开设置在箱体下部的产品。

②在隧道场所、潮湿场所，应选择防护等级不低于IP65的产品；在电气竖井内，应选择防护等级不低于IP33的产品。

（2）应急照明配电箱的设置

①宜设置于值班室、设备机房、配电间或电气竖井内。

②人员密集场所，每个防火分区应设置独立的应急照明配电箱；非人员密集场所，多个相邻防火分区可设置一个共用的应急照明配电箱。

③防烟楼梯间应设置独立的应急照明配电箱，封闭楼梯间宜设置独立的应急照明配电箱。

（3）应急照明配电箱的供电

①集中控制型系统中，应急照明配电箱应由消防电源的专用应急回路或所在防火分区、同一防火分区的楼层、隧道区间、地铁站台和站厅的消防电源配电箱供电。

②非集中控制型系统中，应急照明配电箱应由防火分区、同一防火分区的楼层、隧道区间、地铁站台和站厅的正常照明配电箱供电。

③A型应急照明配电箱的变压装置可设置在应急照明配电箱内或其附近。

7.3.4　应急照明控制器

1. 功能

在集中控制型系统中，应急照明控制器是系统的核心控制部件，其主要功能是接受火灾报警系统应急启动和改变指示状态触发信号，按预设逻辑自动控制系统的应急启动、改变相应标志灯具指示状态，同时实时显示系统灯具、应急照明集中电源或应急照明配电箱及相关附件的工作状态。应急照明控制器如图 7.10 所示。

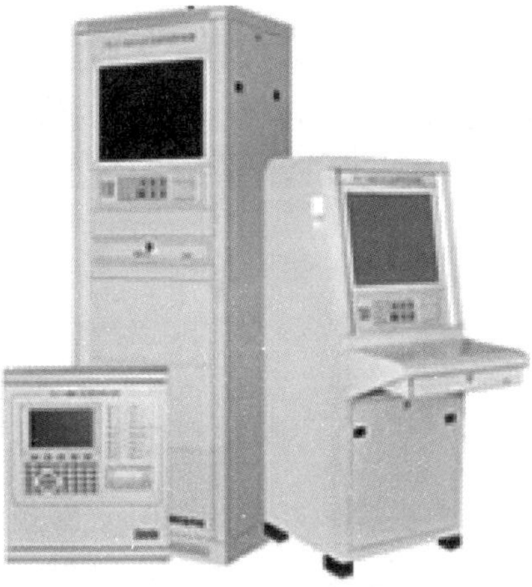

图 7.10　应急照明控制器

应急照明控制器和其配接的灯具不直接连接，而是通过其配接的应急照明集中电源或应急照明配电箱等系统部件与灯具连接，并控制灯具的工作状态。应急照明控制器具有手动和自动应急启动功能、主电源断电控制功能、系统复位功能、系统自检功能、故障报警功能、信息显示、记录和查询功能、一键检查功能等。用于配接指示状态可变标志灯具的应急照明控制器还具有指示状态改变功能。应急照明控制器的操作应由专业人员完成，可以通过操作级别的状态钥匙、操作号码等的设置实现不同级别的功能操作。

2. 设置要求

(1)应急照明控制器的选择

①应挑选进线、出线口分开设置在壳体下边的商品。

②在隧道施工场地、湿冷场地，应挑选防水等级不少于 IP65 的商品；在电气竖井内，应挑选防水等级不少于 IP33 的商品。

(2)应急照明控制器的设置

①宜设置于监控室、机器设备主机房、配电设备间或电气竖井内。

②人员密集场地，每一个防火分区应设置单独的紧急照明箱；非人员密集场地，几个邻近防火分区可设置一个同用的应急照明控制器。

③消防救援窗应设置单独的应急照明控制器，封闭楼梯间宜设置单独的应急照明控制器。

(3)应急照明控制器的供电

应急照明控制器主电源应设置明显的永久性标识，并应直接与消防电源连接，严禁使用电源插头；应急照明控制器与其外接备用电源之间应直接连接。其供电应满足以下要求：

①集中控制系统型系统，应急照明控制器应由电气火灾监控的专用型应急回路或所属防火分区、同一防火分区的楼房、隧道施工区段、地铁口台和站厅的电气火灾监控配电柜供电。

②非集中控制系统型系统软件中，应急照明控制器应由防火分区、同一防火分区的楼房、隧道施工区段、地铁口台和站厅的一切正常照明箱供电。

③A 型应急照明控制器的直流变压器设备可设置在紧急照明箱内或其周边。

(4)应急照明控制器的输出回路

①A 型应急照明控制器的输出回路不可超出 8 路;B 型应急照明控制器的输出回路不可超出 12 路。

②沿电气竖井竖直方向为不同楼层的照明灯具供电时,应急照明控制器的每一个输出回路在商业建筑中的供电范畴不适合超出 8 层,在住宅建筑的供电范畴不适合超出 18 层。

7.4 消防应急照明与疏散指示系统的运行与维护

7.4.1 系统的运行条件

(1)系统正式投入使用后,用户单位应做好系统的日常管理维护工作,对出现故障的部件或线路应进行及时的维修或更换。

(2)保持系统连续正常运行,不得随意中断,不能随意切断系统的电源。火灾应急照明控制器应设在自动控制方式下。灯具采用集中电源供电时,集中电源应保持主电源输出;灯具采用自带蓄电池供电时,应急照明配电箱应保持主电源输出。

7.4.2 系统的控制与操作

1. 集中控制型系统工作状态及控制要求

(1)系统的正常工作模式

系统的正常工作模式,即为建、构筑物未发生火灾、停电等异常工况条件下,系统应处的工作模式。系统在正常工作模式下,在基于节能环保的前提下,各疏散单元设置的标志灯具的光源应按照相应的疏散指示方案点亮,指示疏散路径的位置、指示疏散路径的流向,帮助建、构筑物内的人员平时辨识,熟悉疏散路径,掌握疏散路径的基本情况。

正常工作模式时,系统设备保持主电源供电,即应急照明控制器、应急照明集中电源、应急照明配电箱应保持主电源供电;应急照明集中电源、应急照明配电箱应保持主电源输出。非持续性灯的光源保持熄灭状态,持续性灯具的光源保持节电点亮模式。区域内所有标志灯的光源应按照该区域疏散指示方案保持节电点亮模式。

(2)非火灾工况条件下的系统控制

在非火灾工况条件下,当建、构筑物因市电断电而导致正常照明系统无法工作时,也需控制相应设备动作,系统相关灯具的光源应应急点亮,发挥相应的辅助照明功能和疏散指示的作用。

①系统主电源断电

当系统的主电源断电,集中控制型应急照明与疏散指示系统设备的主电源应采用消防电源供电,系统应控制系统内的灯具光源应急点亮,为建、构筑物内各疏散单元的人员提供持续不超过 0.5 h 的辅助照明和疏散导引指示。待建、构筑物市电和系统主电源恢复供电后,系统自动恢复正常工作模式。应急照明集中电源或应急照明配电箱在接收到其主电源的断电信号后,应连锁控制其配接灯具的光源应急点亮(应急照明控制器不参与控制)。应急照明集中电源自动转入蓄电池电源输出。应急照明集中电源或应急照明配电箱在控制其配接灯具光源应急点亮的同时，将主电源断电连锁控制信号反馈至与其连接的应急照明控制器。应急照明控制器在接收到反馈信号后，即开始进行主电源断电持续应急工作时间计时。

系统主电源恢复后，应急照明集中电源转入主电源输出，应急照明配电箱应自动恢复主电源输出。应急照明集中电源或应急照明配电箱向应急照明控制器发送主电源恢复供电反馈信号，应急照明控制器接收到主电源恢复反馈信号后，自动退出主电源断电持续应急工作时间计时模式。

若灯具光源持续应急点亮的时间达到设计的主电源断电持续应急工作时间而主电源尚未恢复供电时，为了避免系统的蓄电池电源过度消耗，应急照明控制器应向应急照明集中电源或应急照明配电箱发送停止主电源断电应急的控制信号。应急照明集中电源或应急照明配电箱接收到应急照明控制器发送的停止主电源断电应急控制信号后，应控制其配接所有灯具的光源熄灭。

②任一疏散单元正常照明电源断电

任一防火分区、楼层的正常照明电源断电后，该区域内设置的应急照明集中电源或应急照明配电箱在接收到其设置区域正常照明电源断电信号后，应连锁控制该区域内灯具的光源按照要求应急点亮，此时，应急照明集中电源与应急照明配电箱应保持主电源输出。当应急照明集中电源或应急照明配电箱同时为若干个疏散单元的灯具供配电时，应急照明集中电源或应急照明配电箱应能分别接收每个疏散单元正常照明电源的状态信号，并能分别控制该单元灯具光源的工作状态。

该区域正常照明恢复供电后，集中电源或应急照明配电箱应连锁控制其配接的灯具的光源恢复原工作状态。应急照明集中电源或应急照明配电箱在接收到该区域正常照明电源恢复供电的信号后，应连锁控制该区域灯具的光源恢复正常工作模式。

(3)火灾工况条件下的系统应急启动

消防应急照明和疏散指示系统应急启动，就是在火灾等紧急情况下应急启动，为建、构筑物内人员的安全疏散和灭火救援活动提供必要的照度条件和正确的疏散导引指示。系统的应急启动可以通过手动和自动方式使系统灯具转入蓄电池电源供电并点亮电源。

①系统的自动应急启动

系统在接收到火灾自动报警系统发送的系统应急触发信号后，按照预设的控制逻辑和时序控制系统相关设备的 3 s 内发出系统自动应急启动信号、控制应急启动输出电接点动作、发出启动声光信号，显示并记录系统应急启动类型和系统应急启动时间。应急照明控制器接收到火灾报警控制器发出的火灾报警输出信号后，5 s 内应控制系统内所有非持续性灯具的光源应急点亮。持续性灯具的光源由节电点亮模式转入应急点亮模式。控制系统中的 B 型灯具 5 s内转入蓄电池电源供电。系统不控制 A 型灯具转入蓄电池电源供电，A 型灯具保持主电源供电不变，待其主电源断电后，在 0.25 s 内自动转入蓄电池电源供电。

②系统的手动应急启动

系统的手动应急启动是指采用手动方式控制系统相关设备应急启动，即手动操作应急照明控制器的一键启动按钮，应急照明控制器应控制系统内的灯具光源应急点亮；控制系统灯具转入蓄电池电源供电。

手动操作应急照明控制器的一键启动按钮，应急照明控制器对其配接的设备进行控制。控制系统所有非持续性灯具的光源应急点亮。控制持续型灯具的光源由节电点亮模式转入应急点亮模式。应急照明控制器配接应急照明集中电源时，应控制应急照明集中电源转入蓄电池电源输出。应急照明控制器配接应急照明配电箱时，应控制应急照明配电箱切断主电源输出。

2. 非集中控制型系统工作状态及控制要求

(1)系统的正常工作模式

系统处于正常工作模式下，系统设备保持主电源供电，即应急照明集中电源、应急照明配电箱应保持主电源供电。应急照明集中电源、应急照明配电箱应保持主电源输出。非持续型灯的光源保持熄灭状态，持续型灯具的光源保持节电点亮模式。

(2)非火灾工况条件下的系统控制

在住宅建筑中，当灯具采用自带蓄电池供电方式时，消防应急照明可以兼用日常照明，在非火灾状态下，非持续型照明灯在主电源供电时可由人体感应、声控感应等方式点亮。但现场控制开关不能影响系统应急启动时灯具光源的应急点亮。

(3)系统应急启动控制

与集中控制型系统一样，在确认火灾后，应能采用自动和手动方式控制非集中控制型系统的应急启动。

①系统自动应急启动

非集中控制型系统自动应急启动，由灯具蓄电池电源的转换信号自动控制非集中控制型系统的应急启动。灯具采用集中电源供电方式系统，应急照明集中电源接收到火灾报警控制器的火灾报警输出信号后，应急照明集中电源应在5 s内转入蓄电池电源输出，并控制其配接的所有非持续型照明灯具的光源应急点亮、持续型灯具的光源由节电点亮模式转入应急点亮模式，并发出应急启动声光信号。

灯具采用自带蓄电池供电方式的系统，应急照明配电箱接收到火灾报警控制器的火灾报警输出信号后，应急照明配电箱应自动切断电源输出，并控制其配接的所有非持续型照明灯具的光源应急点亮、持续型灯具的光源由节电点亮模式转入应急点亮模式。

②系统手动应急启动

灯具采用集中电源供电方式的系统，通过手动操作应急照明集中电源的应急启动按钮来完成，手动应急启动后，应急照明集中电源应在5 s内转入蓄电池电源输出。集中电源控制其配接的所有非持续型照明灯具的光源应急点亮、持续型灯具的光源由节电点亮模式转入应急点亮模式，并发出应急启动声光信号。

灯具采用自带蓄电池供电的应急照明和疏散指示系统，通过手动操作应急照明配电箱上的应急启动按钮来完成。手动应急启动后，应急照明配电箱切断主电源输出。控制其配接的所有非持续型照明灯的光源应急点亮、持续型灯具的光源由节电点亮模式转入应急点亮模式。

7.4.3 系统的维护与保养

1. 外观检查

(1)应急照明疏散指示灯具

a)产品外观应整洁完好，无影响使用的机械损伤。

b)产品安装应牢固，不得有明显松动。

c)消防应急标志灯具的状态指示灯应指示正常。

(2)应急照明控制器、集中电源和应急照明配电箱

a)检查应急照明控制器、集中电源和应急照明配电箱的外观，外观应完好，无明显的机械损伤，电源标志应完好。

b)控制器应安装牢固，不应倾斜。

c)检查控制器的指示灯，应显示正常、准确。

d)检查集中电源，应处于主电输出状态，主电电压、电池电压、输出电压、输出电流应显示正常。

2. 功能测试

(1)应急照明控制器

a)将应急照明控制器与配接的集中电源、应急照明配电箱、灯具连接后，接通电源，观察控制器，应处于正常监视状态。

b)根据产品说明书的操作方法，测试控制器自检功能，应能正常自检。

c)根据产品说明书的操作方法，对主、备电源进行切换，应能自动转换。

d)根据产品说明书的操作方法，模拟测试故障信号，控制器应能接收故障报警信息。

e)根据产品说明书的操作方法，按下消音按钮或操作消音功能，控制器发出的故障等音响应能停。

f)根据产品说明书的操作方法，操作一键检查功能，应能检查控制器历史信息。

(2)集中电源

a)将集中电源与灯具连接后，接通电源，集中电源应处于正常工作状态。

b)根据产品说明书的操作方法，试验集中电源的故障报警功能、消音功能、电源分配输出功能、电源转换手动测试功能、通信故障连锁控制功能、灯具应急状态保持功能，均应正常。

(3)应急照明灯

a)按下应急照明灯具的试验按钮，应急照明灯应能自动转换并点亮，测试照度应满足规范要求。

b)应急照明灯具放电试验后，恢复主电供电，其主电指示灯、充电指示灯应能正常指示。

(4)疏散指示标志

a)按下疏散指示标志的试验按钮，疏散指示标志灯应能自动转换并点亮。

b)疏散指示标志灯具放电试验后，恢复主电供电，其主电指示灯、充电指示灯应正常指示。

(5)集中控制型系统测试

a)自动应急启动功能

自动应急启动功能，检查该区域灯具光源点亮情况。检查系统中配接 B 型集中电源、B 型应急照明配电箱的工作状态。检查 A 型集中电源、A 型应急照明配电箱的工作状态，切断系统的主电源供电，再次检查 A 型集中电源、A 型应急照明配电箱的工作状态。系统内所有的非持续型照明灯的光源应应急点亮、持续型灯具的光源应由节电点亮模式转入应急点亮模式。B 型集中电源应转入蓄电池电源输出、B 型应急照明配电箱应切断主电源输出。A 型集中电源、A 型应急照明配电箱应保持主电源输出。切断集中电源的主电源，集中电源应自动转入蓄电池电源输出。

b)手动应急启动功能

手动操作应急照明控制器的一键启动按钮，检查应急照明控制器发出启动信号的情况。检查该区域灯具光源的点亮情况。检查集中电源或应急照明配电箱的工作状态。系统内所有的非持续型照明灯的光源应应急点亮、持续型灯具的光源应由节电点亮模式转入应急点亮模式。集中电源应转入蓄电池电源输出、应急照明配电箱应切断主电源的输出。

(6)非集中控制型系统测试

a)自动应急启动功能,灯具采用集中电源供电时,集中电源应转入蓄电池电源输出,其所配接的所有非持续型照明灯的光源应应急点亮、持续型灯具的光源应由节电点亮模式转入应急点亮模式。灯具采用自带蓄电池供电时,应急照明配电箱应切断主电源输出,其所配接的所有非持续型照明灯的光源应应急点亮、持续型灯具的光源应由节电点亮模式转入应急点亮模式。检查该区域灯具的点亮情况。手动操作集中电源或应急照明配电箱的应急启动按钮,检查集中电源或应急照明配电箱的工作状态,检查该区域灯具光源的点亮情况。

b)手动应急启动功能,灯具采用集中电源供电时,手动操作集中电源的应急启动控制按钮,集中电源应转入蓄电池电源输出,其所配接的所有非持续型照明灯的光源应应急点亮、持续型灯具的光源应由节电点亮模式转入应急点亮模式。灯具采用自带蓄电池供电时,手动操作应急照明配电箱的应急启动控制按钮,应急照明配电箱应切断主电源输出,其所配接的所有非持续型照明灯的光源应应急点亮、持续型灯具的光源应由节电点亮模式转入应急点亮模式。检查该区域灯具的点亮情况。手动操作集中电源或应急照明配电箱的应急启动按钮,检查集中电源或应急照明配电箱的工作状态,检查该区域灯具光源的点亮情况。

3. 系统联动试验

将消防联动控制器设置在自动状态下,使用专用工具人为触发同一防火分区内的 2 个独立的火灾探测器或 1 个火灾探测器与 1 个手动火灾报警按钮的报警信号,查看消防应急照明和疏散指示系统,应能联动启动。

7.4.4 维护周期及项目

应急照明与疏散指示系统维护管理周期及项目内容如表 7.2 所示。

表 7.2 应急照明与疏散指示系统维护管理周期及项目

周期	部位	检查内容
月	检查消防灯具	发出故障信号或不能转入应急工作状态,及时检查电池电压
	检查应急照明集中电源和应急照明控制器的状态	发现故障声光信号应经及时通知产品制造商的维护人员进行维修或者更换
季	检查消防应急灯具、应急照明集中电源和应急照明控制器的指示状态	
	检查应急工作时间	
	检查转入应急状态的控制功能	
年	除每季度检查内容外,还应对电池的容量做检测试验	
	试验应急功能	
	试验自动和手动应急功能,进行与火灾自动报警系统的联动试验	

7.4.5 系统的常见问题分析与处置

值班人员一旦发现故障,应及时进行维护、更换。除常见的灯具故障外,设备的维修应由专业维修人员负责。常见故障及其检查方法有:

1. 主电源故障:检查输入电源是否完好,熔丝有无烧断,接触是否不良等。

2. 备用电源故障:检查充电装置、电池有无损坏,连线有无断线。

3. 灯具故障:检测灯具控制器、光源、电池是否完好,如有损坏,应对此灯具故障部分及时更换。

4. 回路通信故障:检查该回路从主机至灯具的接线是否完好,灯具控制器有无损坏。

5. 其他故障:对于一时排除不了的故障,应立即通知有关专业维修单位,以便尽快修复,恢复正常工作。

第8章　其他消防设施

8.1　防火分隔设施

8.1.1　防火门

1. 组件和分类

防火门是指在一定时间内，连同框架能够满足耐火稳定性、完整性和隔热性要求的门。它是设置在防火分区、疏散楼梯间、垂直竖井、疏散走道、安全出口等处且具有一定耐火性的可以活动的防火分隔物。防火门通常由门框、门扇、防火玻璃、防火密封件、闭门器、顺序器和防火铰链、防火锁等防火五金配件组成。

按照材质不同，防火门可分为木质防火门、钢制防火门、钢木质防火门和其他材质防火门；按照平时的开启状态不同，可分为常开防火门和常闭防火门；按照耐火性能不同，可分为隔热防火门(A类)、部分隔热防火门(B类)、非隔热防火门(C类)。

通常所说的甲级、乙级、丙级防火门属于隔热防火门(A类)。甲级防火门耐火隔热性和耐火完整性不低于1.5 h，主要安装于防火分区间的防火墙上或用于建筑内附设的一些特殊房间如燃油燃气锅炉房、变压器室和中间储油间的门；乙级防火门耐火隔热性和耐火完整性不低于1.0 h，主要用于防烟楼梯间和通向前室的门、高层建筑封闭楼梯间的门以及消防电梯前室或合用前室的门；丙级防火门耐火隔热性和耐火完整性不低于0.5 h，主要用于建筑物管道井、电缆井等竖向井道的检查门。

2. 设置要求

(1)常开防火门

常开防火门在建筑中平时处于开启状态，在火灾时由火灾自动报警系统联动控制其关闭，并具有信号反馈功能。在建筑内经常有人通行处的防火门宜采用常开防火门。如图8.1为常开防火门，图8.2为防火门常见附件。

常开防火门的工作方式按其固定方式和释放开关分为2种：一种是平时通电、火灾时断电关闭方式，即防火门释放开关平时通电吸合，使防火门处于开启状态，火灾时通过联动装置自动控制切断电源，由装在防火门上的闭门器使之关闭；另一种是平时不通电、火灾时通电关闭方式，即通常将电磁铁、油压泵和弹簧制成一个整体装置，平时不通电，防火门被固定销扣住呈开启状态，火灾时受联动信号控制，电磁铁通电将销子拔出，防火门靠油压泵的压力或弹簧力作用而慢慢关闭。常开防火门也可在现场或消防控制中心手动控制其关闭。

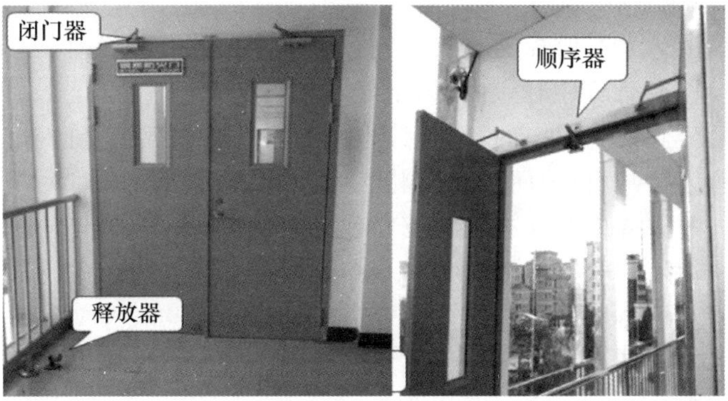

图 8.1　常开防火门

(a) 闭门器　　(b) 顺序器　　(c) 释放器　　(d) 释放器

图 8.2　防火门常见附件

(2)常闭防火门

除允许设置常开防火门的位置外，其他位置的防火门均应采用常闭防火门。常闭防火门应采用向疏散方向开启的平开门，门扇一直处于闭合状态，人员通过时手动打开，通过后门扇自行关闭。常闭防火门应在其明显位置设置“保持防火门关闭”等提示标识。如图 8.3 所示。

图 8.4 是带有推杆防火锁的常闭防火门，这种常闭防火门在每次闭门后能自动上锁，未经许可使用时会发出高分贝警报声，并只能以专用的控制钥匙使它停止和恢复。带推杆防火锁的常闭防火门常用于超市、商场场所的紧急出口。平时上锁控制人流、阻止擅自离开及防止偷窃。火灾发生时，只需使用人员用手或身体任何部位推(压)开启杠即可将门锁开启，进行紧急逃生。这种设置在疏散通道上、并设有出入口控制系统的防火门，应能自动和手动解除出入口控制系统。

图 8.3　常闭防火门

图 8.4　带有推杆防火锁的常闭防火门

(3)防火门监控系统

防火门监控系统由防火门监控器、门磁开关、电磁释放器、电动闭门器等设备组成。

防火门监控器设置在消防控制室内，用于显示和控制防火门的开、关状态，为消防联动控制装置。门磁开关用于监视防火门的开闭状态，并能将其状态反馈至防火门监控器的装置，监测所有疏散通道的防火门开启、关闭及故障状态，在应急疏散时，联动关闭常开防火门。电磁释放器使常开防火门的保持打开状态，在收到指令后释放防火门使其关闭，并将本身的状态信息反馈至监控器。电动闭门器能够在收到指令后将处于打开状态的防火门的关闭，并将其状态信息反馈至防火门监控器。

3. 防火门控制与维护

(1)防火门的控制

正常工作状态下，常闭防火门应处于关闭状态。开启常闭防火门，防火门应能自动闭合，双扇防火门应按顺序关闭，且启闭灵活、关闭严密。

常开防火门的报警联动控制设备应处于自动控制状态。触发常开防火门的任意一侧防火分区内 2 个火灾探测器或 1 个探测器和 1 个手动火灾报警按钮，查看相应区域电动常开防火门的关闭效果及反馈信号。电动常开防火门，应在火灾报警后自动关闭并反馈信号。关闭后应能从内、外两侧人为开启。消防控制室应能显示防火门监控器的工作状态和故障状态等动态信息。消防控制室应能显示用于公共疏散的各类防火门的工作状态和故障状态等动态信息。消防控制室应能关闭常开防火门，并能接收和显示其反馈信号。

(2)防火门的维护管理

建筑中的防火门应选用经国家消防产品质量监督检验部门检测合格的产品，其耐火极限及型号规格应符合设计要求。防火门应为平开门，其开启方向必须为疏散方向。防火门使用过程中距防火门前方 0.5 m 处的地面上，距离用于划分防火分区 0.1 m 处的地面上均应用黄色标识线划定警示区域，在警示区域内禁止摆放柜台和存放商品及杂物。定期对防火门进行外观检查和功能检查。

①外观检查

a)检查防火门外观，漆层应无色差，外观应平整、光洁，无明显凹痕、裂痕等现象。

b)检查防火门门框与门扇、门扇与门扇的缝隙处嵌装的防火密封件，应牢固、完好。

c)检查防火门闭门器、锁具、把手等配件，应齐全、完好。

d)检查双扇和多扇防火门的顺序器，应完好有效。

e)检查防火门标牌，应在明显位置设置耐久性标牌。

②功能检查

a)常闭防火门：从任意一侧手动开启防火门，防火门应能自动关闭。双扇或多扇防火门，应能顺序关闭。当装有信号反馈装置时，通过对讲机与消防控制室人员联系，防火门的开、关状态信号应反馈至消防控制室。

b)常开防火门：防火门接到现场手动发出的关闭指令后，应自动关闭。双扇或多扇防火门，应能顺序关闭。通过对讲机与消防控制室人员联系，防火门关闭信号应反馈至消防控制室。

③联动试验

将消防联动控制器设置在自动状态下，使用专用工具人为触发常开防火门所在防火分区内的 2 个独立的火灾探测器或 1 个火灾探测器与 1 个手动火灾报警按钮的报警信号，现场查看防火门应联动关闭，疏散通道上各防火门的开启、关闭及故障状态信号应反馈至防火门监控器。

4. 常见故障分析及处置

防火门常见故障、原因分析及处置措施见表 8.1。

表 8.1　防火门常见故障原因及处置措施

常见故障	故障原因	处置措施
1. 防火门达不到防火要求	1. 防火门质量不合格，达不到耐火极限要求 2. 中缝大或离地距离过大，两侧相通分隔不严 3. 防火门边侧或上方的孔洞未封堵，通风管道无防火阀 4. 常闭防火门闭门器损坏，无法自行关闭或被固定打开不关闭、关闭不严 5. 常开防火门没有设置释放开关和顺序器 6. 防火门五金件损坏，门扇、防火玻璃破损	1. 更换符合耐火极限要求的防火门 2. 对防火门进行维修 3. 进行有效封堵，装防火阀 4. 对常闭防火门的闭门器进行维修，保证能自行关闭，加装释放开关 5. 加装释放开关和顺序器，对防火门进行维修 6. 更换防火门五金件、防火玻璃，对门扇进行维修
2. 防护门达不到疏散要求	1. 未向疏散方向开启 2. 开闭不灵活，存在卡阻现象 3. 防火门被障碍物阻挡不能关闭	1. 调整开启方向 2. 对防火门进行维修 3. 清除阻挡物

8.1.2　防火卷帘

1. 防火卷帘的类型及结构

防火卷帘是指在一定时间内，连同框架能满足耐火稳定性和耐火完整性要求的卷帘。防火卷帘一般设置在自动扶梯周围、中庭与每层走道、过厅、房间相通的开口部位、代替防火墙需设置防火分隔设施的部位。

防火卷帘按帘板的厚度分为轻型卷帘和重型卷帘；按照制作材料有钢制防火卷帘、无机复合防火卷帘和特种防火卷帘，如图 8.5 所示；按照开启方式有上下开启式、侧向推拉式和水平推拉式。

(1) 钢制防火卷帘　　(2) 无机复合防火卷帘

图 8.5　防火卷帘

防火卷帘的结构如图 8.6 所示。

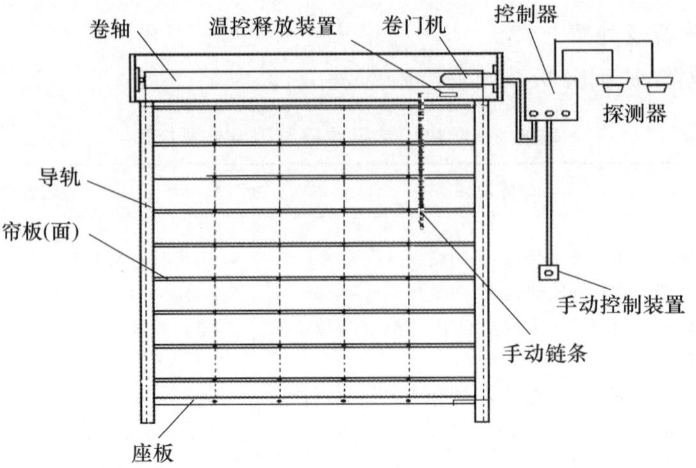

图 8.6　防火卷帘结构示意图

2. 防火卷帘的设置要求

防火分隔部位设置防火卷帘时，应符合下列规定：

(1)除中庭外，当防火分隔部位的宽度不大于 30 m 时，防火卷帘的宽度不应大于 10 m；当防火分隔部位的宽度大于 30 m 时，防火卷帘的宽度不应大于该部位宽度的 1/3，且不应大于 20 m。

(2)防火卷帘应具有火灾时靠自重自动关闭功能。

(3)除规范另有规定外，防火卷帘的耐火极限不应低于《建筑设计防火规范 GB 50016—2014》(2018 年版)对所设置部位墙体的耐火极限要求。如在防火墙上设置或需设置防火墙的部位设置防火卷帘，则卷帘的耐火极限就需要至少达到 3.0 h；如是在耐火极限要求为 2.0 h 的防火隔墙处设置，则卷帘的耐火极限就不能低于 2.0 h。

(4)当防火卷帘的耐火极限符合现行国家标准《门和卷帘的耐火试验方法 GB/T 7633》有关耐火完整性和耐火隔热性的判定条件时，可不设置自动喷水灭火系统保护。当防火卷帘的耐火极限仅符合现行国家标准《门和卷帘的耐火试验方法 GB/T 7633》有关耐火完整性的判定条件时，应设置自动喷水灭火系统保护。自动喷水灭火系统的设计应符合现行国家标准《自动喷水灭火系统设计规范 GB 50084》的规定，但火灾延续时间不应小于该防火卷帘的耐火极限。

(5)防火卷帘应具有防烟性能，与楼板、梁、墙、柱之间的空隙应采用防火封堵材料封堵。

(6)需在火灾时自动降落的防火卷帘，应具有信号反馈的功能。

3. 防火卷帘控制与操作

防火卷帘开启和关闭的控制形式主要有 4 种：

(1)手动控制，常在停电时使用。

(2)强电控制，手按动卷帘开关按钮控制。

(3)远程控制，有消防控制室的场所。

①用于分隔防火分区的防火卷帘，当其火灾探测器组的感烟探测器、感温探测器分别发出火灾报警信号后，防火卷帘由上限位一次降至下限位全闭，并向控制室消防控制设备反馈其动

作信号。

③用于疏散通道、出口处的防火卷帘，当感烟探测器发出火灾报警信号后，防火卷帘由上限位降至1.8 m处定位，并向控制室消防控制设备反馈中位信号。感温探测器发出报警信号后，防火卷帘由中位降至下限位全闭，并向消防控制设备反馈全闭信号。防火卷帘控制器接到火灾报警信号后，控制防火卷帘自动下降至距地面1.8 m处停止，延时5～300 s后，继续下降至全闭，并向消防控制设备反馈各部位动作信号。

(4)通过烟、温感装置与卷帘联动，实现自动控制，这种控制方法常在无报警装置而又需要自动控制的场所。

4. 防火卷帘的维护管理

(1)外观检查

a)检查防火卷帘设置的手动启闭装置，应完好有效，无遮挡。

b)检查防火卷帘帘板，金属零部件表面不应有裂纹、压坑或明显的凹凸等。检查防火卷帘无机纤维复合帘面，不应有撕裂、缺角、挖补等。

c)检查防火卷帘的永久性铭牌，应完好有效。

d)检查防火卷帘设置的手动拉链和手动速放装置，其安装位置应便于操作，并应有明显标志；手动拉链和手动速放装置不应加锁。

e)检查防火卷帘、防护罩等与楼板、梁、墙、柱之间空隙采用的防火封堵，应完好有效，无破损脱落。

f)检查疏散通道上设置的防火卷帘，在卷帘的任一侧距卷帘纵深0.5～5 m内应设置不少于2个专门用于联动防火卷帘的感温火灾探测器。

(2)功能检测

a)手动启动防火卷帘内外两侧控制器或按钮盒上的控制按钮，应能控制防火卷帘上升、下降、停止。

b)手动操作防火卷帘手动速放装置，防火卷帘应能依靠自重恒速下降。

c)手动操作防火卷帘的手动拉链，应能控制防火卷帘上升、下降，且无滑行撞击现象。

d)观察防火卷帘启、闭运行的状态，应能平稳运行，平均噪声不应大于85 dB。

e)切断防火卷帘控制器的主电源，电源工作指示灯应正常变化，防火卷帘门应无误动作。

f)用备用电源启动速放控制装置，防火卷帘应能依靠自重恒速下降。

(3)联动试验

①非疏散通道上设置的防火卷帘：将消防联动控制器设置在自动状态下，使用专用工具人为触发防火卷帘所在防火分区内任2个独立的火灾探测器的报警信号，现场查看防火卷帘应联动下降至楼板面。

②疏散通道上设置的防火卷帘：将消防联动控制器设置在自动状态下，使用专用工具人为触发防火分区内任2个独立的感烟火灾探测器或任1个专门用于联动防火卷帘的感烟火灾探测器的报警信号，现场查看防火卷帘应下降至距楼板面1.8 m处；触发任1个专门用于联动防火卷帘的感温火灾探测器的报警信号，现场查看，应联动控制防火卷帘下降至楼板面。

5. 防火卷帘常见问题分析与处置

防火卷帘常见问题、原因分析及处置措施见表8.2。

表 8.2 防火卷帘常见问题原因及处置措施

常见问题	原因	处置措施
1. 手动按钮开关不能启动防火卷帘门运行	1. 卷帘门控制箱没有接通电源 2. 卷帘门控制箱坏 3. 手动按钮开关断路 4. 行程开关断开	1. 维修确保控制箱通电正常 2. 维修或更换防火卷帘控制箱 3. 检查手动按钮开关消除故障 4. 检查行程开关消除故障
2. 手动按钮开关不能启动,但电箱上可启动	按钮开关,连接线开路	检查开关和电线,保证电路导通
3. 手动能动,消防不能联动	防火卷帘门控制器问题,消防联动问题	检查防火卷帘控制器、消防模块、继电器、电线等
4. 防火卷帘门有上升无下降,或有下降无上升	1. 下降或上升按钮问题 2. 接触器触头及线圈问题 3. 限位开关问题 4. 接触器联锁常闭触点问题	1. 检查下降或上升按钮 2. 检查下降或上升接触器触头开关及线圈 3. 检查限位开关 4. 检查查下降或上升接触器联锁常闭接点
5. 在控制中心无法联动防火卷帘门	1. 控制中心控制装置本身故障 2. 控制模块故障 3. 联动传输线路故障	1. 检查控制中心控制装置本身 2. 检查控制模块 3. 检查传输线路
6. 在控制中心无法联动防火卷帘门	1. 控制中心控制装置本身故障 2. 控制模块故障 3. 联动传输线路故障	1. 检查控制中心控制装置本身 2. 检查控制模块 3. 检查传输线路
7. 防火卷帘门关不严或开不完全	1. 行程开关位置调节不准确 2. 有东西挡住	1. 重新调整行程开关位置 2. 检查门体
8. 卷帘门体未关紧就自动反向;关门或开门时未接触到行程开关位置就中途停止运行	开关门阻力大于设置启闭负载力	增大负载力
9. 卷帘门体单向运行	1. 行程开关坏或断线 2. 控制器主板问题 3. 电源问题	1. 维修行程开关及行程开关接线 2. 检查主板,维修或更换 3. 检查电源,若有问题进行维修
10. 卷帘门体运行噪音过大	1. 五金件安装不牢固 2. 帘片走位 3. 导轨不平行 4. 没有涂覆润滑油	1. 坚固五金件 2. 调节帘片位置 3. 维修使门体运行导轨相互平行 4. 加涂润滑油
11. 防火卷帘电机正常动作,但门体不运行	1. 帘片脱扣,卡死 2. 防火电机问题	1. 检查门体 2. 维修电机,消除故障
12. 防火卷帘下降受阻	防火卷帘下方堆放货物等	清除影响卷帘下降的杂物

8.2　消防专用电话系统

8.2.1　组件及设置要求

1. 系统组件

消防专用电话是用于消防控制室与火灾报警器设置点及消防设备机房等处之间的紧急通话的通信系统。消防专用电话应是与普通电话分开的独立系统，通常采用集中式对讲电话。消防专用电话系统组成如图 8.7 所示。消防专用电话主机应设在消防控制室，在建筑各层的关键部位及机房等处设有与消防控制室联系的消防分机或专用电话插孔，巡视人员自带的话机可随时插入插孔进行紧急通话。集中火灾报警系统和控制中心火灾报警系统应设置消防专用电话系统。

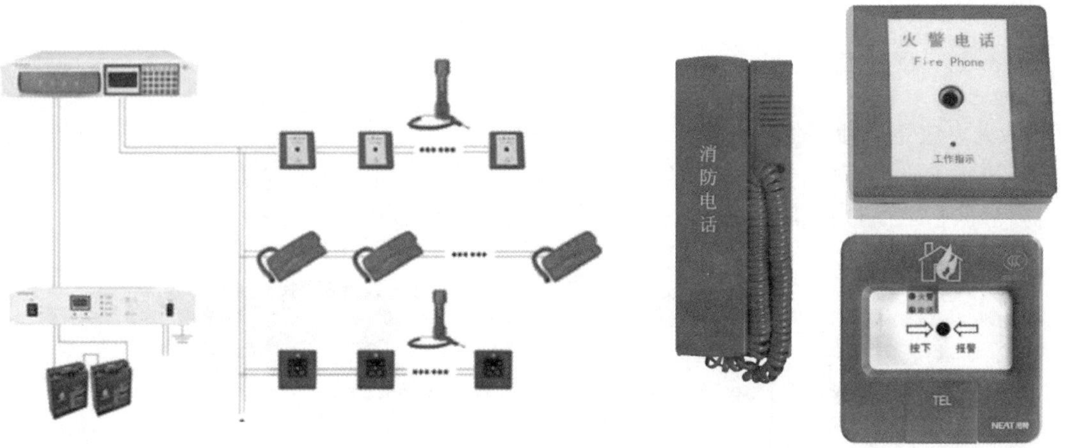

图 8.7　消防专用电话系统

2. 设置要求

(1)消防专用电话网络应为独立的消防通信系统，且宜选用共电式电话总机或对讲通信电话设施，即消防专用电话总机与电话分机之间或总机与电话插孔之间的呼叫方式应该是直通的，中间不应有交换或转接程序。不能利用一般电话线路或综合布线网络代替消防专用电话线路。消防专用电话布线不应与其他线路同管或同线槽布线。

(2)消防控制室应设置消防电话主机，下列部位应设置消防专用电话分机或专用电话插孔：

a)消防水泵房、备用发电机房、变配电室、主要通风、空调机房、排烟机房、消防电梯机房及其他与消防联动控制有关的且经常有人值班的机房。

b)灭火控制系统操作装置处或控制室。

c)企业消防站、消防值班室、总调度室。

d)设有手动火灾报警按钮、消火栓按钮等处宜设置电话插孔，电话插孔在墙上安装时，其底边距地高度宜为 1.3～1.5 m。

e)各避难层应每隔 20 m 步行距离设置消防专用电话分机或插孔。

(3)消防控制室、消防值班室或企业消防站等处应设置可直接报警的外线电话。

8.2.2 运行与维护管理

对消防专用电话的维护主要是在巡查过程中检查消防电话的外观和位置是否发生变化，查看电话设置形式，用插孔电话呼叫消防控制室，检查通话效果。查看消防控制室、消防值班室、企业消防站等处的外线电话。若对讲电话本身故障，对讲电话插孔接线松动或线路损坏导致通话故障，应及时维修排除故障。

8.3 火灾应急广播系统和火灾警报装置

火灾应急广播系统和火灾警报装置是用来向着火建筑内发出火灾警报，指导人们安全、迅速地疏散的系统。

8.3.1 系统组成

1. 火灾应急广播系统

在建筑火灾发生时，为了便于人员疏散，统一指挥，应设置火灾应急广播。火灾应急广播的主要部件是消防广播主机和扬声器。图 8.8 为火灾应急广播系统及主要组件。

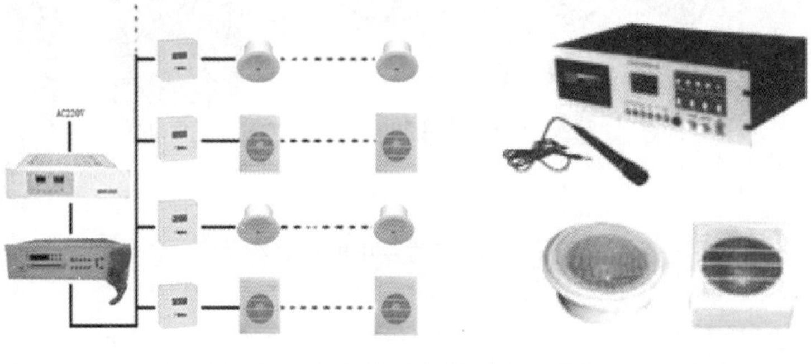

图 8.8 消防应急广播系统及组件

集中火灾报警系统和控制中心火灾报警系统应设火灾应急广播。火灾应急广播系统可以设置独立的系统，也可以和与广播音响系统合用。

独立的火灾应急广播配置专用的扩音机、分路控制盘、音频传输网路及扬声器，当发生火灾时由值班人员发出控制指令，接通扩音机电源并按消防程序启动火灾事故广播。

火灾应急广播与广播音响系统合用时，广播室内应设有一套火灾应急广播专用的扩音机，而音频传输网路及扬声器共用。火灾事故广播扩音机的开机由消防控制中心输出，通过强切器中的继电器切除广播音响而接通火灾事故广播。利用消防广播具有切换功能的联动模块，可将现场的扬声器接入消防控制器的总线上，由正常广播和消防广播送来的音频广播信号，分别通过此联动模块的无源常闭触点和无源常开触点接在扬声器上。火灾发生时，联动模块根据消防控制室发出的信号，无源常闭触点打开，切除正常广播，无源常开触点闭合，接入消防广播，实现消防强切功能。

2. 火灾警报器

火灾警报器是火灾自动报警系统中一种最基本的火灾警报装置，通常与火灾报警控制器组合在一起，安装于建筑物的公共空间部分，如走廊、大厅等部位的顶棚上或高于 2.2 m 的墙面上。当火灾报警控制器确认火灾后，驱动火灾警报器发出区别于环境声光的火灾警报信号，以警示人们采取安全疏散、灭火救灾措施。

8.3.2　设置要求

1. 火灾应急广播主机的设置要求

火灾应急广播主机设置在消防控制室内，进行消防广播工作和进行背景音乐强切，其控制应满足以下控制要求：

①当有火警或紧急情况发生时，可与消防联动控制设备联动控制，实现消防自动广播。

②能够对干线短路、断路检测及告警，并能独立区分是哪条干线发生短路故障。

③能够对支线提供故障报警及指示，独立区分故障区域指示。

④能够检测功率放大器故障并告警及显示。

⑤能够为其他广播设备提供联动启动信号。

2. 火灾应急广播扬声器的设置要求

火灾应急广播音响系统的设计应与消防报警系统的设计配合，需要与消防分区的划分相一致。扬声器的设置应符合下列要求：

①民用建筑内扬声器应设置在走道和大厅等公共场所，每个扬声器的额定功率不应小于 3 W，其数量应能保证从一个防火分区的任何部位到最近一个扬声器的距离不大于 25 m。走道内最后一个扬声器至走道末端的距离不应大于 12.5 m。

②在环境噪声大于 60 dB 的场所设置的扬声器，在其播放范围内最远点的播放声压级应高于背景噪声 15 dB。客房设置专用扬声器时，其功率不宜小于 1.0 W。

③消防控制室应设置火灾应急广播备用扩音机，其容量不应小于火灾时需同时广播的范围内火灾应急广播扬声器最大容量总和的 1.5 倍。

④当火灾应急广播与公共广播合用时，火灾时应能在消防控制室将火灾疏散层的扬声器和公共广播扩音机强制转入火灾应急广播状态；消防控制室应能监控用于火灾应急广播时的扩音机的工作状态，并应具有遥控开启扩音机和采用传声器播音的功能；床头控制柜内设有服务性音乐广播扬声器时，应有火灾应急广播功能。

3. 火灾警报装置的设置要求

火灾警报装置的设置要求应满足以下要求：

(1)未设置火灾应急广播的火灾自动报警系统，应设置火灾警报装置。

(2)每个防火分区至少应设一个火灾警报装置，其位置宜设在各楼层走道靠近楼梯出口处。

(3)警报装置宜采用手动或自动控制方式。

(4)在环境噪声大于 60 dB 的场所设置火灾警报装置时，其声警报器的声压级应高于背景噪声 15 dB。

8.3.3　运行与维护管理

1. 定期检查

火灾应急广播系统的扩音机仪表、指示灯应保持显示正常，开关和控制按钮动作灵活；监听功能正常；扬声器外观完好，音质清晰；应能用话筒播音；在火灾报警后，应能按设定的控制程序自动启动火灾应急广播；播音区域应正确、音质应清晰。环境噪声大于 60 dB 的场所，火灾应急广播应高于背景噪声 15 dB。

2. 联动试验

每年对每一个报警区域的应急广播至少进行一次联动试验。试验方法如下：

a)将消防联动控制器设置在自动状态下，使用专用工具人为触发防火分区内的 2 个独立的火灾探测器或 1 个火灾探测器与 1 个手动火灾报警按钮的报警信号，确认火灾后，观察各楼层或防火分区消防应急广播的动作情况，应能向全楼进行广播。

b)用话筒进行应急广播，检查应急广播的录音功能，应自动对广播内容进行录音。

c)消防应急广播播音时，使用声级计在火灾区域及相关区域测量广播声压，声压级不应小于 60 dB；在环境噪声大于 60 dB 的场所设置的扬声器，使用声级计在其播放范围内最远点测量广播声压，声压级应高于背景噪声 15 dB。

d)查看火灾区域及相关区域应急广播与火灾警报器的播放情况，应能分时交替工作。

3. 火灾警报装置联动试验

a)将消防联动控制器设置在自动状态下，使用专用工具人为触发防火分区内的 2 个独立的火灾探测器或 1 个火灾探测器与 1 个手动火灾报警按钮的报警信号，确认火灾后，观察各楼层或防火分区火灾声光警报器的动作情况，应能启动所有火灾声光警报器，发出声光警报。

b)使用声级计在火灾区域及相关区域测量火灾声光警报器声压，声压级不应小于 60 dB；在环境噪声大于 60 dB 的场所，声压级应高于背景噪声 15 dB。

c)查看火灾区域及相关区域应急广播及火灾警报器的播放情况，应能分时交替工作。

8.3.4 系统常见问题分析与处置

火灾应急广播系统常见故障、原因分析及处置措施见表 8.3。

表 8.3 火灾应急广播系统常见问题原因及处置措施

常见问题	原因	处置措施
广播无声	扩音机无输出	检查扩音器本身
个别部位广播无声	扬声器损坏或连线有松动	检查扬声器及接线
不能强制切换到事故广播	切换模块的继电器不动作引起	检查继电器线圈及触点

8.4 消防电梯

8.4.1 设置要求

消防电梯是在建筑物发生火灾时供消防人员进行灭火与救援使用且具有一定功能的电梯。工作电梯在发生火灾时常常因为断电和不防烟火等原因而停止使用，因此设置消防电梯的主要作用是：供消防人员携带灭火器材进入高层灭火，抢救疏散受伤或老弱病残人员。高层建筑设计中，应根据建筑物的重要性、高度、建筑面积、使用性质等情况设置消防电梯。通常一类高层公共建筑和建筑高度大于 32 m 的二类高层公共建筑、5 层及 5 层以上且总建筑面积大于 3000 m^2 的老年人照料设施、建筑高度大于 33 m 的住宅建筑等均应设置消防电梯。

消防电梯应满足以下设置要求：

(1)消防电梯应分别设置在不同的防火分区内，且每个防火分区不应少于 1 台。

(2)消防电梯间应设前室，前室的面积不应小于 6 m^2，前室的短边不应小于 2.4 m。当与防烟楼梯间合用前室时，其面积：住宅建筑不应小于 6 m^2，公共建筑不应小于 10 m^2。当住宅建筑楼梯间的公用前室与消防电梯的前室合用时，合用前室的使用面积不应小于 12 m^2。

(3)消防电梯间前室宜靠外墙设置，如受平面布置的限制，要设置不穿越其他任何房间的走道，并应在首层直通室外或者经过长度不大于 30 m 的通道通向室外。

(4)消防电梯间前室的门，应采用乙级防火门，不应设置卷帘。

(5)消防电梯及其前室内应设置应急照明，以保证消防人员能够正常工作。

(6)消防电梯井、机房与相邻其他电梯井、机房之间，应采用耐火极限不低于 2.0 h 的隔墙隔开，当在隔墙上开门时，应设甲级防火门。

(7)消防电梯应有两路电源。除日常线路所提供的电源外，供给消防电梯的专用应急电源应采用专用供电回路，并设有明显标志，使之不受火灾断电影响，其线路敷设应当符合消防用电设备的配电线路规定。

(8)消防电梯应能每层停靠，包括地下室各层，着火时，应首先停靠在首层，以便于展开消防救援。

(9)平时消防电梯可作为工作电梯使用，火灾时转为消防电梯。其控制系统中应设置转换装置，以便火灾时能迅速改变使用条件，适应消防电梯的特殊要求。

(10)消防电梯轿厢内应设有专用电话和操纵按钮，以便消防队员在灭火救援中保持与外界的联系，也可以与消防控制中心直接联络。操纵按钮是消防队员自己操纵电梯的装置。

(11)消防电梯应在首层设有供消防人员专用的操作按钮，一般设置在消防电梯门旁的开锁装置内。消防人员一按此钮，消防电梯能迫降至底层或任一指定的楼层，同时，工作电梯停用落到底层，消防电源开始工作，排烟风机开启。

(12)为使消防人员迅速到达起火层，消防电梯的行驶速度应按从首层到顶层的运行时间不超过 60 s 计算确定。

(13)消防电梯的载重量不应小于 800 kg。

(14)消防电梯轿厢的内装修应采用不燃烧材料。

(15)消防电梯间前室门口宜设挡水设施。消防电梯井底应设排水设施，排水井容量不应小于 2 m^3，排水泵排水量不应小于 10 L/s。

8.4.2　消防电梯的维护与保养

消防电梯的运行维护应实施定人管理、定时检查、定期检修。管理人员要熟悉消防电梯的特点、运行特性，并做好运行记录，发现问题或有不正常情况均应写入运行记录中。

1. 定期检查

a)检查电源系统和电气元件设备，确保电气线路正常完好。

b)检查动力传动机械，有无磨损或变形，润滑是否良好，钢丝绳是否有毛刺或受损等。

c)检查消防安全设施是否完整可靠，专用控制设施和信号是否灵敏正常。

d)如有条件可以采用电脑自动巡检装置,每日自动巡检并打印出巡检记录。人员检查也应做出检查记录。对查出的问题进行落实整改措施。

e)定期检查可在年度保养或节日期间进行。根据运行记录和检查记录,对易磨损的元件、零部件进行更换和修理,对电器元件也应测试参数及时更换,使消防电梯在任何情况下、任何时间都能正常可靠安全地运行。

2. 联动试验

a)将消防联动控制器设置在自动状态下,使用专用工具人为触发防火分区内的 2 个独立的火灾探测器或 1 个火灾探测器与 1 个手动火灾报警按钮的报警信号,确认火灾后,现场查看,消防联动控制器应能联动本防火分区的所有电梯追降至首层或转换层。

b)消防电梯追降至首层或转换层后,在轿厢内操作电梯,应能正常运行;用秒表测量电梯从首层运行至顶层的时间,不应超过 60 s。

c)电梯追降至首层或转换层后,同时再用其他楼层按钮呼叫,电梯应无应答。

d)当消防电梯处于消防使用状态时,查看消防控制室应接收其反馈信号。

3. 故障分析及处置

消防电梯检测可分为手动控制测试、远程控制测试和联动控制测试。

(1)现场手动试验,观察消防电梯动作情况及消防控制设备信号反馈情况。

(2)在消防控制设备上手动启动消防电梯控制装置,观察消防电梯动作情况及信号反馈情况。

(3)模拟火灾信号(按下电梯前的手动报警按钮或给探测器加烟),观察消防电梯和常用电梯动作情况及消防控制设备信号反馈情况。

①当电梯升至顶层(或其他层)时在首层操作下降按钮,消防电梯应直接降至首层,并向控制室控制设备反馈其动作信号。

②消防控制室确认火灾后,应能控制消防电梯和常用电梯自动停于首层,并接收其反馈信号。

③消防控制设备处于自动状态时,接收到报警信号后应能输出控制消防电梯和常用电梯降至首层的信号,显示其动作状态。

消防电梯常见故障、原因分析及处置措施见表 8.4。

表 8.4 消防电梯常见问题原因及处置措施

常见问题	原因	处置措施
1. 启动运行不正常	1. 电源未接通 2. 电动机故障 3. 控制电路故障	1. 检查消防电梯电源 2. 检查电动机 3. 检查消防电梯控制线路
2. 不能联动控制	1. 联动控制电路故障 2. 未与消防联动控制器连接 3. 火灾探测器、报警按钮故障	1. 检查联动控制线路 2. 与消防控制室联动控制器连接 3. 检查火灾探测器、手动报警按钮
3. 不能到达预选层	选层器继电器失灵	修复或更换选层器继电器
4. 追降首层后无法启动运行	联动控制设置错误	检查联动控制设置并修复
5. 轿厢门不能正常开关	1. 门机控制电路电源故障 2. 开、关门按钮接触不良	1. 检查门机线路,更换故障受损元件 2. 检查开关门按钮,更换故障触点

8.5　消防供配电系统

消防供配电系统由电源、配电部分和消防用电设备 3 部分组成。消防电源及其配电系统应确保电源和配电的可靠性以保障对消防用电设备不间断有效供电，同时在火灾扑救过程中，应保障人身安全防止触电事故。

8.5.1　设置要求

1. 消防负荷分级及供电要求

(1)消防负荷分级

消防负荷是指消防用电设备。消防负荷分级是参照电力负荷的分级方法来划分等级的。《建筑设计防火规范 GB 50016—2014》(2018 年版)是根据建筑扑救难度和建筑的功能及其重要性以及建筑发生火灾后可能造成的危害和损失、消防设施的用电情况将消防用电负荷分为三级：

①一级负荷

a)建筑高度大于 50 m 的乙、丙类厂房和丙类库房。

b)一类高层民用建筑。

在一级负荷中，当中断供电将造成人员伤亡或重大设备损坏或发生中毒、爆炸和火灾等情况的负荷，以及特别重要场所的不允许中断供电的负荷，应视为一级负荷中特别重要的负荷。

②二级负荷

a)室外消防用水量大于 30 L/s 的工厂、仓库。

b)室外消防用水量超过 35 L/s 的可燃材料堆场、可燃气体储罐(区)和甲、乙类液体储罐(区)。

c)粮食仓库和粮食筒仓。

d)二类高层民用建筑。

e)座位数超过 1500 个座位的电影院、剧场，座位数超过 3000 个的体育馆，任一层建筑面积大于 3000 m^2的商店和展览建筑，省(市)级及以上的广播电视、电信和财贸金融建筑，室外消防用水量大于 25 L/s 的其他公共建筑。

③三级负荷

除一、二级负荷外的建筑物、储罐(区)和堆场等消防用电。

《建筑设计防火规范 GB 50016—2014》(2018 年版)根据建筑高度和层数划分为单、多层民用建筑和高层民用建筑，高层民用建筑根据其建筑高度、使用功能和楼层的建筑面积分为一类和二类。民用建筑分类见表 8.5。高层民用建筑的消防负荷等级分为两级：一类建筑的消防用电设备为一级负荷，二类建筑的消防用电设备为二级负荷。

表 8.5　民用建筑分类

名称	高层民用建筑		单、多层民用建筑
	一类	二类	
住宅建筑	建筑高度大于 54 m 的住宅建筑(包括设置商业服务网点的住宅建筑)	建筑高度大于 27 m，但不大于 54 m 的住宅建筑(包括设置商业服务网点的住宅建筑)	建筑高度不大于 27 m 的住宅建筑(包括设置商业服务网点的住宅建筑)

续表

名称	高层民用建筑		单、多层民用建筑
	一类	二类	
公共建筑	1. 建筑高度大于 50 m 的公共建筑 2. 建筑高度 24 m 以上部分任一楼层建筑面积大于 1000 m^2 的商店、展览、电信、邮政、财贸金融建筑和其他多种功能组合的建筑 3. 医疗建筑、重要公共建筑、独立建造的老年人照料设施 4. 省级及以上的广播电视和防灾指挥调度建筑、网局级和省级电力调度建筑 5. 藏书超过 100 万册的图书馆、书库	除一类高层公共建筑外的其他高层公共建筑	1. 建筑高度大于 24 m 的单层公共建筑 2. 建筑高度不大于 24 m 的其他公共建筑

(2)消防负荷供电要求

①一级负荷应由两个电源供电。当一个电源发生故障时,另一个电源不应同时受到损坏。2 个电源分别为工作电源和备用电源,工作电源一般是直接取自城市低压三相四线制输电网,备用电源根据负荷要求一种是取自 35kV 区域变电站或城市一路高压(10kV 级)供电,或取自独立于正常电源的发电机组、供电网络中独立于正常电源的专用馈电线路、蓄电池、UPS 电源和 EPS 电源。

消防负荷属于一级负荷中特别重要的负荷除应由双重电源供电外,尚应增设应急电源,并严禁将其他负荷接入应急供电系统。即应有 3 个电源供电,3 个电源应由满足一级负荷要求的两个电源和一个应急电源组成;应急电源的容量应满足同时工作的一级负荷中特别重要负荷(特级用电负荷)的供电要求;应急电源的切换时间应满足一级负荷中特别重要负荷(特级用电负荷)允许最短中断供电时间的要求;应急电源的供电时间,应满足一级负荷中特别重要负荷(特级用电负荷)最长持续运行时间的要求。

②二级负荷应由二回路线路供电,二级负荷的供电系统应做到当发生电力变压器故障或线路常见故障时不致中断供电(或中断后能迅速恢复),二回路线路应尽可能引自不同的变压器或母线段,并在最末一级配电箱处自动切换。在负荷较小或地区供电条件困难时,二级负荷可由一回 6 kV 及以上专用架空线路供电,然后以低压侧引 2 条回路,到最末一级配电箱自动切换。

③三级负荷供电是建筑供电的最基本要求,有条件的建筑要尽量通过设置 2 台终端变压器来保证建筑的消防用电。

在《建筑电气与智能化通用规范 GB 55024—2022》中,将民用建筑消防用电负荷等级分为四级,高度 150 m 及以上的一类高层公共建筑的消防负荷为特级,一类高层建筑的消防负荷为一级,二类高层建筑的消防负荷为二级,不属于一级、二级负荷的为三级。在此规范中,在《建筑电气与智能化通用规范 GB 55024—2022》中规定的特级消防负荷的供电要求与《建筑设计防火规范 GB 50016—2014》(2018 年版)中规定一级负荷中特别重要的消防负荷的供电要求一致。一级负荷、二级负荷和三级负荷的供电要求与《建筑设计防火规范 GB 50016—2014》(2018 年版)中一级负荷、二级负荷和三级负荷的供电要求对应保持一致。

2. 消防电源

消防电源往往由几个不同用途的独立电源以一定的方式互相连接起来,构成一个电力网络进行供电，这样可以提高供电的可靠性和经济性。因此，消防用电设备的消防电源包括主电源和备用电源。消防用电设备正常时由主电源供电，火灾时主电源断电后由应急电源供电。消防电源的主电源通常为电力系统电源，应急电源可由独立于主电源的电力系统电源、自备柴油发电机组或蓄电池组担任。

当正常电源故障停电时，备用电源应自动投入继续供电。消防用电按一、二级负荷供电的建筑，当采用自备发电设备作备用电源时，自备发电设备应设置自动和手动启动装置。当采用自动启动方式时，应能保证在 30 s 内供电。应根据消防用电设备的容量和供电时长要求及主电源与应急电源的允许切换时间的要求，合理选择消防备用电源。

备用电源和应急电源供电时间要满足消防负荷火灾时的供电要求，如表 8.6 所示。

表 8.6　消防用电设备在火灾发生期间的最少持续供电时间

消防用电设备名称	保证供电时间/min
火灾自动报警装置	≥180(120)
消火栓、消防泵及水幕泵	≥180(120)
自动喷水系统	≥60
水喷雾和泡沫灭火系统	≥30
二氧化碳灭火和干粉灭火系统	≥30
防、排烟设备	≥90、60、30
火灾应急广播	≥90、60、30
消防应急照明(平面疏散区域)	≥90、60、30
消防控制室、配电室、防排烟风机房、消防水泵房备用照明	≥180(120)
避难层备用照明	≥180(120)
消防电梯	≥180(120)

注：表中所列连续供电时间是最低标准，有条件时宜延长

消防水泵、防烟和排烟风机等大功率的消防设备的通常采用独立于主电源的电力系统电源或是自备柴油发电机组作为备用电源。在火灾应急照明和疏散指示标志的供电时可以采用具有逆变器的应急电源(EPS)作为备用电源。对于停电时间要求特别严格的用电设备，还可以采用不间断电源(UPS)进行连续供电。

对于火灾自动报警系统等控制装置。主电源应根据负荷等级采用消防电源外，还在控制器上设置专用蓄电池或集中放置的蓄电池作为采用直流备用电源，作为消防电源失电时的应急电源。直流备用电源应保证在消防系统处于最大负载状态下不影响报警控制器的正常工作。火灾自动报警系统中的显示器、消防通讯设备等的电源，宜由 UPS 装置作为应急供电。

3. 配电部分

消防供配电系统的配电部分是从消防电源到消防用电设备的中间环节，其作用是对电源进行保护、监视、分配、转换、控制和向消防用电设备输配电能。主要配电装置有：变电所内的低压开关柜、发电机配电屏、动力配电箱、照明分配电箱、应急电源切换开关箱和配电干线与支线线路。其配电应满足以下要求。

(1)采用专用的供电回路

当火灾发生，切断生产、生活用电时，消防配电系统应仍能保证消防用电。因此，消防系统配电消防用电设备应采用单独的供电回路，从配电箱至消防用电设备采用放射式配电，在负荷

的连接上不应将一些与消防无关的设备接入。配电回路不应装漏电切断保护装置。当对消防水泵、防烟、排烟风机等重要消防设备装设过负载保护时，过载保护应动作用于信号而不切断电路。

(2)双电源或双回路的末端切换

消防用电设备的2个电源或2个供电回路，应在最末一级配电箱处自动切换。消防水泵、消防电梯、防烟排烟风机的供电回路末端切换在设备用房的电源柜里设置双电源切换开关，防火卷帘、应急照明和疏散指示系统等的供电回路的末端切换可以在其所在楼层或防火分区的消防配电箱内实现。如图8.9所示。

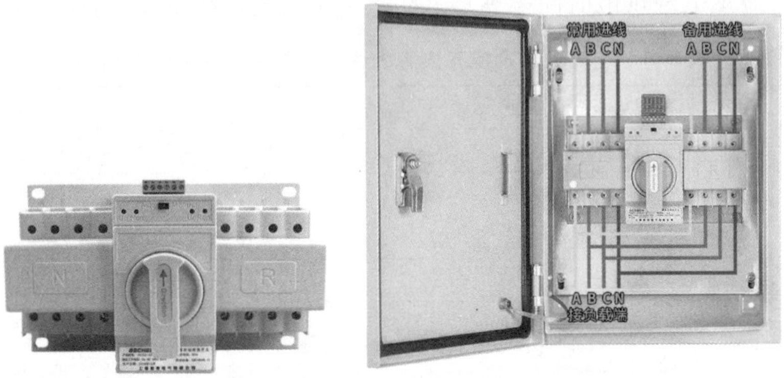

图8.9　双电源切换开关及其配电箱内接线示意图

(3)配电线路防火

火灾自动报警系统的供电线路、消防联动控制线路应采用燃烧性能不低于B2级的耐火铜芯电线电缆，报警总线、消防应急广播和消防专用电话等传输线路应采用燃烧性能不低于B2级的铜芯电线电缆。

消防用电设备的配电及其控制，应按防火分区划分，消防配电设备应有明显的标志，当与普通配电设备并列布置时，相互间宜采取分隔措施。消防配电线路应满足火灾时连续供电的需要，明敷时(包括敷设在吊顶内)应穿金属导管或采用封闭式金属槽盒保护，金属导管或封闭式金属槽盒应采取防火保护措施；当采用阻燃或耐火电缆并敷设在电缆井、沟内时，可不穿金属导管或采用封闭式金属槽盒保护；当采用矿物绝缘类不燃性电缆时，可直接明敷。暗敷时，应穿管并应敷设在不燃性结构内且保护层厚度不应小于30 mm。消防配电线路宜与其他配电线路分开敷设在不同的电缆井、沟内；确有困难需敷设在同一电缆井、沟内时，应分别布置在电缆井、沟的两侧，且消防配电线路应采用矿物绝缘类不燃性电缆。

8.5.2　系统的运行与维护管理

1. 外观检查

(1)消防配电箱(柜)

a)配电房、消防水泵、消防电梯、防烟排烟设备、电气火灾监控装置、可燃气体探测报警装置、自动灭火装置、火灾应急照明、疏散指示标志、常开防火门、防火卷帘及消防控制室的各种报警、控制装置等消防设备的配电箱上的仪表、指示灯应正常，开关及控制按钮操作应灵活可靠，标识应明显清晰。

b)主、备电自动切换装置的主、备电源的工作状态指示灯应正常，控制开关应处于自动位置。

(2)消防备用电源

a)发电机仪表、指示灯及开关按钮等应完好，显示正常，控制器选择开关应处于自动位置，电池电压应在正常范围内；储油箱内的油量应能满足发电机运行 3h～8h 的用量，油位显示正常，燃油标号应正确；自备发电机房应干净整洁。

b)消防应急电源的主电工作状态、电池组及各单节电池电压的显示情况应正常。

c)火灾报警控制器、消防联动控制器、用户信息传输装置、图形显示装置及非火灾报警控制器供电的火灾显示盘的自带电源的电源指示灯应正常，电池组应无明显锈蚀腐蚀。

(3)消防供电线路

a)消防用电设备的配电线路应满足火灾时连续供电的需要，其敷设应具有防火保护措施。

b)消防配电线路宜与其他配电线路分开敷设在不同的电缆井、沟内；确有困难需敷设在同一电缆井、沟内时，应分别布置在电缆井、沟的两侧，且消防配电线路应采用矿物绝缘类不燃性电缆。

c)消防供电线路应安装整齐，线路标志明显清晰，确认消防供电线路为消防专用。

2. 功能测试

(1)消防配电箱(柜)

a)手动切断配电箱(柜)电源，应切断本防火分区消防用电设备，不应切断其他防火分区及其他无关设备电源。

b)设有主、备电自动切换装置的消防设备配电箱，切断主电源，观察备用电源自动投切情况及相关设备运行情况；恢复主电，查看自投自复式装置的备电应断开正常，各仪表、指示灯显示应正常，对自投非自复式装置，切断备电，应恢复主电正常工作。

(2)消防备用电源

a)发电机在自动状态下，断开主电源，发电机应能正常启动；用秒表计时至正常供电输出，时间不应大于 30 s。查看仪表的显示及数据应正常，观察机组的运行状况应正常。

b)手动启动发电机房设置的通风设施，运行应正常。

c)检查火灾报警控制器、消防联动控制器、用户信息传输装置、图形显示装置及非火灾报警控制器供电的火灾显示盘的自带电源的以下功能：断开主电电源，使控制器处于备电工作状态，应能显示“主电故障”“备电工作”；恢复主电，使控制器处于主电工作状态，应能正常恢复，显示“主电工作”。

d)确认消防设备应急电源处于正常监控状态，断开主电源，同时启动秒表计时，5 s 后应能自动切换到电池组供电；恢复主电，消防设备应急电源应能切换到主电源供电。

e)消防设备电源监控器应能正常接收、显示其监控的所有消防用电设备的主电源和备用电源的实时工作状态信息。

3. 保养

(1)消防配电箱(柜)

a)清扫控制柜外表面灰尘，用吹尘器或刷子清除柜内灰尘杂物。

b)检查控制柜内部各电器触点，如有烧损，应修复或更换，要求触点完好、无松动。

c)紧固各电器接触线头和接线端子的接线螺丝，紧固柜内接触器、继电器等电器设备，对线标进行整理，使其保持清晰。

(2)发电机组

a)检查发电机组的空气滤、柴油滤、机油、机油滤等耗材,应正常。

b)检查发电机组的散热水箱冷却液,应正常。

c)检查发电机组的蓄电池电池液,应正常。

d)测量发电机组蓄电池的电压,每年至少对蓄电池组进行一次手动充放电循环操作。

e)对发电机房进行清洁打扫,室内及机组应保持干净整洁。

8.5.3 消防供配电系统常见问题分析与处置

从消防监督检查情况和各地建筑火灾隐患的立案情况来看,消防供配电方面存在的问题较多,归纳起来主要有以下几个方面:

(1)供电的负荷等级与建筑消防所要求的负荷等极不相适应,低于所要求的负荷等级。例如,一些高层民用建筑和地下建筑,尤其是一些中小城市的高层建筑存在此类问题较多。

(2)在低压配电室,消防配电线路未分别接在两个低压母线上。有的单位虽设有两个独立电源进户,满足一级负荷要求,但却将消防配电集中接在一个母线端上,这样就不能保证消防供电的可靠性。消防配电必须分别接到两个电路的母线段上配出,并分别引至消防用电设备最末一级配电箱上自动切换。

(3)在消防配电线路上接入非消防负荷,非消防荷载的故障将影响消防供电。

(4)消防供配电线路缺少耐火保护。这种隐患情况比较普遍。消防供配电线路应采用耐火电缆线,或采取穿金属管敷设在非燃烧体结构内的耐火保护措施。

(5)两个消防电源不能在最末一级配电箱处自动切换。这将对消防水泵、消防电梯、防排烟风机、防火卷帘等关键消防设备可靠运行造成极大危险。

(6)自备消防电源发电机不能自行启动,无法及时向消防配电线路送电,为消防设备供电。

(7)消防配电室在防火设计上存在隐患。例如:配电室与其他部位缺少防火隔断,配电室未安装防火门,通风管道穿过配电室隔断处未安装防火阀,配电室与消防控制室无直通电话,配电室照明照度不够等。

建筑物消防供配电系统存在的隐患往往是在设计和施工中形成的。有的是因为建筑物改变使用功能提高了对消防电源的负荷等级要求而出现的,无论哪种情况,都属于重大火灾隐患,必须马上整改。然而,这些隐患整改的投资都较大,难度也很大,尤其是这种隐患在平时难以察觉,给隐患的发现和整改带来很大的难度,因此必须在设计和施工阶段保证消防供配电系统的可靠性。

参考文献

江苏省消防协会,2019,江苏建筑消防设施维护保养技术规程.T/JFPA0002—2019[S]
李思成,2020. 火场排烟技术[M]. 北京:中国人民公安大学出版社.
山东省市场监督管理局,2021. 山东省建筑消防设施维护保养技术规程:DB 37/T 4328—2021[S]
王学谦,2008. 建筑防火设计手册(第二版)[M]. 北京:中国建筑工业出版社.
应急管理部消防救援局,2019. 消防监督检查手册(2019 版)[M]. 昆明:云南科技出版社.
张树平,2009. 建筑防火设计(第二版)[M]. 北京:中国建筑工业出版社.
郑端文,刘振东,2011. 消防安全技术(第二版)[M]. 北京:化学工业出版社.
中国建筑标准设计研究院,2018.《建筑防烟排烟系统技术标准》图示[M]. 北京:中国计划出版社.
中国消防协会,2019. 消防设施操作员(初级)[M]. 北京:中国劳动社会保障出版社.
中国消防协会,2019. 消防设施操作员(高级)[M]. 北京:中国劳动社会保障出版社.
中国消防协会,2019. 消防设施操作员(基础知识)[M]. 北京:中国劳动社会保障出版社.
中国消防协会,2019. 消防设施操作员(中级)[M]. 北京:中国劳动社会保障出版社.
中华人民共和国公安部,2005. 建筑灭火器配置设计规范:GB 50140—2005[S]. 北京:中国计划出版社.
中华人民共和国公安部,2006. 气体灭火系统设计规范:GB 50370—2005[S]. 北京:中国计划出版社.
中华人民共和国公安部,2008. 建筑灭火器配置验收及检查规范:GB 50444—2008[S]. 北京:中国计划出版社.
中华人民共和国公安部,2014. 防火卷帘、防火门、防火窗施工及验收规范:GB 50877—2014[S]. 北京:中国计划出版社.
中华人民共和国公安部,2017. 自动喷水灭火系统设计规范:GB 50084—2017[S]. 北京:中国计划出版社.
中华人民共和国公安部,2018. 建筑设计防火规范:GB 50016—2014(2018 年版)[S]. 北京:中国计划出版社.
中华人民共和国公安部,2019. 火灾自动报警系统施工及验收标准:GB 50166—2019[S]. 北京:中国计划出版社.
中华人民共和国国家质量监督检验检疫总局,2010. 建筑消防设施的维护管理:GB 25201—2010[S]. 北京:中国计划出版社.
中华人民共和国应急管理部,2018. 消防应急照明和疏散指示系统技术标准:GB 51309—2018[S],北京:中国计划出版社.
中华人民共和国应急管理部,2021. 自动跟踪定位射流灭火系统技术标准:GB 51427—2021[S]. 北京:中国计划出版社.
中华人民共和国应急管理部,2022. 泡沫灭火系统技术标准:GB 50151—2021[S]. 北京:中国计划出版社.
中华人民共和国住房和城乡建设部,2013. 火灾自动报警系统设计规范:GB 50116—2013[S]. 北京:中国计划出版社.
中华人民共和国住房和城乡建设部,2014. 消防给水及消火栓系统技术规范:GB 50974—2014[S]. 北京:中国计划出版社.
住房和城乡建设部,2022. 消防设施通用规范:GB 55036—2022[S]. 北京:中国计划出版社.

附录A 《建筑消防设施》高等教育自学考试参考大纲

（含考核目标）

A.1 课程性质与课程目标

A.1.1 课程性质和特点

“建筑消防设施”是一门讲授建筑物各类消防设施的基本组成、工作原理、设置要求及运行维护的课程。本课程是全国高等教育自学考试消防工程专业（独立本科段）的必考课程，是消防工程专业的核心课程，具有较强的理论性和实践应用性。

《建筑消防设施》以火灾探测技术、火灾烟气控制技术及消防电气控制技术为理论基础，以火灾自动报警系统、自动灭火设施等重要消防设施的系统组成、工作原理及适用范围为基本内容，重点介绍常用建筑消防设施操作、控制和日常维护管理要点，针对建筑消防设施运行、维护中存在的问题进行了原因分析，提出处置措施。课程内容涵盖基础理论、专业知识及实践技能，具有很强的实用性和综合性。

A.1.2 课程目标

课程的设置目标是使学生能够：

（1）了解火灾自动报警系统等重要消防设施在建筑火灾预防与控制中的作用。

（2）掌握常见建筑消防设施的作用、基本组成和设置要求、工作原理。

（3）熟悉建筑消防设施的运行条件和控制方法、维护管理内容和方法。

（4）了解建筑消防设施的常见故障、故障原因和处置方法。

（5）具备常见建筑消防设施日常监测和正确操作能力，常见故障分析和处置能力。

A.1.3 与相关课程的联系与区别

建筑消防设施的使用、运行和维护管理工作涉及建筑防火常识、火灾探测技术、烟气控制技术、电气控制原理等诸多方面。课程学习前，要求考生具备一定的建筑防火、电气控制基础；课程学习可以在“建筑防火”“电气防火与火灾监控”课程的学习基础上进一步开展，同时为“消防安全管理学”课程学习提供安全技术措施的相关知识基础。

A.1.4 课程的重点、次重点和难点

本课程的重点是：建筑消防设施的适用范围，基本组成和设置要求、工作原理、运行条件和

操作与控制方法;本课程的次重点是:建筑消防设施的维护管理要点和方法;本课程的难点是:建筑消防设施的运行条件、操作和控制方法。

A.2 考核目标

本大纲在考核目标中,按照识记、领会、应用3个层次规定应达到的能力层次的要求。3个能力层次是递进关系,各能力层次的含义是:

识记:要求学生能够识别和记忆本课程中有关基本概念和理论的主要内容,如火灾自动报警系统的设计形式及选用原则、火灾探测器的选用原则、防烟分区的概念及划分原则等。

领会:要求学生能够领悟和理解本课程中常见建筑消防设施在建筑火灾预防和控制中的作用及适用范围,理解各系统的基本组成、工作原理及重要组件的设置要求,如探测器的设置要求,自动喷水灭火系统中湿式系统、干式系统和预作用系统的工作原理和适用范围。

应用:要求学生能掌握系统运行条件和正常状态,掌握系统操作与控制方法,并了解维护管理的要点,能够对建筑消防设施的常见故障进行诊断和处理。如消火栓系统的操作与控制、防排烟系统的联动控制、防火卷帘的控制等。

A.3 考核内容与考核要求

A.3.1 火灾自动报警系统

一、学习目的与要求

通过本章学习,使学生了解火灾自动报警系统的基本构成和设计形式;熟悉火灾自动报警系统的各组件功能和设置要求;掌握系统的操作与控制方法;了解系统的维护管理要求;了解消防控制室的防火要求和管理要求。

二、课程内容

1.1 火灾自动报警系统的构成及工作原理

1.2 火灾自动报警系统的设计要求

1.3 火灾自动报警系统的组件及设置要求

1.4 火灾自动报警系统的运行与维护

1.5 消防控制室

三、考核知识点与考核要素

1.1 火灾自动报警系统的构成及工作原理

识记:①火灾自动报警系统的构成;②可燃气体报警系统及组成;③电气火灾监控系统及组成。

领会:①火灾探测报警系统工作原理;②消防联动控制系统工作原理;③可燃气体探测报警系统;④电气火灾监控系统工作原理。

应用:①可燃气体探测器设置要求;②电气火灾探测器设置要求。

1.2 火灾自动报警系统的设计要求

识记：火灾自动报警系统的设计形式。

领会：①区域报警系统的组成；②集中报警系统的组成；③控制中心报警系统的组成；④报警区域的划分原则；⑤探测器区域的划分原则。

应用：火灾自动报警系统的设计形式选择。

1.3 火灾自动报警系统的组件及设置要求

识记：①火灾报警控制器；②消防联动控制器；③图像显示器；④火灾探测器；⑤火灾声光警报器；⑥消防联动模块。

领会：①火灾报警控制器的功能；②消防联动控制器的功能。

应用：①火灾报警控制器的设置要求；②探测器的选择和设置；③消防联动模块选择和设置；④手动火灾报警按钮的设置；⑤火灾声光警报器的设置。

1.4 火灾自动报警系统的运行与维护

领会：火灾自动报警系统运行条件。

应用：火灾报警处置流程。

1.5 消防控制室

识记：①消防控制室防火要求；②消防控制室管理要求。

应用：消防控制室档案管理要求。

四、本章重点、难点

本章重点：火灾自动报警系统设计形式选择；报警区域和探测区域的划分依据；火灾探测器的选择与设置。

(1)系统的设计形式应根据保护对象消防设施设置范围及报警和联动需求合理选择。

(2)区分报警区域和探测区域的概念，理解报警区域和探测区域划分的目的和依据。

(3)探测器的选择原则应根据保护场所的初期火灾形成和发展的特点进行选择，同时需要考虑火灾探测器的最大允许安装高度以及在环境中可能造成火灾探测器误报和漏报的干扰因素。

本章难点：火灾探测器的选择。

在理解探测器的探测器原理的基础上，结合探测器的选择原则，根据场所的实际情况分析火灾探测器的选用。

A.3.2 消防给水及消火栓系统

一、学习目的与要求

通过本章学习，使学生了解消防给水系统的设计形式；熟悉消防给水及消火栓系统的各组件功能和设置要求；掌握系统的操作与控制方法；了解系统的维护管理要求；了解系统常见故障及处置方法。

二、课程内容

2.1 消防给水系统及设施的设置要求

2.2 消火栓系统及组件设置要求

2.3 消防给水及消火栓系统的运行与维护

三、考核知识点与考核要素

2.1 消防给水系统及设施的设置要求

识记：①消防给水系统分类及组成；②消防水池的作用；③消防水箱的作用；④水泵接合器的作用。

领会：①消防水泵的设置要求；③增压、稳压设施工作原理。

应用：①系统组件的设置要求；②消防给水与消火栓系统的运行条件；③消防水泵的控制方式。

2.2 消火栓系统及组件设置要求

识记：①室外消火栓系统的组成；②室内消火栓箱及其配件。

领会：消火栓系统的类型及适用场所。

应用：①室外消火栓的设置要求；②室内消火栓设置要求。

2.3 消防给水及消火栓系统的运行与维护

应用：①室外消火栓功能测试要求；②室内消火栓功能测试要求。

四、本章重点、难点

本章重点：消防水池、消防水箱、消防水泵接合器、消防水泵和增压稳压设施的作用；消防水泵的设置要求；消防供水管道及阀门状态。

(1)消防水源(消防水池)、消防水泵及其控制柜、消防水泵接合器、高位消防水箱和增压、稳压设备等设施的作用、设置条件和要求。

(2)消防水泵的设置应保证消防供水的可靠性。从消防水泵的设置、性能、供电和控制等方面均应满足要求。

(3)供水管道的阀门应处于开启状态。泵房的试水阀、泄水阀平时应处于关闭状态。

本章难点：消防水泵的控制；增压、稳压系统的工作原理。

(1)消防水泵的控制有自动启停、手动启停、手动直接启停控制及机械应急操作控制，掌握各控制方式的操作流程。

(2)根据气压水罐不同容积、压力与压力继电器压力控制点及稳压泵、消防水泵控制状态之间的关系，分析平时和火灾发生时增压、稳压设施的工作原理。

A.3.3 自动喷水灭火系统

一、学习目的与要求

通过本章学习，使学生掌握自动喷水灭火系统分类、系统组成、工作原理和适用范围；熟悉自动喷水灭火系统中不同系统的组件功能和设置要求；掌握系统的操作与控制方法；了解系统的维护管理要求；了解系统常见故障及处置方法。

二、课程内容

3.1 自动喷水灭火系统的类型及工作原理

3.2 自动喷水灭火系统的组件及设置要求

3.3 自动喷水灭火系统的运行与维护

三、考核知识点与考核要素

3.1 自动喷水灭火系统的类型及工作原理

识记：自动喷水灭火系统分类及适用范围。

领会：①湿式系统的工作原理；②预作用系统工作原理；③雨淋系统工作原理。

3.2 自动喷水灭火系统的组件及设置要求

识记:①喷头的分类;②水流指示器的作用;③压力开关的作用。

领会:①湿式报警阀组的工作原理;②雨淋阀组的工作原理;③预作用阀组的工作原理。

应用:①报警阀组的设置要求;②水流指示器的设置要求;③压力开关的设置要求。

3.3 自动喷水灭火系统的运行与维护

领会:①湿式系统的控制;②预作用系统的控制;③雨淋系统的控制。

应用:①湿式系统的控制方式;②预作用系统的控制方式;③雨淋系统的控制方式。

四、本章重点、难点

本章重点:自动喷水灭火系统分类及适用范围;报警阀的工作原理。

(1)结合各灭火系统的组成和工作原理,分析系统的使用范围。

(2)报警阀组的工作原理是系统功能的关键,掌握不同报警阀组的工作原理,有利于理解各系统的工作原理。

本章难点:湿式、干式的自动启动控制、预作用系统的自动启动控制、雨淋系统的自动启动控制。

(1)湿式、干式系统,由喷头触发系统的启动,消防水泵有多种自动连锁启动控制,同时应设置火灾自动报警系统的联动控制。

(2)预作用系统和雨淋系统由火灾自动报警系统进行启动控制,注意区别不同系统联动的触发条件。

A.3.4 气体灭火系统

一、学习目的与要求

通过本章学习,使学生掌握气体灭火系统分类、系统组成、工作原理和适用范围;熟悉气体灭火系统的各组件功能和设置要求;掌握系统的操作与控制方法;了解系统的维护管理要求;了解系统常见故障及处置方法。

二、课程内容

4.1 气体灭火系统的分类

4.2 气体灭火系统的构成及工作原理

4.3 气体灭火系统的组件及设置要求

4.4 防护区和气体灭火系统的运行与维护

三、考核知识点与考核要素

4.1 气体灭火系统的分类

识记:①气体灭火系统的应用场所;②气体灭火剂分类及灭火机理;③组合分配式和单元独立式灭火系统;④全淹没式与局部应用式。

4.2 气体灭火系统的构成及工作原理

识记:组合分配式气体灭火系统的构成。

领会:组合分配式灭火系统的工作原理。

4.3 气体灭火系统组件的功能及设置要求

识记:气体灭火系统的组件的功能。

领会:气体灭火系统的组件的设置要求。

4.4 防护区和气体灭火系统的运行与维护

识记:防护区设置要求。

领会:气体灭火系统的控制方式。

应用:系统联动控制流程。

四、本章重点、难点

本章重点:气体灭火系统的分类及灭火机理;气体灭火系统控制方式。

(1)掌握气体灭火系的不同分类方法,不同的灭火剂的灭火机理不同:二氧化碳气体灭火系统通过窒息、冷却作用灭火;IG541 气体灭火系统通过窒息作用灭火;七氟丙烷气体灭火系统通过化学抑制作用灭火。

(2)管网气体灭火系统应设置自动控制、手动控制、机械应急启动 3 种启动方式。预制气体灭火装置应设置自动控制和手动控制 2 种启动方式。应掌握各种控制的操作过程。

本章难点:气体灭火系统的自动联动控制。

应从设备状态、联动触发条件、联动控制流程、信号反馈情况掌握气体灭火系统的自动联动控制。

A.3.5 其他灭火设施

一、学习目的与要求

通过本章学习,使学生掌握泡沫灭火系统、干粉灭火系统、自动跟踪定位射流灭火系统的组成及工作原理;了解各灭火系统的各组件功能和设置要求,熟悉系统的操作与控制方法;了解系统的维护管理要求及常见故障及处置方法;掌握灭火器选型与配置原则及维护保养方法。

二、课程内容

5.1 泡沫灭火系统

5.2 干粉灭火系统

5.3 自动跟踪定位射流灭火系统

5.4 灭火器

三、考核知识点与考核要素

5.1 泡沫灭火系统

识记:①泡沫灭火系统适用范围;②低倍、中倍、高倍泡沫灭火系统;③泡沫比例混合器的种类。

领会:泡沫灭火系统启动方式及联动控制流程。

5.2 干粉灭火系统

识记:①干粉灭火系统适用范围;②干粉灭火剂的不相容性。

领会:气体灭火系统启动方式及联动控制流程。

5.3 自动跟踪定位射流灭火系统

识记:自动跟踪定位射流灭火系统的分类及适用范围。

领会:自动跟踪定位射流灭火系统启动方式及联动控制流程。

5.4 灭火器

识记:①灭火器的分类;②灭火器的维护和保养。

领会:灭火器的选用原则。

应用:灭火器的选型。

四、本章重点、难点

本章重点：泡沫灭火系统的控制；干粉灭火系统的控制；灭火器的维护与保养。

(1)泡沫灭火系统和干粉灭火系统的控制与气体灭火系统的控制相似，需要注意的是不同的系统应用形式，其控制要求不同。

(2)灭火器的维护与保养应熟悉灭火器外观检查的基本要求；掌握不同灭火器维修、报废的周期和条件。

本章难点：灭火器选型。

灭火器选型主要考虑火灾种类与灭火器的适应性及灭火器的灭火效能，同时还应兼顾保护物品的污渍损失程度、灭火器设置点的环境温度等因素。

A.3.6 建筑防烟与排烟设施

一、学习目的与要求

通过本章学习，使学生掌握建筑防烟与排烟的基本原理；熟悉建筑防烟与排烟系统的组件及设置要求；掌握系统的操作与控制方法；了解系统的维护管理要求；了解系统常见故障及处置方法。

二、课程内容

6.1 建筑防烟与排烟系统的组成及工作原理

6.2 建筑防烟与排烟系统的组件及设置要求

6.3 建筑防烟与排烟系统的运行与维护

三、考核知识点与考核要素

6.1 建筑防烟与排烟系统的组成及工作原理

识记：①建筑防烟设施的设置场所；②建筑排烟设施的设置场所；③防烟方式；④排烟方式；⑤防烟分区及划分原则；⑥挡烟设施。

领会：①建筑防烟的工作原理；②建筑排烟的工作原理。

6.2 建筑防烟与排烟系统的组件及设置要求

识记：①自然排烟窗(口)设置位置；②防火阀及设置位置；③排烟防火阀及设置位置。

领会：①防烟、排烟风机的设置要求；②送风、排烟口(阀)的设置要求；③送风、排烟管道的设置要求。

6.3 建筑防烟与排烟系统的运行与维护

领会：①机械加压送风系统的控制；②机械排烟系统的控制。

应用：①机械加压送风系统的联动控制测试；②机械排烟系统的联动控制测试。

四、本章重点、难点

本章重点：建筑防烟、排烟系统的设置场所；防烟分区及划分；防火阀和防烟防火阀的区别。

(1)疏散楼梯间、楼梯间前室、避难层等人员疏散和避难的安全区域需要设置防烟设施，公共建筑经常有人停留，面积比较大的房间、中庭、较长的疏散走道等场所需要考虑设置排烟系统。

(2)分析防烟分区和防火分区之间的区别与联系，把握防烟分区划分的原则和方法，特别注意防烟分区不仅要满足最大面积的要求，还要满足规范中对防烟分区的长边做出限制。

(3)应从作用、设置位置、平时状态和控制原理等方面分析防火阀和排烟防火阀的区别与联系。

本章难点：机械加压送风机的控制方式；机械排烟风机的控制方式。

对比机械加压送风机和机械排烟风机的控制方式及实现过程。特别是自动控制时，注意对比2种不同的风机的联动触发条件、联动控制要求和联动范围的区别。

A.3.7 消防应急照明和疏散指示系统

一、学习目的与要求

通过本章学习，使学生掌握应急照明与疏散指示系统的分类；熟悉系统的组件及设置要求；掌握系统的操作与控制方法；了解系统的维护管理要求；了解系统常见故障及处置方法。

二、课程内容

7.1 消防应急照明和疏散指示系统的设置场所

7.2 消防应急照明与疏散指示系统的分类和组成

7.3 消防应急照明与疏散指示系统的运行与维护

三、考核知识点与考核要素

7.1 消防应急照明和疏散指示系统的设置场所

识记：①消防应急照明和疏散指示系统；②应急照明；③疏散指示标志。

领会：①集中控制型系统；②非集中控制型系统。

7.2 消防应急照明与疏散指示系统的分类和组成

识记：①应急照明灯具分类；②应急照明集中电源；③应急照明控制器。

领会：①系统的分类及组成；②应急照明集中电源的设置要求；③应急照明控制器的设置要求。

应用：消防应急灯具的选型。

7.3 消防应急照明与疏散指示系统的运行与维护

领会：①系统的分类及组成；②应急照明集中电源的设置要求；③应急照明控制器的设置要求。

应用：①消防应急照明与疏散指示系统的控制；②消防应急灯具的选型。

四、本章重点、难点

本章重点：集中控制型系统和非集中控制型系统。

结合集中控制型系统和非集中报警系统的组成，分析2种不同系统的控制方式和控制要求。

本章难点：集中控制型系统的工作状态和控制要求。

分析正常工作模式、非火灾工况条件下和火灾工况条件下，集中控制型系统的控制要求。

A.3.8 其他消防设施

一、学习目的与要求

通过本章学习，使学生掌握防火分隔设施、消防专用电话系统、火灾应急广播系统和火灾警报装置、消防电梯及消防供配电系统的设置要求及控制方法，了解各系统的维护管理要求，了解各系统常见故障及处置方法。

二、课程内容

8.1 防火分隔设施

8.2 消防专用电话系统

8.3 火灾应急广播系统和火灾警报装置

8.4 消防电梯

8.5 消防供配电系统

三、考核知识点与考核要素

8.1 防火分隔设施

识记:①防火门的分类;②防火卷帘。

领会:甲、乙、丙级防火门的设置场所。

应用:防火卷帘的控制要求。

8.2 消防专用电话系统

识记:消防专用电话系统的设置要求。

领会:消防电话主机和分机设置场所及要求。

8.3 火灾应急广播系统和火灾警报装置

识记:①消防应急广播的设置要求;②火灾警报装置的设置要求。

领会:火灾应急广播系统和火灾警报装置的控制要求。

8.4 消防电梯

识记:消防电梯的设置要求。

8.5 消防供配电系统

识记:消防供配电系统组成。

领会:①应急电源的形式;②消防设备应急电源供电时间要求。

应用:①消防负荷分级及供电要求;②消防配电实现要求。

四、本章重点、难点

本章重点:防火门的分类、防火卷帘的控制方式;消防专用电话主机及分机的设置;消防负荷分级及供电求。

(1)在掌握甲、乙、丙级防火门的防火隔热要求的基础上,明确各级防火门应用的部位。

(2)掌握防火卷帘的控制方式和操作方法。

(3)消防电话主机应设置在消防控制室,在人员疏散、灭火战斗的过程中需要和消防控制室进行联系的场所应设置消防电话分机。

(4)消防负荷供电应依据消防负荷分级而进行设置,注意区分给一级负荷供电的 2 个电源和二级负荷供电的二回路线路的区别。

本章难点:防火卷帘的联动控制。

防火卷帘应用的部位不同,其联动控制的要求不同,因此应根据实际工程情况对其防火卷帘的联动逻辑进行设置。

附录B 《建筑消防设施》课程实践性环节考核实施方案

一、考核目标

通过本课程的教学和考核，使学生了解火灾自动报警系统、消防给水及消火栓系统等重要建筑消防设施在建筑火灾预防与控制中的作用；掌握火灾自动报警系统、建筑消防水系统等常见重要消防设施的基本组成、工作原理及维护管理的要点和要求；具备消防设施日常监测和火灾情况下正确操作能力及常见故障分析和处置能力。

考生应达到以下目标：

1. 知识目标

(1)使学生了解建筑消防设施的基本组成、工作原理。

(2)使学生掌握建筑消防设施正常运行状态和操作控制方法。

(3)使学生掌握重要建筑消防设施的检查和检测要点和基本方法。

2. 能力目标

(1)使学生认识建筑消防设施及其基本组件。

(2)使学生具有判断建筑消防设施工作状态及火灾情况下的正确操作的能力。

(3)使学生具有应用检查工具及设备进行建筑消防设施检查和测试的能力。

3. 素质目标

(1)培养学生强烈的社会责任感和良好的职业修养。

(2)培养学生运用所学知识分析和解决实际问题的思维方法。

(3)培养学生养成严谨、科学、系统的学习和研究习惯。

二、考核内容

本实践课程包括以下自学与考核内容：

(1)内容及学时分配

序号	单元名称	学时
科目1	火灾自动报警系统	4
科目2	消防给水与消火栓系统	2
科目3	自动喷水灭火系统	4
科目4	气体灭火系统	2
科目5	防烟与排烟系统	2
科目6	其他消防设施	2

（二）考核内容说明

科目1　火灾自动报警系统

1. 考生学习内容

（1）火灾自动报警系统的基本组成、工作原理。

（2）火灾自动报警系统维护管理要点及要求。

（3）火灾自动报警系统常见故障分析与处置。

（4）消防控制室管理基本要求。

2. 考核达标知识标准

（1）掌握火灾自动报警系统的基本组件及作用。

（2）掌握系统重要组件的设置要求。

（3）掌握消防控制室的防火要求、设备布置要求和档案管理要求。

3. 考核达标能力标准

（1）正确识别火灾报警控制器、火灾探测器、手动火灾报警按钮等的重要组件。

（2）熟练完成火灾报警控制器和联动控制器的日常操作和功能测试；熟练掌握火灾探测器、手动火灾报警按钮、火灾显示盘等重要组件的功能测试。能快速准确地完成火灾报警的初期处置。

（3）准确判断各组件的工作状态。

（4）掌握系统一般故障的判断及处置。

科目2　消防给水与消火栓系统

1. 考生学习内容

（1）消防给水系统和消火栓系统的基本组成和工作原理。

（3）消防给水系统和消火栓系统重要组件的功能与设置要求。

（4）消防给水系统和消火栓系统的维护管理要点及要求。

（5）消防给水系统和消火栓系统的维护管理常见故障。

2. 考核达标知识标准

（1）掌握消防给水系统和消火栓系统基本组件、功能及设置要求。

（2）掌握消防给水系统和消火栓系统的工作原理和适用场所。

（3）掌握消火栓系统的操作流程。

（4）掌握消防水泵的手动、自动控制方式和系统的联动控制要求。

3. 考核达标能力标准

（1）能正确辨识消防水池、消防水箱、水泵结合器、消火栓等系统组件及设置状态。

（2）能熟练完成消防水泵的手动、自动控制及功能测试。

（3）能完成消防水泵、增压稳压设施等重要设施的状态监测及功能测试。

（3）能完成系统的联动状态监测及功能测试。

科目3 自动喷水灭火系统

1. 考生学习内容

(1)自动喷水灭火系统的基本组成和工作原理。

(2)自动喷水灭火系统重要组件的功能与设置要求。

(3)自动喷水灭火系统的维护管理要点及要求。

(4)自动喷水灭火系统的维护管理及常见故障。

2. 考核达标知识标准

(1)掌握各类自动喷水灭火系统的基本组成和组件及设置要求。

(2)掌握自动喷水灭火系统的工作原理和适用场所。

(3)掌握报警阀组的工作原理。

(4)掌握喷淋泵手动、自动控制方式。

(5)掌握系统的联动控制要求。

3. 考核达标能力标准

(1)能准确辨识各类报警阀组、水流指示器、压力开关、流量开关等基本系统组件和设置状态。

(2)能熟练完成喷淋水泵的手动、自动控制操作及功能测试。

(3)能熟练完成系统的状态监测及联动功能测试。

科目4 气体灭火系统

1. 考生学习内容

(1)气体灭火系统分类、基本组成和工作原理。

(2)气体灭火系统重要组件的功能与设置要求。

(3)气体灭火系统的维护管理要点及要求。

(4)气体灭火系统的维护管理及常见故障。

2. 考核达标知识标准

(1)掌握系统的分类及灭火机理。

(2)掌握各类气体灭火系统的工作原理和适用场所。

(3)掌握气体灭火控制器、存储装置和启动装置等基本组件的设置要求。

(4)掌握系统的联动控制要求。

3. 考核达标能力标准

(1)能准确辨识气体灭火系统的基本组件和设置状态。

(2)能熟练完成系统的手动、自动控制操作及功能测试。

科目5　防烟与排烟系统

1. 考生学习内容

(1)防烟与排烟系统的基本组成和工作原理。

(2)防烟与排烟系统的重要组件的功能与设置要求。

(3)防烟与排烟系统的维护管理要点及要求。

(4)防烟与排烟系统的维护管理及常见故障。

2. 考核达标知识标准

(1)熟练掌握建筑防烟与排烟系统的基本组成和组件功能。

(2)熟练掌握建筑防烟与排烟系统的工作原理和适用场所。

(3)掌握建筑防烟与排烟系统的维护管理要点及要求。

(4)了解建筑防烟与排烟系统的常见故障原因。

3. 考核达标能力标准

(1)能准确辨识建筑防烟与排烟系统的基本组件和功能。

(2)能熟练掌握系统重要组件的状态检测与故障分析和处置。

(3)能熟练完成防烟与排烟系统的正确监测和联动功能测试。

科目6　其他消防设施

1. 考生学习内容

(1)应急照明与疏散指示系统的基本组成和组件设置要求、外观检查和功能测试。

(2)防火门、防火卷帘的基本组成和组件设置要求、外观检查和功能测试。

(3)消防专用电话、消防应急广播和警报装置的基本组成和组件设置要求、外观检查和功能测试。

(4)消防供配电系统基本组成和组件设置要求、外观检查和功能测试。

2. 考核达标知识标准

(1)掌握防火门、防火卷帘的和工作原理和控制要求。

(2)掌握消防专用电话、消防应急广播和警报装置的基本组成和组件设置要求。

(3)掌握防火门、防火卷帘的维护管理要点及要求。

(4)掌握消防供配电系统基本组成和组件设置要求。

3. 考核达标能力标准

(1)能熟练完成防火门、防火卷帘的状态监测与功能监测。

(2)能熟练完成消防专用电话、消防应急广播和警报装置的状态监测和功能测试。

(3)熟练完成消防供配电系统的状态监测和功能测试。

三、考核方式

课程实践性环节的考核方式可采取线上考核系统或线下消防实操考核场地进行。课程成绩可分为过程性学习成绩和实操考试成绩 2 部分,实操考试可设置基础知识考核和实际操作考核。

四、考核评价标准

《建筑消防设施》课程考核评价标准

序号	内容	分数
1	火灾自动报警系统	40
2	消防给水及消火栓系统	10
3	自动喷水灭火系统	20
4	气体灭火系统	10
5	防烟与排烟系统	10
6	其他消防设施	10
总分		100

五、教材及参考资料

1. 基本教材

李冬梅,2022. 建筑消防设施[M]. 北京:气象出版社.

2. 参考资料

中国消防协会,2019. 消防设施操作员(基础知识)[M]. 北京:中国劳动社会保障出版社.
中国消防协会,2019. 消防设施操作员(初级)[M]. 北京:中国劳动社会保障出版社.
中国消防协会,2019. 消防设施操作员(中级)[M]. 北京:中国劳动社会保障出版社.
中国消防协会,2019. 消防设施操作员(高级)[M]. 北京:中国劳动社会保障出版社.